职业教育“十三五”
数字媒体应用人才培养规划教材

Photoshop CS6 平面设计应用教程

第5版
微课版

周建国 ◎ 主编　张婷 李天祥 李胡媛 ◎ 副主编

人民邮电出版社
北京

图书在版编目（CIP）数据

Photoshop CS6平面设计应用教程 : 微课版 / 周建国主编. -- 5版. -- 北京 : 人民邮电出版社, 2020.6
职业教育“十三五”数字媒体应用人才培养规划教材
ISBN 978-7-115-53341-8

Ⅰ. ①P… Ⅱ. ①周… Ⅲ. ①平面设计－图象处理软件－职业教育－教材 Ⅳ. ①TP391.413

中国版本图书馆CIP数据核字(2020)第021260号

内容提要

Photoshop 是功能强大的图形图像处理软件。本书对 Photoshop CS6 的基本操作方法、图形图像处理技巧及该软件在各个领域中的应用进行了全面的讲解。

本书共分为上下两篇。上篇为基础技能篇，介绍图像处理基础与选区应用、绘制与编辑图像、路径与图形、调整图像的色彩与色调、应用文字与图层、通道与滤镜；下篇为案例实训篇，介绍 Photoshop 在各个领域中的应用，包括插画设计、照片模板设计、卡片设计、宣传单设计、海报设计、广告设计、书籍装帧设计、包装设计和网页设计。

本书适合作为高等职业院校平面设计类课程的教材，也可供相关人员自学参考。

◆ 主　　编　周建国
　副 主 编　张　婷　李天祥　李胡媛
　责任编辑　桑　珊
　责任印制　王　郁　马振武

◆ 人民邮电出版社出版发行　　北京市丰台区成寿寺路 11 号
　邮编　100164　　电子邮件　315@ptpress.com.cn
　网址　https://www.ptpress.com.cn
　固安县铭成印刷有限公司印刷

◆ 开本：787×1092　1/16
　印张：19.25　　　　2020 年 6 月第 5 版
　字数：487 千字　　　2025 年 1 月河北第 10 次印刷

定价：59.80 元

读者服务热线：(010) 81055256　印装质量热线：(010) 81055316
反盗版热线：(010) 81055315
广告经营许可证：京东市监广登字20170147号

第5版前言 FOREWORD

Photoshop 是由 Adobe 公司开发的图形图像处理和编辑软件。它功能强大、易学易用，深受图形图像处理爱好者和平面设计人员的喜爱，已经成为该领域最流行的软件之一。目前，我国很多高等职业院校的数字媒体艺术类专业都将“Photoshop 平面设计”作为一门重要的专业课程。为了帮助高等职业院校的教师全面、系统地讲授这门课程，使学生能够熟练地使用 Photoshop 进行创意设计，几位长期在高等职业院校从事 Photoshop 教学的教师和专业平面设计公司经验丰富的设计师合作，共同编写了本书。

本书全面贯彻党的二十大精神，以社会主义核心价值观为引领，传承中华优秀传统文化，坚定文化自信，使内容更好体现时代性、把握规律性、富于创造性。

本书具有完善的知识结构体系。在基础技能篇中，本书按照“软件功能解析—课堂案例—课堂练习—课后习题”这一思路进行编排。通过软件功能解析，学生能快速熟悉软件功能；通过课堂案例演练，学生能深入理解软件功能；通过课堂练习和课后习题，学生能提高实际应用能力。在案例实训篇中，本书精心安排了专业平面设计公司的 18 个精彩实例，对这些案例进行的全面分析和详细讲解，可以使学生的实际应用能力得到提高，艺术创意思维更加开阔，实际设计和制作水平不断提升。在内容编写方面，编者力求细致全面、重点突出；在文字叙述方面，编者力求言简意赅、通俗易懂；在案例选取方面，编者强调案例的针对性和实用性。

本书配套云盘中包含了书中所有案例的素材、效果文件、课堂练习和课后习题的操作方法视频等。另外，为方便教师教学，本书配备了 PPT 课件、教学大纲、电子教案等丰富的教学资源，任课教师可到人邮教育社区（www.ryjiaoyu.com）免费下载使用。

本书的参考学时为 54 学时，其中讲授环节和实践环节各 27 学时，各章的学时参考下表。

第5版前言

章节	课程内容	学时分配	
		讲授	实训
第1章	图像处理基础与选区应用	3	1
第2章	绘制与编辑图像	4	1
第3章	路径与图形	2	1
第4章	调整图像的色彩与色调	1	1
第5章	应用文字与图层	2	1
第6章	通道与滤镜	2	1
第7章	插画设计	1	2
第8章	照片模板设计	2	2
第9章	卡片设计	1	2
第10章	宣传单设计	2	2
第11章	海报设计	1	2
第12章	广告设计	1	2
第13章	书籍装帧设计	2	3
第14章	包装设计	2	3
第15章	网页设计	1	3
学时总计		27	27

由于编者水平有限，书中难免存在疏漏之处，敬请广大读者批评指正。

编　者

2023年5月

Photoshop 教学辅助资源及配套教辅

素材类型	名称或数量	素材类型	名称或数量
教学大纲	1 套	课堂实例	40 个
电子教案	15 单元	课后实例	48 个
PPT 课件	15 个	课后答案	48 个
章节	**案例名称**	**章节**	**案例名称**
第 1 章 图像处理基础与选区应用	制作小图标	第 8 章 照片模板设计	童话故事照片模板
	制作足球插画		阳光情侣照片模板
	使用魔棒工具更换背景	第 9 章 卡片设计	制作生日贺卡
	制作彩虹风景		制作美容体验卡
	制作家庭照片模板		制作春节贺卡
第 2 章 绘制与编辑图像	制作博览会标识		制作中秋贺卡
	制作会馆宣传单		制作蛋糕代金券
	制作幸福生活照片		制作学习卡
	修复人物照片	第 10 章 宣传单设计	制作火锅美食宣传单
	制作装饰画		制作茶馆宣传单
	制作空中楼阁		制作促销宣传单
	修复发廊宣传单		制作街舞大赛宣传单
第 3 章 路径与图形	制作风景插画		制作饮水机宣传单
	制作中秋促销卡		制作空调宣传单
	拼排 Lomo 风格照片	第 11 章 海报设计	制作美食海报
	制作箱包类促销公众号封面首图		制作咖啡海报
第 4 章 调整图像的色彩与色调	制作滤镜照片		制作儿童摄影海报
	制作冷艳照片		制作奶茶海报
	制作冰蓝色调照片		制作平板电脑海报
	制作时尚版画		制作创意海报
第 5 章 应用文字与图层	制作牛肉面海报	第 12 章 广告设计	制作房地产广告
	制作生活壁画		制作牙膏广告
	制作海底世界宣传照		制作手机广告
	制作透明文字效果		制作婴儿产品广告
	制作合成风景特效		制作电视广告
	制作烟雾效果		制作结婚戒指广告
	制作霓虹灯字	第 13 章 书籍装帧设计	花卉书籍封面设计
第 6 章 通道与滤镜	使用通道更换照片背景		美食书籍封面设计
	制作时尚蒙版画		制作儿童教育书籍封面
	制作怀旧照片		制作青少年读物封面
	制作舞蹈宣传单		制作少儿读物封面
	制作水彩画效果		制作旅游杂志封面
	制作照片特效	第 14 章 包装设计	制作茶叶包装
	制作漂浮的水果		制作方便面包装
第 7 章 插画设计	绘制潮流女孩插画		制作充电宝包装
	绘制旅游海报插画		制作零食包装
	绘制儿童插画		制作五谷杂粮包装
	绘制节日贺卡插画		制作面包包装
	绘制卡通插画	第 15 章 网页设计	制作数码产品网页
	绘制蝴蝶插画		制作咖啡网页
第 8 章 照片模板设计	儿童照片模板设计		制作绿色粮仓网页
	婚纱照片模板设计		制作教育网页
	综合个人秀模板		制作旅游网页
	个人写真照片模板		制作婚纱摄影网页

目录 CONTENTS

上篇 基础技能篇

CONTENTS

目录

CONTENTS

下篇　案例实训篇

目录

CONTENTS

上篇 | 基础技能篇

01 第1章 图像处理基础与选区应用

本章主要介绍图像处理的基础知识、Photoshop 的工作界面、文件的基本操作、Photoshop 的基础辅助功能和选区的应用方法等内容。通过对本章的学习，读者可以快速掌握 Photoshop 的基础知识，有助于更快、更准确地处理图像。

课堂学习目标

- 了解图像处理的基础知识
- 了解工作界面的构成
- 掌握文件操作的方法和技巧
- 掌握基础辅助功能的应用
- 使用选框工具选取图像
- 使用套索工具选取图像
- 使用魔棒工具选取图像
- 掌握选区的调整方法和应用技巧

1.1 图像处理基础

Photoshop CS6 图像处理的基础知识包括：位图与矢量图、像素、图像尺寸与分辨率、常用文件格式、图像的色彩模式等。掌握这些基础知识，可以了解图像并提高处理图像的速度和准确性。

1.1.1 位图与矢量图

图像可以分为两大类：位图和矢量图。在绘图或处理图像的过程中，这两种类型的图像可以交叉使用。

1. 位图

位图是由许多不同颜色的点组成的，每一个点称为一个像素。每一个像素都有一个明确的颜色。每个像素都能够记录图像的色彩信息，因此位图可以精确地表现色彩丰富的图像。但图像的色彩越丰富，像素就越多，图像文件占用的空间也就越大，因此处理位图图像时，对计算机硬盘和内存的要求也比较高。

位图与分辨率有关，如果以较大的倍数放大位图图像，或以过低的分辨率打印位图图像，位图图像就会出现锯齿状的边缘，并且会丢失细节。位图图像放大前后的效果如图 1-1、图 1-2 所示。

图 1-1

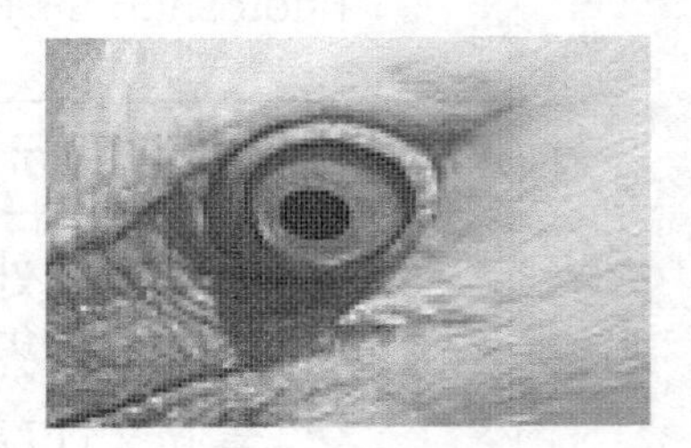

图 1-2

2. 矢量图

矢量图是根据几何特性绘制的。矢量图中的图形元素称为对象，每个对象都是独立的，具有各自的属性。矢量图由各种直线、曲线或文字组合而成，Illustrator、CorelDRAW 等绘图软件绘制的都是矢量图。

矢量图与分辨率无关，可以被缩放到任意大小而保持清晰度不变，也不会出现锯齿状的边缘。矢量图在任何分辨率下显示或打印，都不会损失细节。矢量图放大前后的效果如图 1-3、图 1-4 所示。矢量图文件所占的空间较小，但矢量图的缺点是不易制作色彩丰富的图像，绘制出来的图像无法像位图那样精确地表现各种绚丽的色彩。

图 1-3

图 1-4

1.1.2 像素

在 Photoshop 中，像素是图像的基本单位。图像是由许多个点组成的，放大图像，这些点就变成了一个个小方块。每一个小方块就是一个像素，每一个像素只显示一种颜色。每个像素都有明确的位置和颜色，这些像素的颜色和位置就决定了该图像呈现出来的样子。图像文件的像素越多，所占的空间就越大，图像品质就越高，如图 1-5、图 1-6 所示。

图 1-5

图 1-6

1.1.3 图像尺寸与分辨率

1. 图像尺寸

在制作图像的过程中，可以根据需求改变图像的尺寸或分辨率。在改变图像尺寸之前要考虑图像的像素是否会随之发生变化。如果图像的像素总量不变，提高分辨率将降低其尺寸，提高尺寸将降低其分辨率；如果允许图像的像素总量发生变化，则可以在提高尺寸的同时保持图像的分辨率不变，反之亦然。

选择“图像 > 图像大小”命令，弹出“图像大小”对话框，如图 1-7 所示。取消勾选“重定图像像素”复选框，此时“宽度”“高度”“分辨率”选项被关联在一起。在像素总量不变的情况下，将“宽度”和“高度”选项的值增大，则“分辨率”选项的值就相应地减小，如图 1-8 所示。勾选“重定图像像素”复选框，将“宽度”和“高度”选项的值减小，“分辨率”选项的值保持不变，像素总量将变大，如图 1-9 所示。

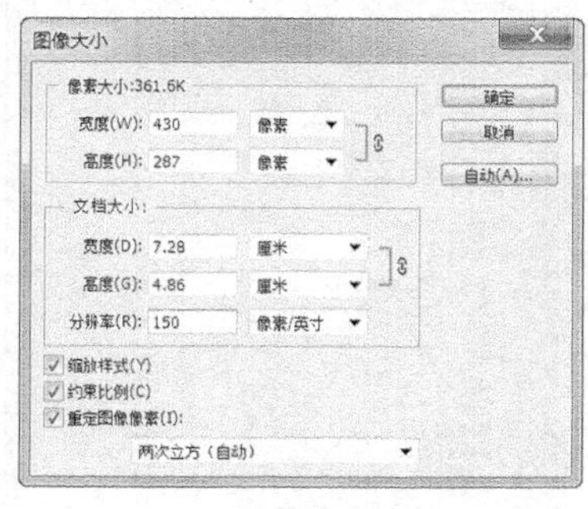

图 1-7

图 1-8

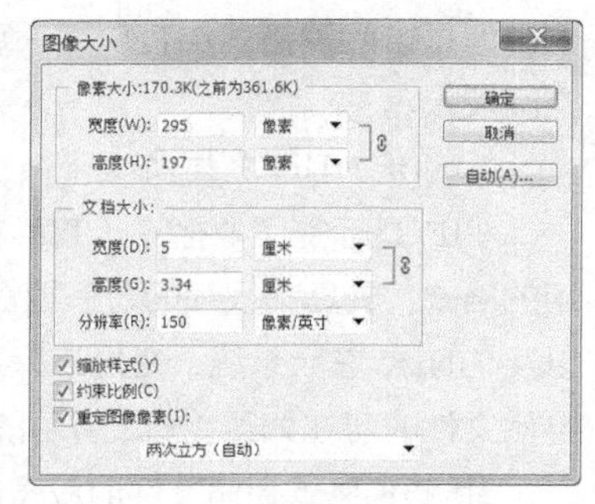

图 1-9

将图像的尺寸变小后，再将图像恢复到原来的尺寸，将不会得到原始图像的细节，因为 Photoshop 无法恢复已损失的图像细节。

2. 分辨率

分辨率是用于描述图像的术语。在 Photoshop CS6 中，图像上每单位长度所能显示的像素数目被称为图像分辨率，其单位为像素/英寸（1 英寸=2.54 厘米）或像素/厘米。

图像分辨率是图像中每单位长度所含有的像素数目。高分辨率的图像比相同尺寸的低分辨率的图像包含的像素多。图像中的像素越小、越密，越能表现出图像色彩的细节，如图 1-10、图 1-11 所示。

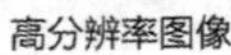

高分辨率图像　　放大后显示效果

图 1-10

低分辨率图像　　放大后显示效果

图 1-11

1.1.4 常用文件格式

用 Photoshop 制作或处理好一幅图像后要进行存储。这时，选择一种合适的文件格式就显得十分重要。Photoshop CS6 中有 20 多种文件格式可供选择。在这些文件格式中，既有 Photoshop 的专用文件格式，也有用于应用程序交换的文件格式，还有一些比较特殊的文件格式。下面具体介绍几种常见的文件格式。

1. PSD 格式和 PDD 格式

PSD 格式和 PDD 格式是 Photoshop 软件的专用文件格式，能够支持从线图到 CMYK 的所有图像类型，但由于在一些图形程序中没有得到很好的支持，所以其通用性不强。PSD 格式和 PDD 格式能够保存图像的细小部分，如图层、通道等 Photoshop 对图像进行特殊处理的信息。因此在没有最终决定图像存储的格式前，最好先以这两种格式存储。另外，用 Photoshop 打开和存储这两种格式的文件比打开其他格式的文件更快。但是这两种格式也有缺点，它们所存储的图像文件占用的磁盘空间较大。

2. TIF（TIFF）格式

TIF 是标签图像格式。TIF 格式对于颜色通道图像来说是最有用的格式，其具有很强的可移植性，可以用于 Windows、Mac OS 以及 UNIX 三大系统，是这三大系统上应用非常广泛的文件格式。存储文件时可在如图 1-12 所示的对话框中进行相关设置。

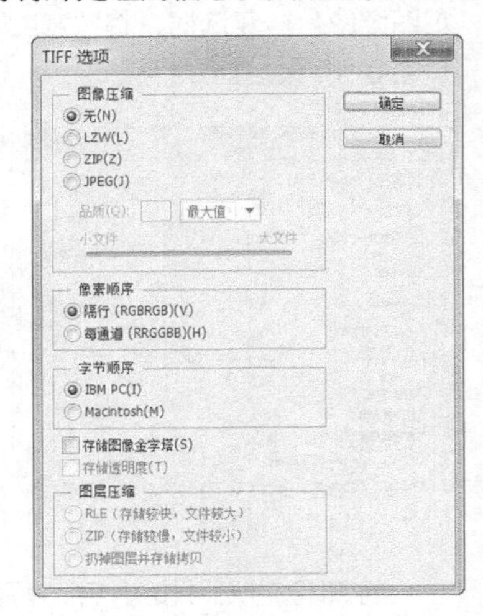

图 1-12

用 TIF 格式存储文件时应考虑文件的大小，因为 TIF 格式的文件的结构要比其他格式更大、更复杂。但 TIF 格式支持 24 个通道，能存储多于 4 个通道的文件。TIF 格式的文件还允许使用 Photoshop 中的复杂工具和滤镜特效。TIF 格式的文件非常适合于印刷和输出。

3. BMP 格式

BMP 是 Windows 系统的标准图像文件格式（Bitmap）的缩写，它可以用于 Windows 下绝大多数的应用程序。BMP 格式存储选项对话框如图 1-13 所示。

BMP 格式文件使用索引色彩，它的图像具有极其丰富的色彩，可以使用 16MB 色彩渲染图像。BMP 格式文件能够存储黑白图、灰度图和 16MB 色彩的 RGB 图像等。此格式文件一般在多媒体演示、视频输出等情况下使用，但不能在 Macintosh 程序中使用。将图像文件存储为 BMP 格式时，还可以进行无损失压缩，能节省磁盘空间。

4. GIF 格式

GIF 是 Graphics Interchange Format（图像交换格式）的缩写。GIF 格式文件占用的空间比较小，它形成一种压缩的 8 位图像文件。正因为这样，一般将图像文件存储为这种格式来缩短图像的加载时间。如果在网络中传送图像文件，传输 GIF 格式的图像文件要比其他格式的图像文件快得多。

5. JPEG 格式

JPEG 是 Joint Photographic Experts Group（联合图片专家组）的缩写。JPEG 既是 Photoshop 支持的一种文件格式，也是一种压缩方案。它是 Mac OS 系统上常用的一种文件类型。JPEG 格式是压缩格式中的“佼佼者”，与 TIF 格式采用的 LIW 无损失压缩相比，它的压缩比例更大。但它使用的有损失压缩会丢失部分数据。用户可以在存储前选择图像存储后的品质，这样就能控制数据的损失程度。JPEG 格式存储选项对话框如图 1-14 所示。

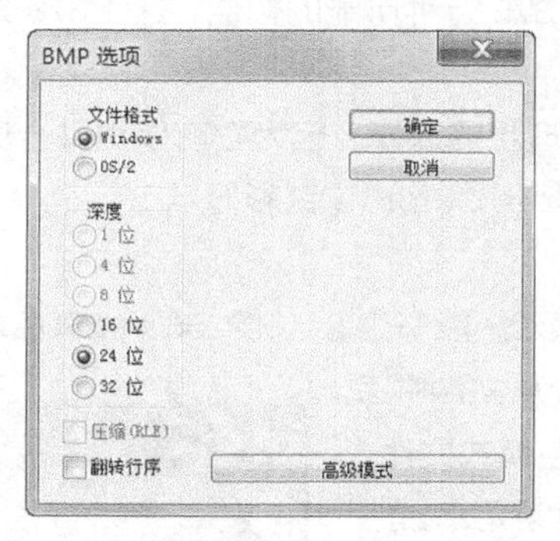

图 1-13

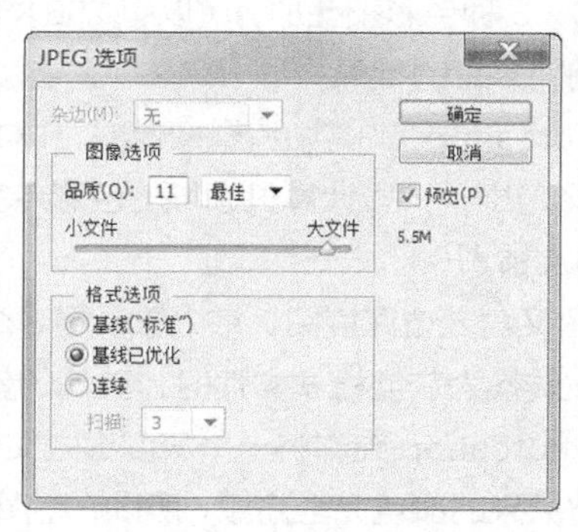

图 1-14

在“品质”选项的下拉列表中可以选择低、中、高、最佳 4 种图像压缩品质。以高品质保存的图像比其他品质的图像占用更大的磁盘空间。而选择低品质保存的图像会损失较多的数据，但其占用的磁盘空间较小。

1.1.5 图像的色彩模式

Photoshop CS6 提供了多种色彩模式，这些色彩模式正是作品能够在屏幕和印刷品上成功表现的重要保障。在这些色彩模式中，经常使用到的有 CMYK 模式、RGB 模式、Lab 模式和 HSB 模式。另外，还有索引颜色模式、灰度模式、位图模式、双色调模式、多通道模式等。这些模式都包含在模式菜单中，每种色彩模式都有不同的色域，并且各种模式之间可以转换。下面将具体介绍几种主要的色彩模式。

1. CMYK 模式

CMYK 代表了印刷用的 4 种颜色：C 代表青色，M 代表洋红色，Y 代表黄色，K 代表黑色。CMYK“颜色”控制面板如图 1-15 所示。

CMYK 模式在印刷时应用了色彩学中的减法混合原理，即减色色彩模式，它是 Photoshop 中最常用的一种用于印刷图像等的色彩模式。在印刷中通常都要进行四色分色，出四色胶片，然后进行印刷。

2. RGB 模式

RGB 模式是一种加色模式，它通过红、绿、蓝 3 种色光相叠加形成更多的颜色。RGB 模式是色光的彩色模式，一幅 24 位的 RGB 图像有 3 个色彩信息的通道：红色（R）、绿色（G）和蓝色（B）。RGB“颜色”控制面板如图 1-16 所示。

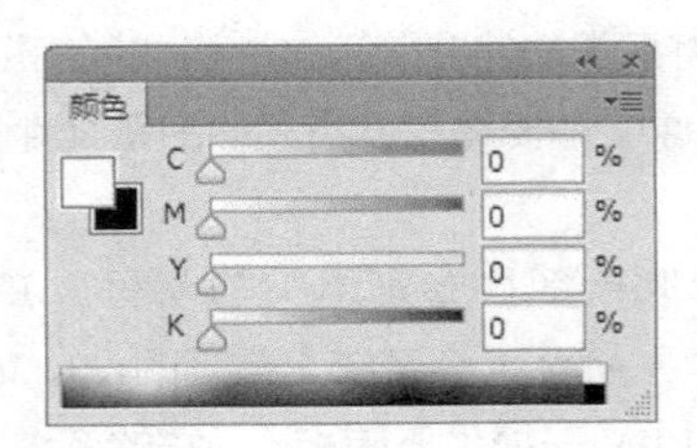

图 1-15

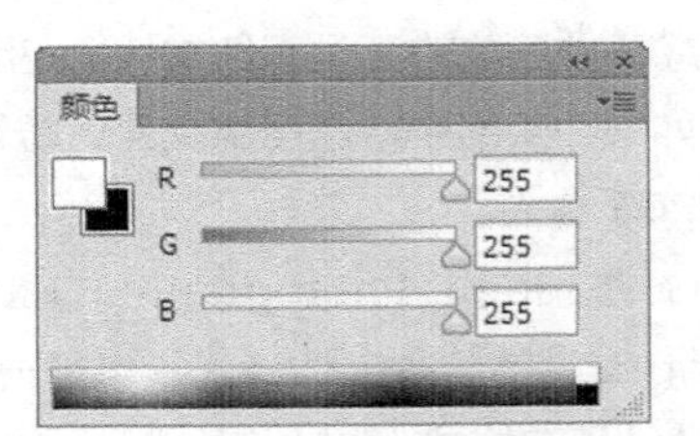

图 1-16

每个通道都有 8 位色彩信息——一个 0 ~ 255 的亮度值色域。也就是说，每一种色彩都有 256 个亮度水平级。3 种色彩相叠加，可以有 256×256×256≈1 678 万种可能的颜色。这 1 678 万种颜色足以表现出绚丽多彩的世界。

在 Photoshop CS6 中编辑图像时，RGB 模式是更理想的选择。因为它可以提供全屏幕的多达 32 位的色彩范围，一些计算机领域的色彩专家称之为“True Color”（真彩显示）。

3. 灰度模式

灰度图又叫 8 位深度图，每个像素用 8 个二进制位表示，能产生 2^8（即 256）级灰色调。当一个彩色文件被转换为灰度模式文件时，其他的颜色信息都会从文件中丢失。尽管 Photoshop 允许将一个灰度模式文件转换为彩色模式文件，但不可能将原来的颜色完全还原。所以，将图像转换为灰度模式之前，应先做好图像的备份。

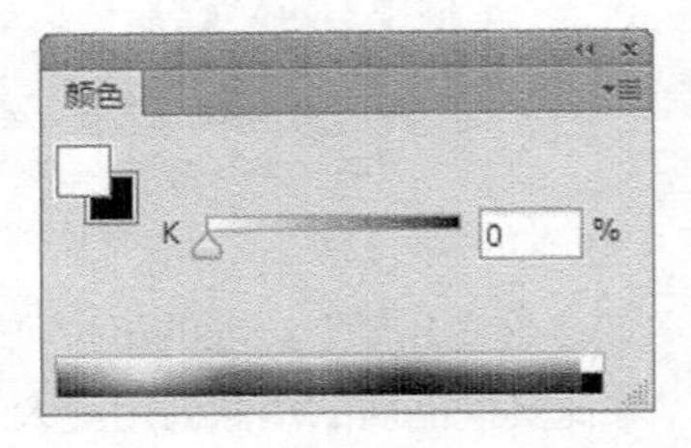

图 1-17

像黑白照片一样，一个灰度模式的图像只有明暗值，没有色相和饱和度这两种颜色信息。0%代表纯白，100%代表纯黑。其中的 K 值用于衡量黑色油墨用量。灰度模式“颜色”控制面板如图 1-17 所示。

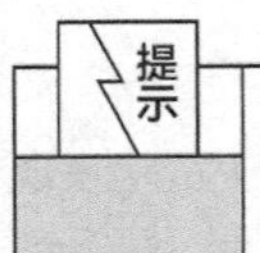

将色彩模式转换为双色调模式或位图模式时，必须先将色彩模式转换为灰度模式，然后由灰度模式转换为双色调模式或位图模式。

1.2 工作界面

使用工作界面是学习 Photoshop CS6 的基础。熟练掌握工作界面的内容，有助于广大初学者灵活运用 Photoshop CS6。

Photoshop CS6 的工作界面主要由菜单栏、属性栏、工具箱、控制面板和状态栏组成，如图 1-18 所示。

图 1-18

菜单栏：菜单栏中共包含 11 个菜单。利用菜单命令可以完成图像编辑、调整色彩、添加滤镜等操作。

属性栏：属性栏是工具箱中各个工具的功能扩展区。在属性栏中设置不同的选项，可以快速地完成多样化的操作。

工具箱：工具箱中包含了多个工具。利用不同的工具可以完成图像绘制、观察、测量等操作。

控制面板：控制面板是 Photoshop CS6 工作界面的重要组成部分。通过不同的控制面板，可以完成对图像填充颜色、设置图层、添加样式等操作。

状态栏：状态栏可以显示当前文件的显示比例、文档大小、当前工具、暂存盘大小等信息。

1.3 文件操作

利用 Photoshop CS6 中“文件”的“新建”“存储”“打开”“关闭”等命令，可以对文件进行编辑等基础的处理。

1.3.1 新建和存储文件

新建文件是使用 Photoshop CS6 进行设计的第一步。如果要在一个空白的图像上绘图，就要在 Photoshop 中新建一个文件。编辑和制作完图像后，需要将图像进行保存，便于下次打开继续操作。

1. 新建文件

选择“文件 > 新建”命令，或按 Ctrl+N 组合键，弹出“新建”对话框，如图 1-19 所示。

名称：用于设置新建文件的名称。

预设：用于自定义或选择其他固定格式文件的大小。

宽度和高度：用于设置图像的宽度和高度。图像的宽度和高度单位可以设置为像素或厘米，单击“宽度”或“高度”选项右侧的三角形按钮，弹出计量单位下拉列表，可以在其中选择计量单位。

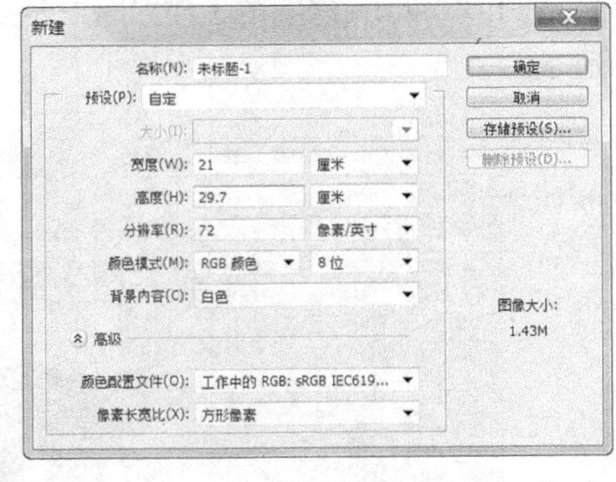

图 1-19

分辨率：用于设置图像的分辨率。该选项用于设置每英寸的像素数或每厘米的像素数：一般在进行练习时，设置为 72 像素/英寸；在进行平面设计时，设置为输出设备的半调网屏频率的 1.5～2 倍，一般为 300 像素/英寸。打印图像设置的分辨率必须是打印机分辨率的整除数，例如 100 像素/英寸。

颜色模式：用于选择多种颜色模式。

背景内容：用于设置图像的背景颜色。

颜色配置文件：用于设置文件的颜色配置方式。

像素长宽比：用于设置文件中的像素比。

“图像大小”下面显示的是当前文件的大小。

每英寸像素数越多，图像文件越大。应根据工作需要，设置合适的分辨率。

2. 存储文件

选择“文件 > 存储”命令，或按 Ctrl+S 组合键，可以存储文件。当对设计好的图像进行第一次存储时，选择“文件 > 存储”命令，弹出“存储为”对话框，如图 1-20 所示，在“文件名”文本框中输入文件名，在“格式”下拉列表中选择文件格式后单击“保存”按钮，即可存储图像。

图 1-20

对已存储过的图像文件进行各种编辑操作后，选择“文件>存储”命令，将不再弹出“存储为”对话框，计算机直接保存最新的编辑结果，并覆盖原来的文件。

如果既要保留修改过的文件，又不想放弃原文件，可以使用“存储为”命令。选择“文件 >存储为”命令，或按 Shift+Ctrl+S 组合键，弹出“存储为”对话框，在对话框中可以为更改过的文件重新命名、选择路径、设定格式等，最后进行存储。

作为副本：可将处理的文件存储成该文件的副本。

Alpha 通道：可存储带有 Alpha 通道的文件。

图层：可同时存储图层和文件。

注释：可存储带有注释的文件。

专色：可存储带有专色通道的文件。

使用小写扩展名：使用小写的扩展名存储文件，该复选框未被勾选时，将使用大写的扩展名存储文件。

1.3.2 打开和关闭文件

如果要对图像进行修改和处理，就要在 Photoshop CS6 中打开相应的文件。

1. 打开文件

选择“文件 > 打开”命令，或按 Ctrl+O 组合键，弹出“打开”对话框，在对话框中搜索文件，确认文件的类型和名称，如图 1-21 所示。然后单击“打开”按钮，或直接双击文件，打开选中的文件，如图 1-22 所示。

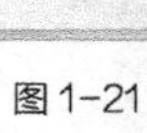

图1-21

图1-22

若要同时打开多个文件，只要在文件列表中将所需的几个文件同时选中，然后单击“打开”按钮，即可按先后次序逐个打开这些文件。

按住 Ctrl 键的同时单击，可以选中不连续的几个文件；按住 Shift 键的同时单击，可以选中连续的几个文件。

2. 关闭文件

“关闭”命令只在当前有文件被打开时才呈现为可用状态。将图像进行存储后，可以将其关闭。

选择“文件 > 关闭”命令，或按 Ctrl+W 组合键，可以关闭文件。关闭文件时，若当前文件被修改过或是新建的文件，则会弹出提示框，如图 1-23 所示。单击“是”按钮即可存储并关闭文件。

图 1-23

如果要将打开的文件全部关闭，可以使用“文件 > 关闭全部”命令，或按 Alt+Ctrl+W 组合键。

1.4 基础辅助功能

Photoshop CS6 界面中包括颜色设置以及一些辅助性的工具。通过颜色设置，可以快速地使用需要的颜色绘制图像；使用辅助工具，可以快速地对图像进行查看。

1.4.1 颜色设置

在 Photoshop 中可以使用工具箱、“拾色器”对话框、“颜色”控制面板、“色板”控制面板等对图像进行颜色设置。

1. 设置前景色和背景色

工具箱中的设置前景色或背景色图标可以用来设置前景色和背景色。单击设置前景色或背景色图标，弹出图 1-24 所示的色彩“拾色器”对话框，可以在此选取颜色。单击“切换前景色和背景色”图标或按 X 键可以互换前景色和背景色。单击“默认前景色和背景色”图标，可以使前景色和背景色恢复到初始状态，即前景色为黑色、背景色为白色。

2. “拾色器”对话框

可以在“拾色器”对话框中选择颜色。

在颜色色带上单击或拖曳两侧的三角形滑块，如图 1-25 所示，可以使颜色的色相产生变化。

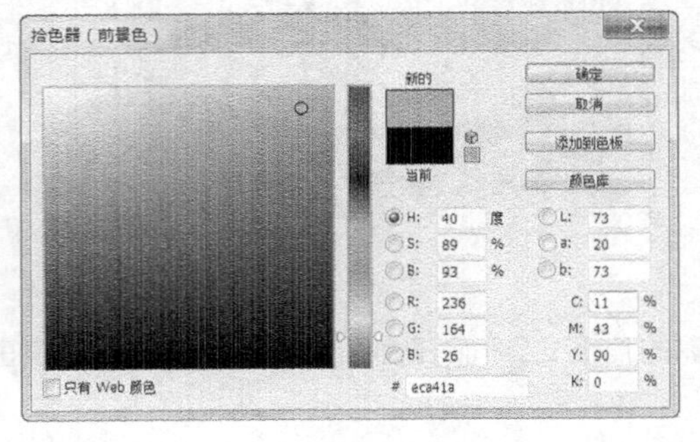

图 1-24

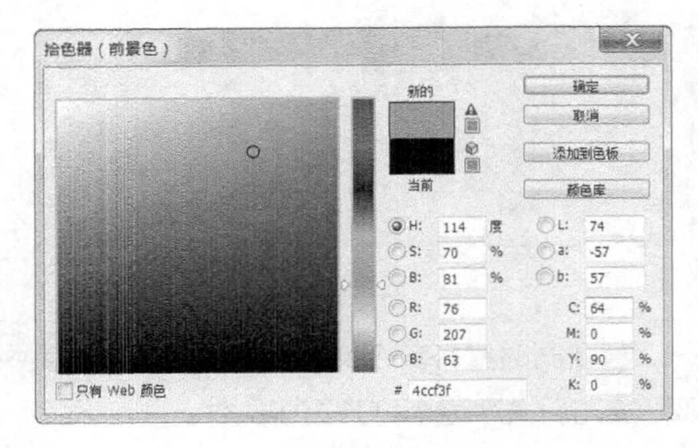

图 1-25

在“拾色器”对话框左侧的颜色选择区中，可以选择颜色的明度和饱和度，垂直方向表示的是明度的变化，水平方向表示的是饱和度的变化。

选择好颜色后，在对话框的右侧上方的颜色框中会显示所选择的颜色，颜色框下方是所选择颜色的 HSB、RGB、CMYK、Lab 值也可以在数值框中输入所需颜色的数值得到需要的颜色。单击“确定”按钮，所选择的颜色将变为前景色或背景色。

3. “颜色”控制面板

“颜色”控制面板可以用来调整前景色和背景色。

选择“窗口 > 颜色”命令，弹出“颜色”控制面板，如图1–26所示。在“颜色”控制面板中，可先单击左侧的设置前景色或设置背景色图标来确定所调整的是前景色还是背景色。然后拖曳三角滑块在色带中选择所需的颜色，或直接在数值框中输入数值来调整颜色。

单击“颜色”控制面板右上方的按钮，弹出下拉菜单，如图1–27所示。此菜单用于设置该控制面板中显示的颜色模式，可以在不同的颜色模式下调整颜色。

4. “色板”控制面板

“色板”控制面板可以用来选取一种颜色来改变前景色或背景色。选择“窗口 > 色板”命令，弹出“色板”控制面板，如图1–28所示。单击控制面板右上方的按钮，弹出下拉菜单，如图1–29所示。

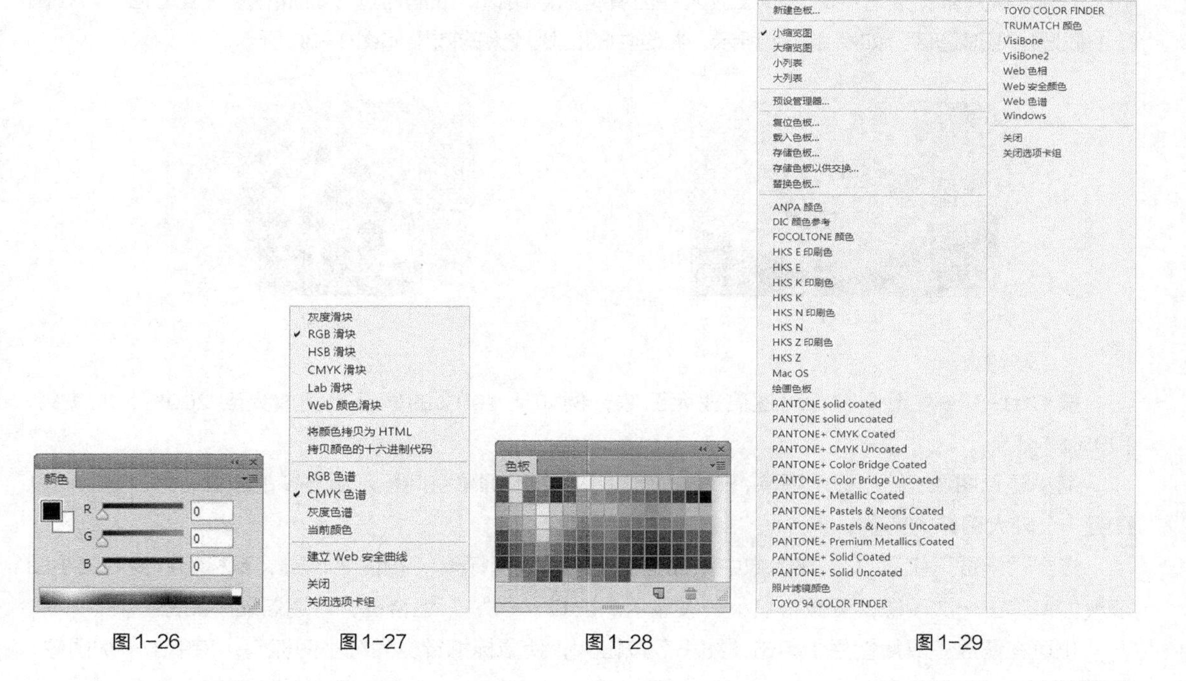

图1–26　图1–27　图1–28　图1–29

新建色板：用于新建一个色板。

小缩览图：可使控制面板显示为小图标。

小列表：可使控制面板显示为小列表。

预设管理器：用于对色板中的颜色进行管理。

复位色板：用于恢复系统的初始设置状态。

载入色板：用于向“色板”控制面板中增加色板文件。

存储色板：用于将当前“色板”控制面板中的色板文件存入磁盘。

替换色板：用于替换“色板”控制面板中现有的色板文件。

“ANPA 颜色”及以下各项都是配置的颜色库。

1.4.2 图像显示效果

在制作图像的过程中可以根据不同的设计需要更改图像的显示效果，也可以应用“信息”控制面板查看图像的相关信息。

1. 更改屏幕显示模式

要更改屏幕的显示模式，可以在工具箱底部右键单击“更改屏幕模式”按钮，弹出菜单，如图1-30所示。或反复按F键，也可切换不同的屏幕显示模式。按Tab键可以关闭除图像、状态栏和菜单栏外的其他面板。

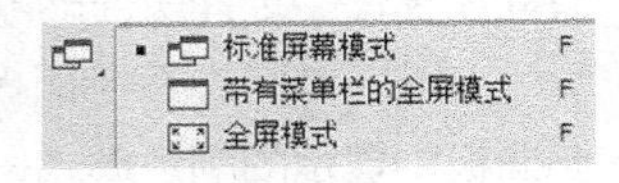

图1-30

2. 缩放工具

放大显示图像：选择“缩放”工具，在图像窗口中鼠标指针变为放大图标，每单击一次图像，图像就会放大一倍。如图像以100%的比例显示在屏幕上，在图像上单击一次，图像则以200%的比例显示。当要放大一个指定的区域时，选择放大工具，将鼠标指针移至需要放大的区域，按住鼠标左键，松开鼠标后选中的区域会放大甚至填满图像窗口。取消勾选“细微缩放”复选框，可在图像上框选出矩形选区，如图1-31所示。将选中的区域放大的效果如图1-32所示。

图1-31

图1-32

按Ctrl+“+”组合键，可逐倍放大图像，例如从100%的显示比例放大到200%、300%、400%。

缩小显示图像：缩小显示图像，一方面可以用有限的屏幕空间显示出更多的图像，另一方面可以看到一个较大图像的全貌。

选择“缩放”工具，在图像中鼠标指针变为放大图标，按住Alt键，鼠标指针变为缩小图标。每单击一次图像，图像将缩小一级显示。按Ctrl+“-”组合键，可逐倍缩小图像。

也可在缩放工具属性栏中单击“缩小”按钮，使鼠标指针变为缩小图标，每单击一次图像，图像将缩小一级显示。

当正在使用工具箱中的其他工具时，按住Alt+Space组合键，可以快速切换到缩小工具，对图像进行缩小显示的操作。

3. 抓手工具

选择“抓手”工具，在图像窗口中鼠标指针变为，在放大的图像中通过拖曳可以观察图像的每个部分，如图1-33所示。直接拖曳图像周围的垂直和水平滚动条，也可观察图像的每个部分，如图1-34所示。

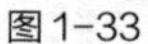
图1-33

图1-34

如果正在使用其他的工具，按住 Space 键可以快速切换到抓手工具。

4. 缩放命令

选择“视图 > 放大”命令，可放大显示当前图像。

选择“视图 > 缩小”命令，可缩小显示当前图像。

选择“视图 > 按屏幕大小缩放”命令，可满屏显示当前图像。

选择“视图 > 打印尺寸”命令，会以实际的打印尺寸显示当前图像。

1.4.3 标尺与参考线

标尺与参考线的设置可以使图像处理更加精确。实际设计任务中有许多问题需要使用标尺和参考线来解决。

1. 标尺

设置标尺可以精确地编辑和处理图像。选择“编辑 > 首选项 > 单位与标尺”命令，弹出相应的对话框，如图 1-35 所示。

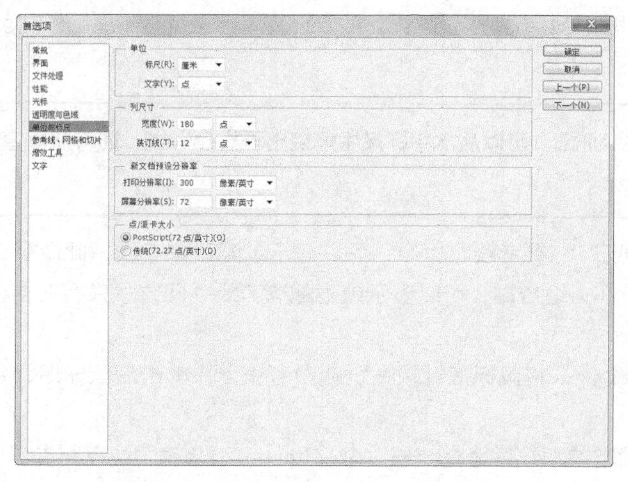

图1-35

单位：用于设置标尺和文字的显示单位，有不同的显示单位供选择。

列尺寸：用列来精确确定图像的尺寸。

点/派卡大小：与输出有关。

选择“视图 > 标尺”命令，可以将标尺显示或隐藏，效果如图 1-36、图 1-37 所示。

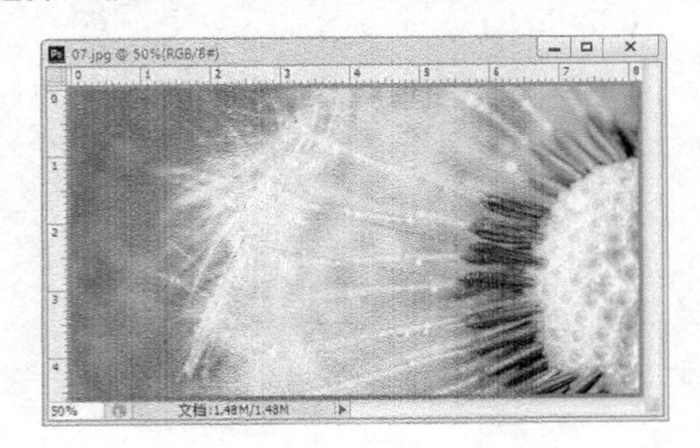

图 1-36

图 1-37

技巧

按 Ctrl+R 组合键，也可以将标尺显示或隐藏。

2. 参考线

设置参考线可以使编辑图像的位置更精确。将鼠标指针放在水平标尺上，向下拖曳出水平的参考线，如图 1-38 所示。将鼠标指针放在垂直标尺上，向右拖曳出垂直的参考线，如图 1-39 所示。

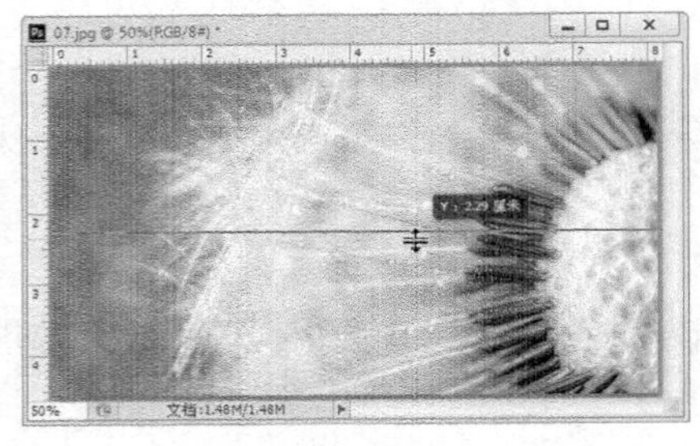

图 1-38

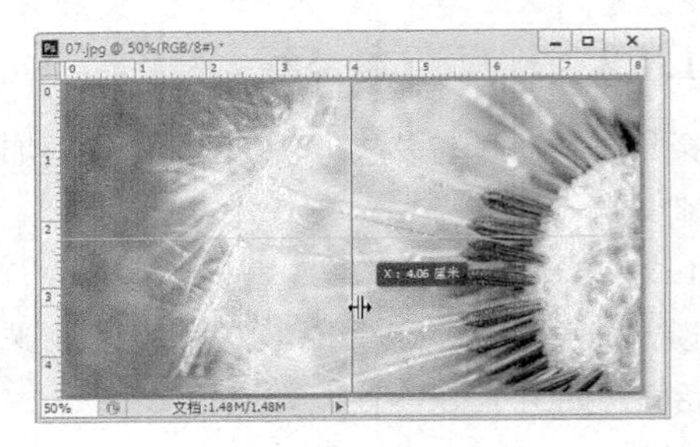

图 1-39

按住 Alt 键，可以从水平标尺中拖曳出垂直参考线，还可从垂直标尺中拖曳出水平参考线。

选择“视图 > 显示 > 参考线”命令，可以显示或隐藏参考线，此命令只有在存在参考线的情况下才能应用。按 Ctrl+; 组合键，可以显示或隐藏参考线，此方法只有在存在参考线的情况下才能应用。

选择“移动”工具，将鼠标指针放在垂直参考线上，单击后鼠标指针变为，通过拖曳可以移动垂直参考线。

选择“视图 > 锁定参考线”命令或按 Alt+Ctrl+; 组合键，可以将参考线锁定，参考线锁定后将不能移动。选择“视图 > 清除参考线”命令，可以将参考线清除。选择“视图 > 新建参考线”命令，弹出“新建参考线”对话框，如图 1-40 所示，设置后单击“确定”按钮，图像中将出现新建的参考线。

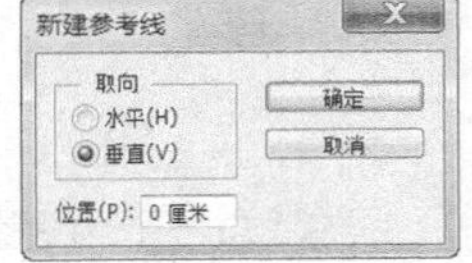

图 1-40

在实际制作过程中，要精确地利用标尺和参考线，在设置时可以参考“信息”控制面板中的数值。

1.5 选框工具

利用选框工具可以在图像或图层中绘制规则的选区，选取规则的图像。

1.5.1 矩形选框工具

利用矩形选框工具可以在图像或图层中绘制出矩形选区。选择“矩形选框”工具，或按Shift+M组合键，属性栏状态如图1-41所示。

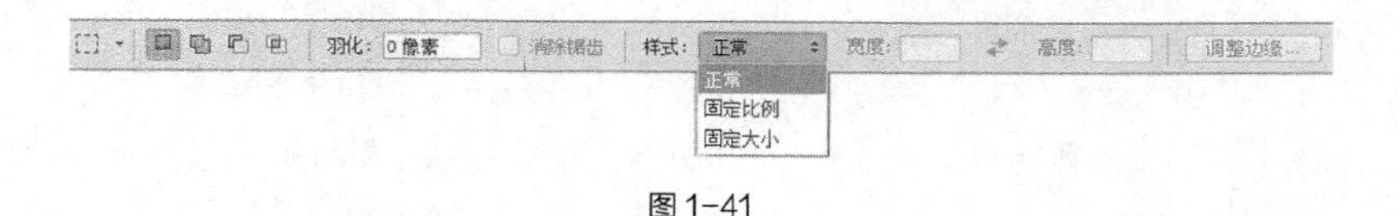

图1-41

新选区：去除旧选区，绘制新选区。

添加到选区：在保留原有选区的基础上增加新选区。

从选区减去：在原有选区中减去新选区的部分。

与选区交叉：保留新旧选区重叠的部分。

羽化：用于设置选区边界的羽化程度。

消除锯齿：用于清除选区边缘的锯齿。

样式：用于选择类型。“正常”选项为标准类型，“固定比例”选项代表长宽比例固定，“固定大小”选项可以固定选区的尺寸。

宽度和高度：用来设置选区的宽度和高度。

选择“矩形选框”工具，在图像窗口中适当的位置，向右下方拖曳鼠标绘制选区，然后松开鼠标，矩形选区绘制完成，如图1-42所示。按住Shift键的同时拖曳鼠标，可以绘制出正方形选区，如图1-43所示。

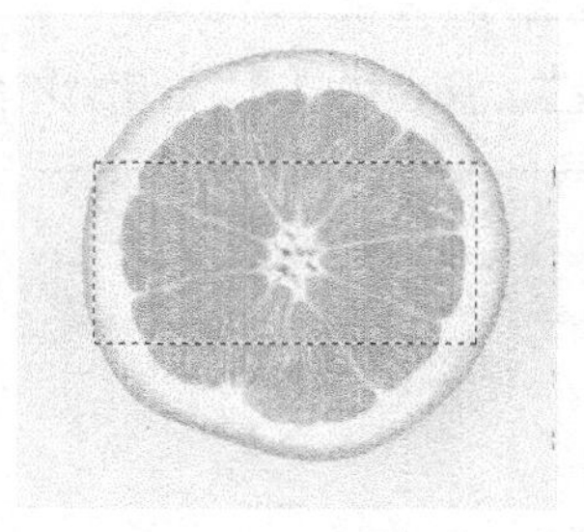

图1-42

图1-43

1.5.2 椭圆选框工具

利用椭圆选框工具可以在图像或图层中绘制出圆形或椭圆形选区。选择“椭圆选框”工具，或按 Shift+M 组合键，属性栏状态如图 1-44 所示。

图 1-44

选择“椭圆选框”工具，在图像窗口中适当的位置拖曳鼠标绘制选区，松开鼠标后，椭圆选区绘制完成，如图 1-45 所示。按住 Shift 键的同时，在图像窗口中拖曳鼠标可以绘制圆形选区，如图 1-46 所示。

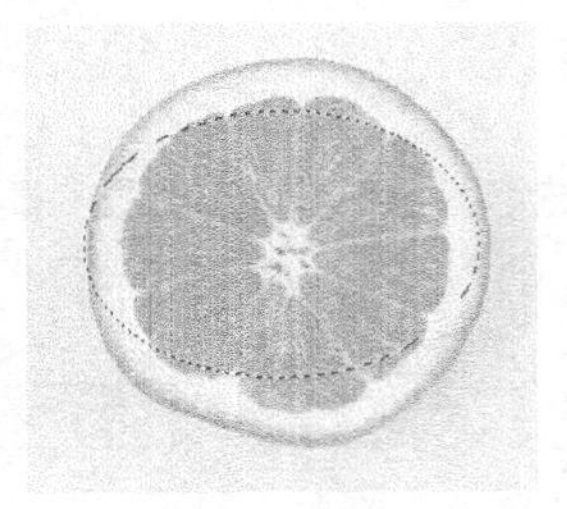

图 1-45

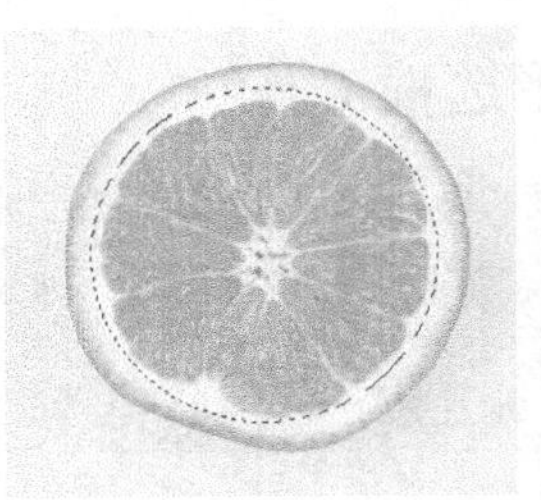

图 1-46

在椭圆选框工具的属性栏中可以设置其羽化值。原效果如图 1-47 所示。当羽化值为“0 像素”时，绘制选区并用白色填充选区，效果如图 1-48 所示。当羽化值为“20 像素”时，绘制选区并用白色填充选区，效果如图 1-49 所示。

图 1-47

图 1-48

图 1-49

椭圆选框工具属性栏的其他选项和矩形选框工具属性栏相同。这里就不再赘述。

1.5.3 课堂案例——制作小图标

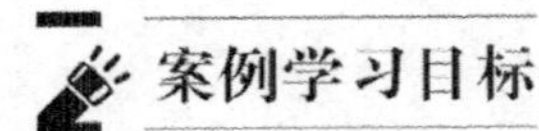

案例学习目标

学习使用选框工具绘制图标。

案例知识要点

使用“椭圆选框”工具、“矩形选框”工具绘制图形；使用“多边形套索”工具、“创建剪贴蒙版”命令制作阴影图形，效果如图 1-50 所示。

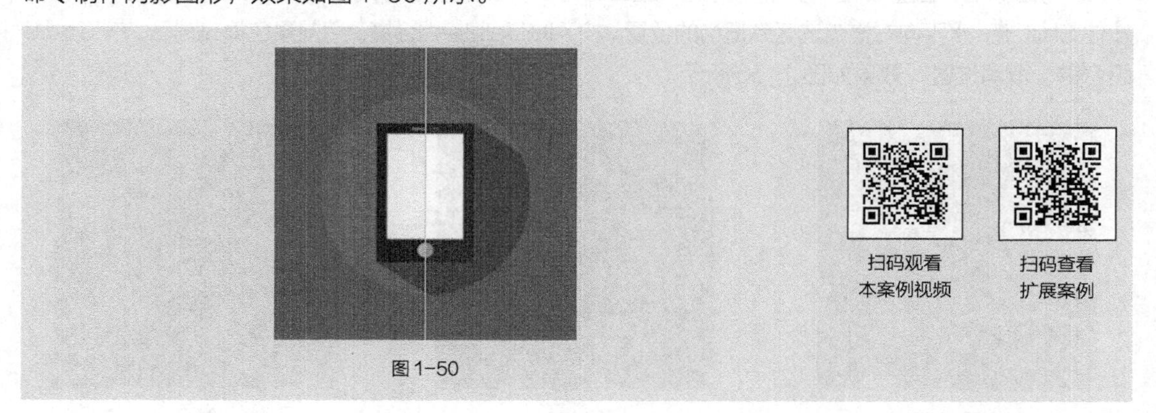

图 1-50

效果所在位置

云盘/Ch01/效果/制作小图标.psd。

制作方法

（1）按 Ctrl+N 组合键，弹出“新建”对话框，将“宽度”选项设为“10 厘米”，“高度”选项设为“10 厘米”，“分辨率”设为“300 像素/英寸”，“颜色模式”设为“RGB”，“背景内容”设为“白色”，单击“确定”按钮，即可新建一个文件。将前景色设为灰色（其 R、G、B 的值分别为 87、87、87），按 Alt+Delete 组合键，用前景色填充“背景”图层，效果如图 1-51 所示。

（2）选择“视图 > 新建参考线”命令，弹出“新建参考线”对话框，设置如图 1-52 所示。单击“确定”按钮，如图 1-53 所示。

图 1-51

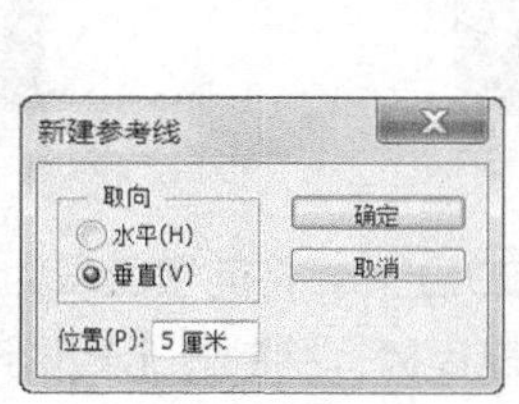

图 1-52

图 1-53

（3）新建图层（详见 5.4）并将其命名为“圆形”。将前景色设为红色（其 R、G、B 的值分别为 252、22、65）。选择“椭圆选框”工具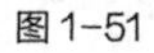，按住 Shift 键的同时，拖曳鼠标绘制一个圆形选区。按 Alt+Delete 组合键，用前景色填充选区。按 Ctrl+D 组合键，取消选区，效果如图 1-54 所示。

（4）新建图层并将其命名为“外左方形”。将前景色设为深蓝色（其 R、G、B 的值分别为 22、

32、55）。选择“矩形选框”工具⬚，拖曳鼠标绘制一个矩形选区。按 Alt+Delete 组合键，用前景色填充选区，效果如图 1-55 所示。

（5）新建图层并将其命名为“外右方形”。将前景色设为蓝色（其 R、G、B 的值分别为 21、48、85）。将鼠标指针放置在上一步绘制的矩形选区的内部，当鼠标指针变为▷⬚时，按住鼠标左键的同时按住 Shift 键，水平向右拖曳选区到适当的位置。按 Alt+Delete 组合键，用前景色填充选区。按 Ctrl+D 组合键，取消选区，效果如图 1-56 所示。

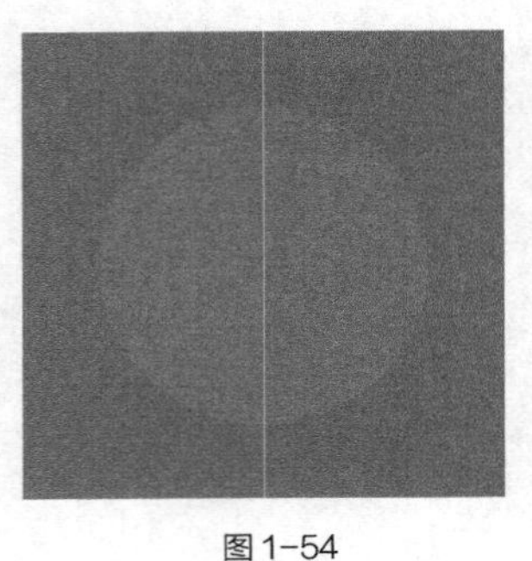
图 1-54

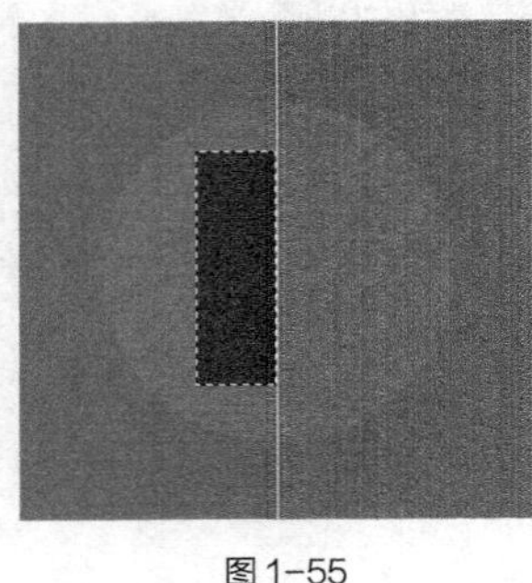
图 1-55

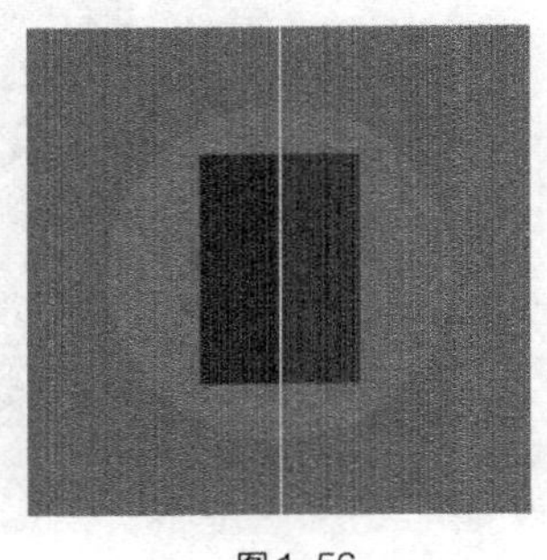
图 1-56

（6）新建图层并将其命名为“内左方形”。将前景色设为浅灰色（其 R、G、B 的值分别为 241、241、223）。选择“矩形选框”工具⬚，拖曳鼠标绘制一个矩形选区，按 Alt+Delete 组合键，用前景色填充选区，如图 1-57 所示。

（7）新建图层并将其命名为“内右方形”。将前景色设为淡灰色（其 R、G、B 的值分别为 255、255、244）。将鼠标指针放置在上一步绘制的矩形选区的内部，当鼠标指针变为▷⬚时，按住鼠标左键的同时按住 Shift 键，水平向右拖曳选区到适当的位置。按 Alt+Delete 组合键，用前景色填充选区。按 Ctrl+D 组合键，取消选区，效果如图 1-58 所示。

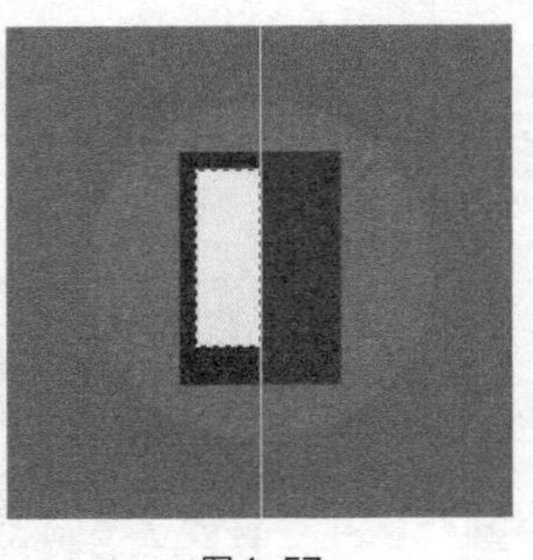
图 1-57

图 1-58

（8）新建图层并将其命名为“上左矩形”。将前景色设为红色（其 R、G、B 的值分别为 254、48、0）。选择“矩形选框”工具⬚，拖曳鼠标绘制一个矩形选区。按 Alt+Delete 组合键，用前景色填充选区，效果如图 1-59 所示。

（9）新建图层并将其命名为“上右矩形”。将前景色设为深红色（其 R、G、B 的值分别为 186、10、0）。将鼠标指针放置在上一步绘制的矩形选区的内部，当鼠标指针变为▷⬚时，按住鼠标左键的同时按住 Shift 键，水平向右拖曳选区到适当的位置。按 Alt+Delete 组合键，用前景色填充选区。按 Ctrl+D 组合键，取消选区，效果如图 1-60 所示。

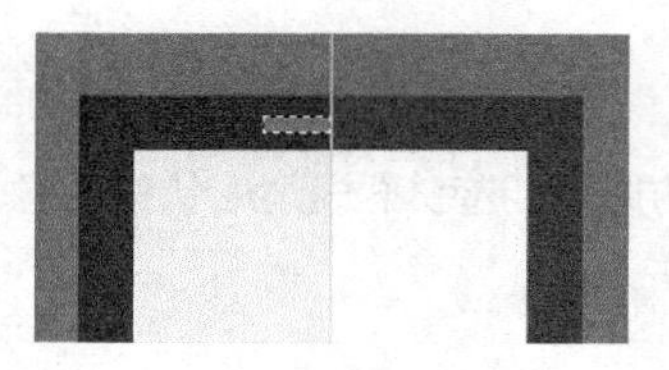
图1-59

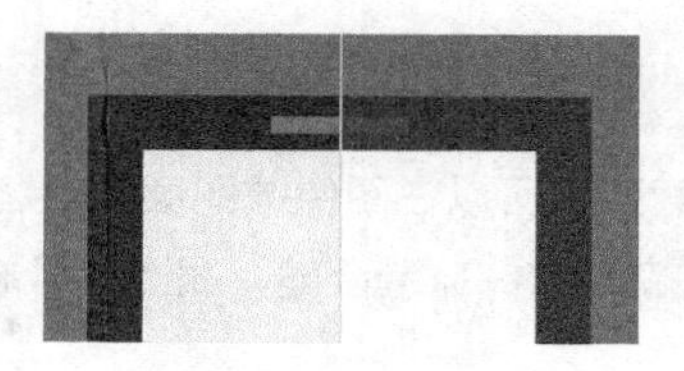
图1-60

（10）新建图层并将其命名为“左圆形”。将前景色设为橘黄色（其R、G、B的值分别为254、163、42）。选择“椭圆选框”工具，按住Shift键的同时，拖曳鼠标绘制一个圆形选区。按Alt+Delete组合键，用前景色填充选区，效果如图1-61所示。

（11）新建图层并将其命名为“右圆形”。将前景色设为橘色（其R、G、B的值分别为244、122、2）。选择“矩形选框”工具，单击属性栏中的“从选区中减去”按钮，在图像窗口中绘制选区，如图1-62所示。按Alt+Delete组合键，用前景色填充没有被减去的选区，按Ctrl+D组合键，取消选区，效果如图1-63所示。

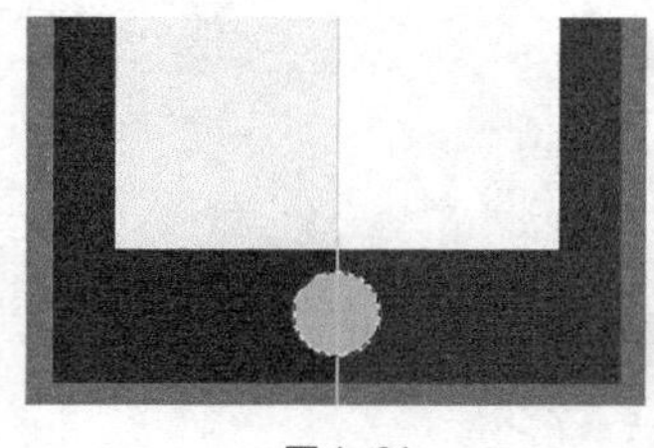
图1-61

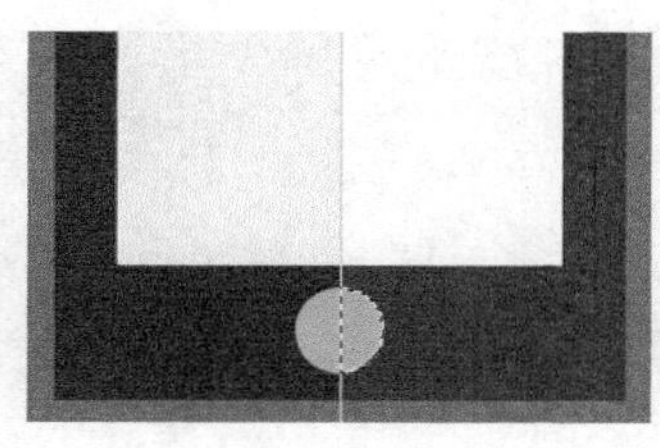
图1-62

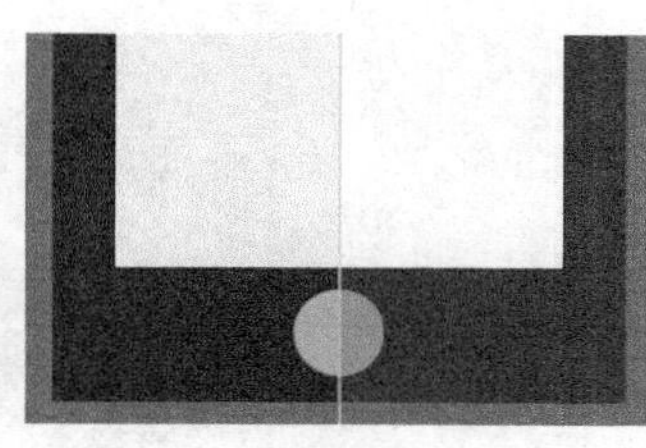
图1-63

（12）新建图层并将其命名为“阴影”。将前景色设为深红色（其R、G、B的值分别为161、30、0）。选择“多边形套索”工具，拖曳鼠标绘制一个菱形选区。按Alt+Delete组合键，用前景色填充选区。按Ctrl+D组合键，取消选区，效果如图1-64所示。

（13）在“图层”控制面板中，将“阴影”图层拖曳到“外左方形”图层的下方，如图1-65所示。按Ctrl+Alt+G组合键，为“阴影”图层创建剪贴蒙版，如图1-66所示。效果如图1-67所示。小图标制作完成。

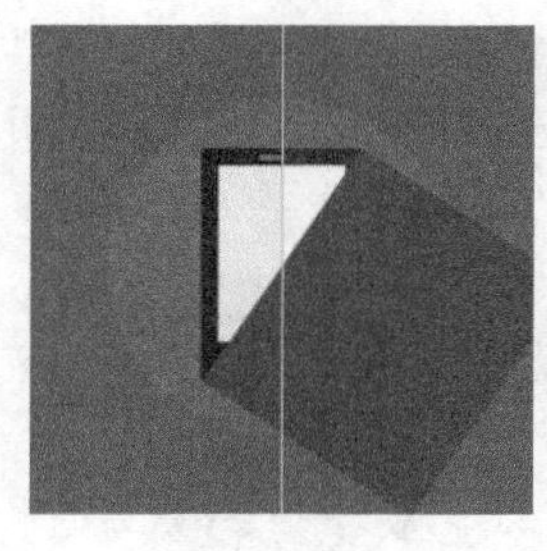
图1-64

图1-65

图1-66

图1-67

1.6 使用套索工具

可以使用套索工具、多边形套索工具、磁性套索工具等绘制不规则选区。

1.6.1 套索工具

利用套索工具可以在图像或图层中绘制不规则形状的选区，选取不规则形状的图像。选择“套索”工具，或按 Shift+L 组合键，属性栏状态如图 1-68 所示。

图 1-68

：选区方式选项。

羽化：用于设置选区边缘的羽化程度。

消除锯齿：用于清除选区边缘的锯齿。

选择“套索”工具，在图像中适当位置拖曳鼠标绘制路径，如图 1-69 所示。松开鼠标，路径自动封闭生成选区，效果如图 1-70 所示。

图 1-69

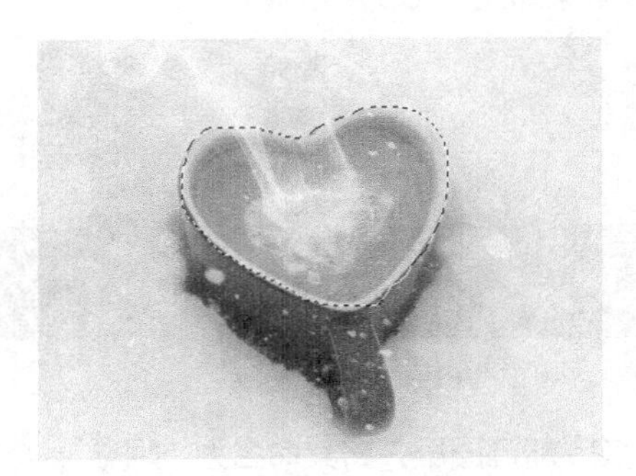

图 1-70

1.6.2 多边形套索工具

多边形套索工具可以用来选取不规则的多边形图像。选择“多边形套索”工具，或按 Shift+L 组合键，其属性栏中的有关内容与套索工具属性栏的内容基本相同。

选择“多边形套索”工具，在图像中单击设置所选区域的起点，接着单击设置选择区域的其他点，效果如图 1-71 所示。将鼠标指针移回到起点，多边形套索工具图标显示为，如图 1-72 所示。单击即可封闭选区，效果如图 1-73 所示。

图 1-71

图 1-72

图 1-73

在图像中使用“多边形套索”工具绘制选区时，按 Enter 键可封闭选区，按 Esc 键可取消选区，按 Delete 键可删除刚建立的选区点。

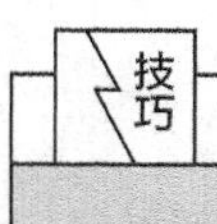

在图像中使用多边形套索工具绘制选区时，按住 Alt 键，多边形套索工具可以暂时切换为套索工具，松开 Alt 键，切换为多边形套索工具。

1.6.3 磁性套索工具

磁性套索工具可以用来选取不规则的并与背景反差大的图像。选择“磁性套索”工具，或按 Shift+L 组合键，属性栏如图 1–74 所示。

图 1–74

：选区方式选项。

羽化：用于设置选区边缘的羽化程度。

消除锯齿：用于清除选区边缘的锯齿。

宽度：用于设置套索检测范围，磁性套索工具将在这个范围内选取反差最大的边缘。

对比度：用于设置选取边缘的灵敏度，数值越大，则要求边缘与背景的反差越大。

频率：用于设置选区点的速率，数值越大，标记速率越快，标记点越多。

钢笔压力：用于设置专用绘图板的笔刷压力。

选择“磁性套索”工具，在图像中适当位置单击，根据选取图像的形状移动鼠标指针，以绘制轨迹，选取图像的磁性轨迹会紧贴图像的内容，如图 1–75 所示。将鼠标指针移回到起点，如图 1–76 所示。单击即可封闭选区，效果如图 1–77 所示。

图 1–75

图 1–76

图 1–77

在图像中使用“磁性套索”工具绘制选区时，按 Enter 键可封闭选区，按 Esc 键可取消选区，按 Delete 键可删除刚建立的选区点。

在图像中使用磁性套索工具绘制选区时，按住 Alt 键，磁性套索工具可以暂时切换为套索工具，松开 Alt 键，切换为磁性套索工具。

1.6.4 课堂案例——制作足球插画

案例学习目标

学习使用套索工具绘制不规则选区。

案例知识要点

使用“椭圆选框”工具，将足球图像抠出；使用“磁性套索”工具，将标题图像抠出；使用“多边形套索”工具，将人物图像抠出。效果如图1-78所示。

图1-78

扫码观看本案例视频

扫码查看扩展案例

效果所在位置

云盘/Ch01/效果/制作足球插画.psd。

制作方法

（1）按Ctrl+O组合键，打开云盘中的“Ch01 > 素材 > 制作足球插画 > 01”“Ch01>素材>制作足球插画>02”文件，如图1-79和图1-80所示。选择“椭圆选框”工具，按住Shift键的同时，在足球图像的边缘通过拖曳绘制一个圆形选区，效果如图1-81所示。

（2）选择“移动”工具，将选区的足球图片拖曳到01图像窗口中适当的位置，并调整其大小，效果如图1-82所示。在“图层”控制面板中生成新图层并将其命名为“足球”。

图1-79

图1-80

图1-81

图1-82

（3）按Ctrl+O组合键，打开云盘中的“Ch01 > 素材 > 制作足球插画 > 03”文件，如图1-83所示。选择“磁性套索”工具，在标题图像的边缘单击并根据标题的形状绘制一个封闭路径，路径自动转换为选区，如图1-84所示。

（4）选择“移动”工具，将选区中的标题图片拖曳到 01 图像窗口中适当的位置，并调整其大小，效果如图 1-85 所示。在“图层”控制面板中生成新图层并将其命名为“标题”。

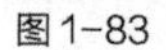
图 1-83

图 1-84

图 1-85

（5）按 Ctrl+O 组合键，打开云盘中的“Ch01 > 素材 > 制作足球插画 > 04”文件，如图 1-86 所示。选择“多边形套索”工具，在人物图像的边缘单击并根据人物的形状绘制一个封闭路径，路径自动转换为选区，效果如图 1-87 所示。选择“移动”工具，将选区中的人物图片拖曳到 01 图像窗口中适当的位置，并调整其大小，效果如图 1-88 所示。在“图层”控制面板中生成新图层并将其命名为“人物剪影”。

图 1-86

图 1-87

图 1-88

（6）按 Ctrl+O 组合键，打开云盘中的“Ch01 > 素材 > 制作足球插画 > 05”文件，选择“移动”工具，将草地图片拖曳到 01 图像窗口中适当的位置，效果如图 1-89 所示。在“图层”控制面板中生成新图层并将其命名为“草地”，如图 1-90 所示。足球插画制作完成。

图 1-89

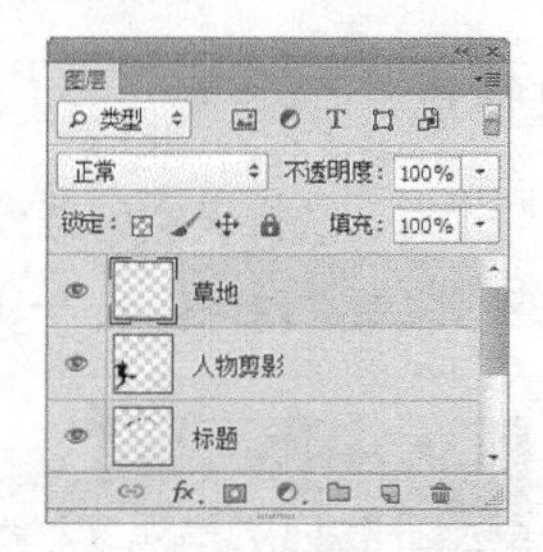

图 1-90

1.7 使用魔棒工具

魔棒工具可以用来选取图像中的某一点，并将与这一点颜色相同或相近的点自动融入选区中。

1.7.1 魔棒工具

选择“魔棒”工具，或按 W 键，属性栏如图 1-91 所示。

图 1-91

：选区方式选项。

容差：用于控制色彩的范围，数值越大，可容许的颜色范围越大。

消除锯齿：用于清除选区边缘的锯齿。

连续：用于选择不连续的色彩范围。

对所有图层取样：用于将所有可见层中颜色容许范围内的色彩加入选区。

选择“魔棒”工具，在图像中单击需要选择的颜色区域，即可得到需要的选区，如图 1-92 所示。调整属性栏中的容差值，再次单击需要选择的颜色区域，效果如图 1-93 所示。

图 1-92

图 1-93

1.7.2 课堂案例——使用魔棒工具更换背景

案例学习目标

学习使用魔棒工具选取颜色相同或相近的区域。

案例知识要点

使用“魔棒”工具，选择天空区域；使用“色相/饱和度”命令，调整图像的亮度；使用“色阶”命令，调整图片的对比度。效果如图 1-94 所示。

图 1-94

扫码观看本案例视频

扫码查看扩展案例

效果所在位置

云盘/Ch01/效果/使用魔棒工具更换背景.psd。

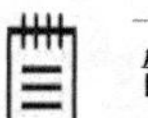

制作方法

（1）按 Ctrl+O 组合键，打开云盘中的“Ch01 > 素材 > 使用魔棒工具更换背景 > 01”文件，如图 1-95 所示。

（2）在“图层”控制面板中，双击“背景”图层，在弹出的“新建图层”对话框中进行设置，如图 1-96 所示。单击“确定”按钮，将“背景”图层转换为“山脉”图层，如图 1-97 所示。

图 1-95

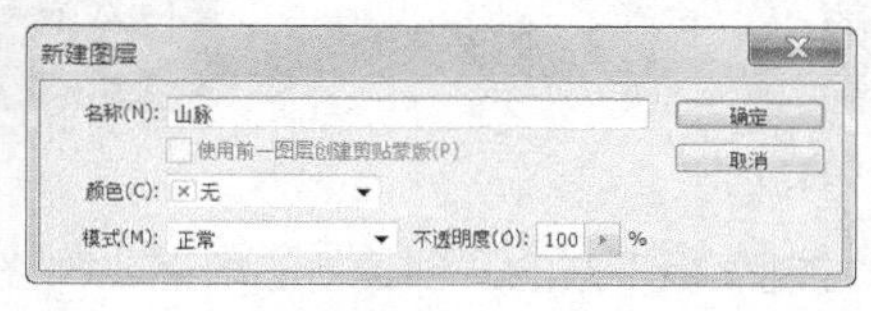

图 1-96

图 1-97

（3）选择“魔棒”工具，单击属性栏中的“添加到选区”按钮，将“容差”选项设为“60”，在图像窗口中单击蓝色天空图像，生成选区，效果如图 1-98 所示。按 Delete 键，删除选区中的图像；按 Ctrl+D 组合键，取消选区。效果如图 1-99 所示。

图 1-98

图 1-99

（4）按 Ctrl+O 组合键，打开云盘中的“Ch01 > 素材 > 使用魔棒工具更换背景 > 02”文件。选择“移动”工具，将 02 图片拖曳到 01 图像窗口中适当的位置，在“图层”控制面板中生成新的图层并将其命名为“天空”，如图 1-100 所示。将“天空”图层拖曳到“山脉”图层的下方，如图 1-101 所示。图像效果如图 1-102 所示。

图 1-100

图 1-101

图 1-102

（5）单击“图层”控制面板下方的“创建新的填充或调整图层”按钮 ，在弹出的菜单中选择“色相/饱和度”命令，在“图层”控制面板中生成“色相/饱和度 1”图层。在弹出的“色相/饱和度”面板中进行设置，如图 1-103 所示。按 Enter 键，图像效果如图 1-104 所示。

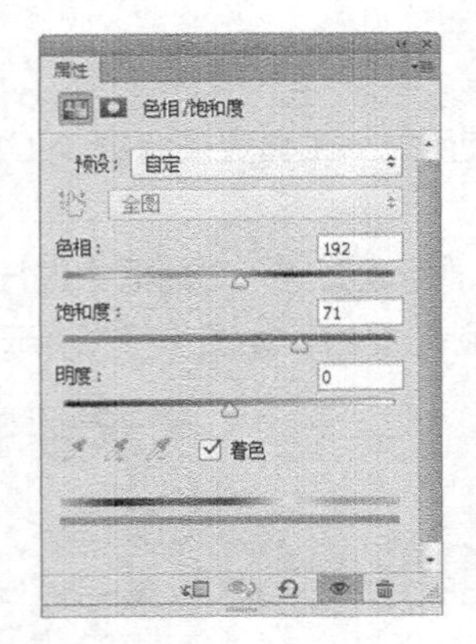

图 1-103

图 1-104

（6）单击“图层”控制面板下方的“创建新的填充或调整图层”按钮 ，在弹出的菜单中选择“色阶”命令，在“图层”控制面板中生成“色阶 1”图层。在弹出的“色阶”面板中进行设置，如图 1-105 所示。按 Enter 键，图像效果如图 1-106 所示。使用魔棒工具更换背景完成。

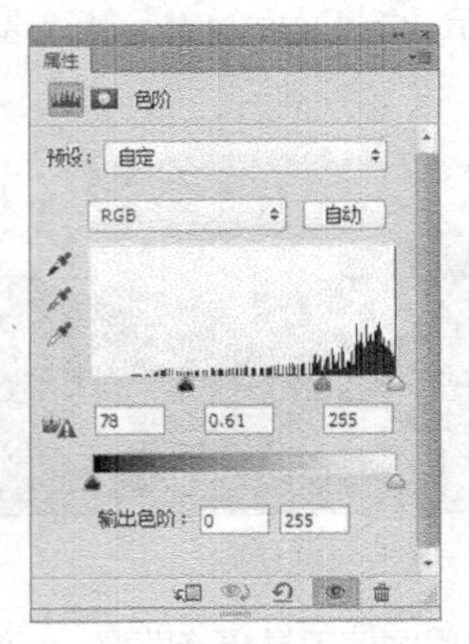

图 1-105

图 1-106

1.8 选区的调整

可以根据需要对选区进行增加、减少、羽化、反选等操作，从而达到制作的要求。

1.8.1 增加或减少选区

选择“椭圆选框”工具 ，在图像上绘制选区，如图 1-107 所示。选择“矩形选框”工具 ，按住 Shift 键的同时通过拖曳绘制出增加的矩形选区，如图 1-108 所示。增加后的选区效果如图 1-109 所示。

图1-107

图1-108

图1-109

选择“椭圆选框”工具〇，在图像上绘制选区，如图 1-110 所示。选择“矩形选框”工具⬚，按住 Alt 键的同时通过拖曳绘制出矩形选区，如图 1-111 所示。减少后的选区效果如图 1-112 所示。

图1-110

图1-111

图1-112

1.8.2 反选选区

选择“选择 > 反向”命令，或按 Shift+Ctrl+I 组合键，可以对当前的选区进行反向选取，效果如图 1-113 和图 1-114 所示。

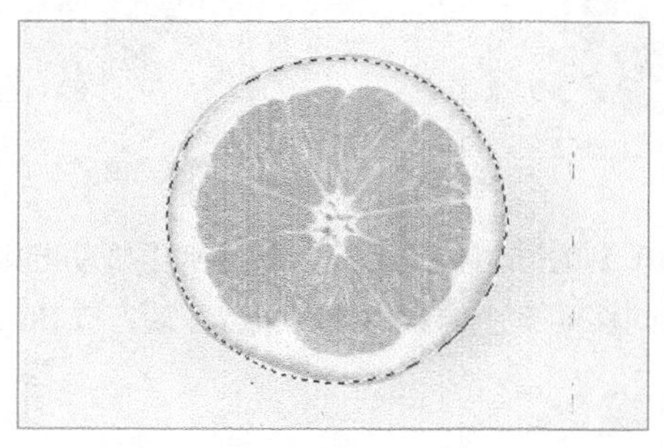
图1-113

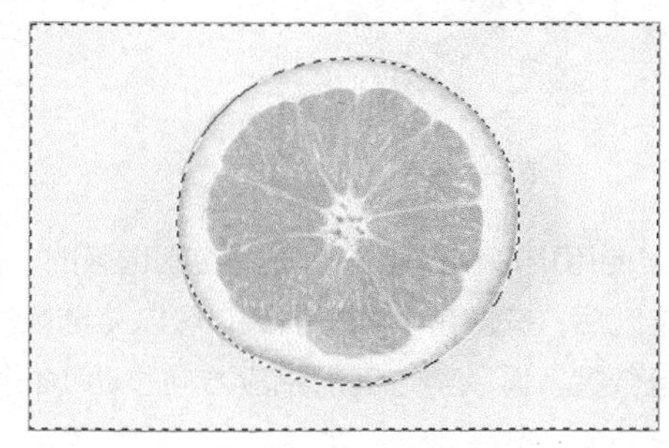
图1-114

1.8.3 羽化选区

羽化选区可以使图像产生柔和的效果。

在图像中绘制选区，如图 1-115 所示。选择“选择 > 修改 > 羽化”命令，弹出“羽化选区”对话框，设置羽化半径的数值，如图 1-116 所示。单击“确定”按钮，选区边缘被羽化。反选选区，效果如图 1-117 所示。在选区中填充颜色后，效果如图 1-118 所示。

图 1-115

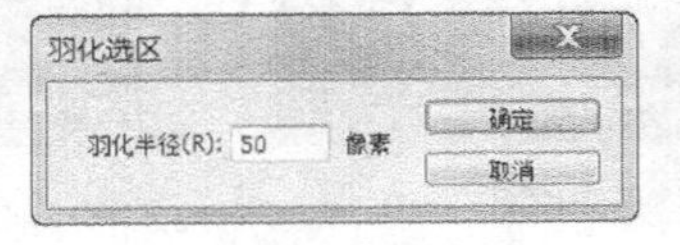

图 1-116

图 1-117

图 1-118

还可以在绘制选区前，在选区工具的属性栏中直接输入羽化的像素数值，此时绘制的选区自动成为带有羽化边缘的选区。

1.8.4 取消选区

选择“选择 > 取消选择”命令，或按 Ctrl+D 组合键，可以取消选区。

1.8.5 移动选区

将鼠标指针放在选区中，鼠标指针变为▷，如图 1-119 所示。按住鼠标左键并进行拖曳的鼠标指针变为▶，将选区拖曳到其他位置，如图 1-120 所示。松开鼠标，即可完成选区的移动，效果如图 1-121 所示。

图 1-119

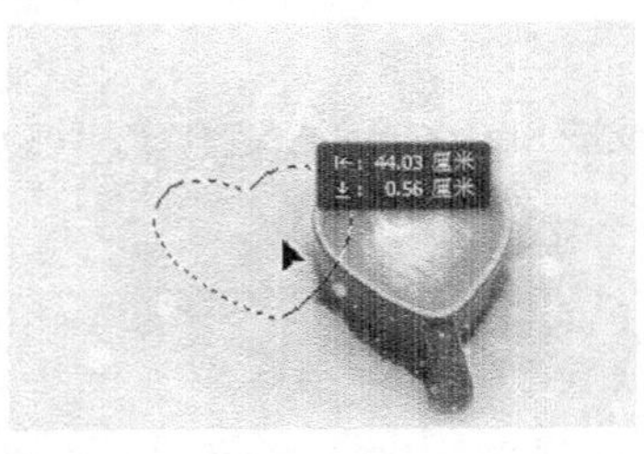

图 1-120

图 1-121

当使用矩形和椭圆选框工具绘制选区时，按住 Shift 键的同时拖曳鼠标，即可水平移动选区。绘制出选区后，按键盘中的方向键，可以将选区沿相应方向移动 1 个像素；绘制出选区后，按 Shift+方向键组合键，可以将选区沿相应方向移动 10 个像素。

课堂练习——制作彩虹风景

练习知识要点

使用“磁性套索”工具，抠选热气球图像；使用“多边形套索”工具，抠选小房子图像；使用“移动”工具，移动图像的位置。效果如图 1-122 所示。

效果所在位置

云盘/Ch01/效果/制作彩虹风景.psd。

图1-122

课后习题——制作家庭照片模板

习题知识要点

使用“椭圆选框”工具，绘制椭圆选区；使用“羽化”命令，柔化图像；使用“反选”命令，反选选区；使用“魔棒”工具，抠选人物图像。效果如图1-123所示。

效果所在位置

云盘/Ch01/效果/制作家庭照片模板.psd。

图1-123

02

第 2 章 绘制与编辑图像

本章主要介绍绘制、修饰和编辑图像的方法和技巧。通过本章的学习，读者可以学会使用画笔工具和渐变工具等绘制出丰富多彩的图像，使用仿制图章、修复画笔和污点修复画笔、红眼等工具修复有缺陷的图像，使用调整图像的尺寸、移动或复制图像、裁剪和透视裁剪等工具编辑和调整图像。

课堂学习目标

- 掌握绘制图像的方法和技巧
- 掌握修饰图像的方法和技巧
- 掌握编辑图像的方法和技巧

2.1 绘制图像

绘图工具和填充工具是绘制和编辑图像的基础。画笔工具可以绘制出各种绘画效果，铅笔工具可以绘制出各种硬边效果，渐变工具可以创建多种颜色间的渐变效果，定义图案命令可以用自定义的图案填充图形，描边命令可以为选区描边。

2.1.1 画笔的使用

使用不同的画笔形状、设置不同的画笔不透明度和画笔模式，可以绘制出多姿多彩的图像。

1. 画笔工具的使用

选择"画笔"工具，或按 Shift+B 组合键，其属性栏如图 2-1 所示。

图 2-1

13：用于选择预设的画笔。

模式：用于选择混合模式。选择不同的模式，将产生不同的效果。

不透明度：用于设定画笔的不透明度。

流量：用于设定喷笔压力，压力越大，喷色越浓。

喷枪：用于选择喷枪效果。

在画笔工具属性栏中单击 13 右侧的按钮，弹出图 2-2 所示的"画笔"选择面板。在"画笔"选择面板中可以选择画笔形状。

拖曳"大小"下方的滑块或直接输入数值，可以设置画笔形状的大小。

单击"画笔"选择面板右上角的按钮，在弹出的下拉菜单中选择"小列表"命令，如图 2-3 所示。"画笔"选择面板的显示效果如图 2-4 所示。

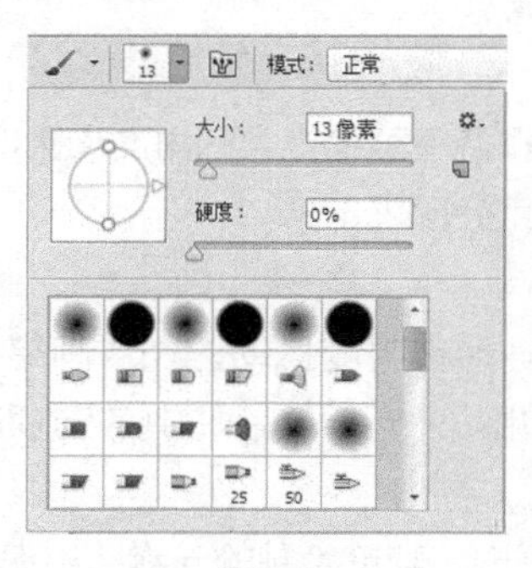

图 2-2

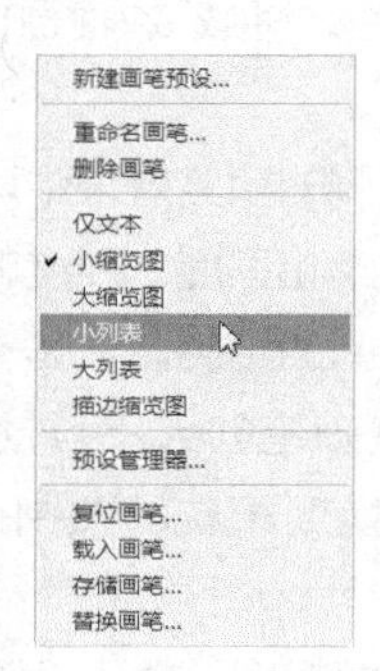

图 2-3

图 2-4

图 2-3 所示菜单中各命令含义如下。

新建画笔预设：用于创建新画笔。

重命名画笔：用于重新命名画笔。

删除画笔：用于删除当前选中的画笔。

仅文本：以文字的形式显示画笔选择面板。

小缩览图：以小图标的形式显示画笔选择面板。

大缩览图：以大图标的形式显示画笔选择面板。

小列表：以文字和小图标列表的形式显示画笔选择面板。

大列表：以文字和大图标列表的形式显示画笔选择面板。

描边缩览图：以描绘选区边缘的效果显示画笔选择面板。

预设管理器：用于在弹出的“预置管理器”对话框中编辑画笔。

复位画笔：用于恢复画笔的默认状态。

载入画笔：用于将存储的画笔载入画笔选择面板。

存储画笔：用于存储当前的画笔。

替换画笔：用于载入新画笔并替换当前画笔。

在图 2-4 所示的“模式”选项的下拉列表中可以为画笔设置模式。设置不同的模式，画笔绘制出来的效果不同。“不透明度”选项用于设置绘制效果的不透明度，数值为 100%时，绘制效果为不透明，其数值范围为 0% ~ 100%。

2. 画笔面板的使用

可以应用画笔面板为画笔定义不同的形状与渐变颜色等，让画笔能绘制出多样的图形。

单击属性栏（见图 2-1）中的按钮，或选择“窗口 > 画笔”命令，弹出“画笔”控制面板，如图 2-5 所示。在画笔选择框中单击需要的画笔，单击左侧的“画笔笔尖形状”下的其他选项，可以切换到不同的控制面板设置需要的样式。在控制面板下方还可以预览画笔效果。

（1）“画笔预设”控制面板可以预览预设的画笔形状。在“画笔”控制面板中，单击“画笔预设”按钮，弹出“画笔预设”控制面板，如图 2-6 所示。

（2）“画笔笔尖形状”控制面板可以设置画笔的笔尖形状。在“画笔”控制面板中，默认状态下显示“画笔笔尖形状”控制面板（见图 2-7），其中各选项的功能如下。

大小：用于设置画笔的大小。

翻转 *X*/翻转 *Y*：用于设置画笔笔尖在 *X* 轴或 *Y* 轴上的翻转方向。

角度：用于设置画笔笔尖的倾斜角度。

圆度：用于设置画笔的圆滑度。在右侧的预览效果中可以观察和调整画笔笔尖的角度和圆度。

硬度：用于设置画笔所画图像边缘的柔化程度。硬度的数值用百分比表示。

间距：用于设置画笔画出的标记点之间的距离。

（3）“形状动态”控制面板可以设置画笔的大小抖动、角度抖动和圆度抖动。在“画笔”控制面板中，单击“形状动态”选项，切换到相应的控制面板，如图 2-7 所示。其中各选项的功能如下。

大小抖动：用于设置动态元素的自由随机度。数值设置为 100%时，画笔绘制的元素会出现最大的自由随机度；数值设置为 0%时，画笔绘制的元素没有变化。

控制：在其下拉列表中有多个选项，用来控制动态元素的变化。这些选项包括关、渐隐、钢笔压力、钢笔斜度和光笔轮。

最小直径：用来设置画笔标记点的最小直径。

角度抖动、控制：用于设置画笔在绘制线条的过程中标记点角度的动态变化效果。在“控制”选项的下拉列表中有多个选项，这些选项可以用来控制标记点角度抖动的变化。

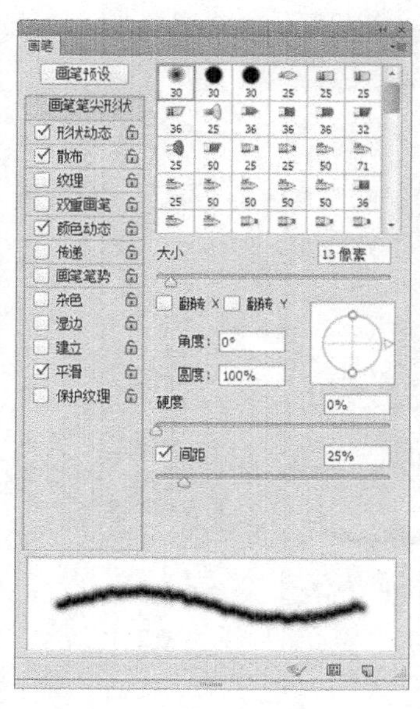

图 2-5

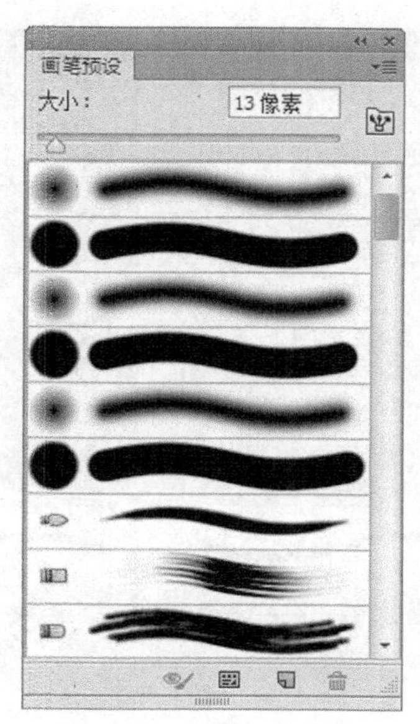

图 2-6

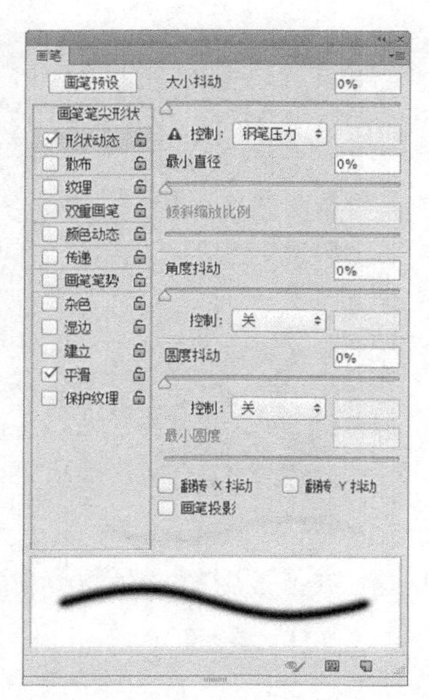

图 2-7

圆度抖动、控制：用于设置画笔在绘制线条的过程中标记点圆度的动态变化效果。在“控制”选项的下拉列表中有多个选项，这些选项可以用来控制标记点圆度抖动的变化。

最小圆度：用于设置画笔标记点的最小圆度。

（4）“散布”控制面板可以设置画笔绘制的线条中标记点的效果。在“画笔”控制面板中，单击“散布”选项，切换到相应的控制面板，如图 2-8 所示。其中各选项的功能如下。

散布：用于设置画笔绘制的线条中标记点的分布效果。不勾选“两轴”复选框，则画笔的标记点的分布与画笔绘制的线条方向垂直；勾选“两轴”复选框，则画笔标记点将以放射状分布。

数量：用于设置每个空间间隔中画笔标记点的数量。

数量抖动：用于设置每个空间间隔中画笔标记点的数量变化。在“控制”选项的下拉列表中有多个选项，这些选项可以用来控制标记点数量抖动的变化。

（5）“颜色动态”控制面板用于设置画笔绘制的过程中颜色的动态变化情况。在“画笔”控制面板中，单击“颜色动态”选项，切换到相应的控制面板，如图 2-9 所示。其中各选项的功能如下。

前景/背景抖动：用于设置画笔绘制的线条在前景色和背景色之间的动态变化。

色相抖动：用于设置画笔绘制的线条的色相动态变化范围。

饱和度抖动：用于设置画笔绘制的线条的饱和度动态变化范围。

亮度抖动：用于设置画笔绘制的线条的亮度动态变化范围。

纯度：用于设置画笔绘制的线条颜色的纯度。

（6）“传递”控制面板用来确定油彩在画笔绘制的线条中的改变方式。在“画笔”控制面板中，单击“传递”选项，切换到相应的控制面板，如图 2-10 所示。其中各选项的功能如下。

不透明度抖动：用于设置画笔绘制的线条的不透明度的动态变化情况。

流量抖动：用于设置画笔绘制的线条的流畅度的动态变化情况。

单击“画笔”控制面板右上方的图标，弹出如图 2-11 所示的菜单。选择菜单中的命令可以设置“画笔”控制面板。

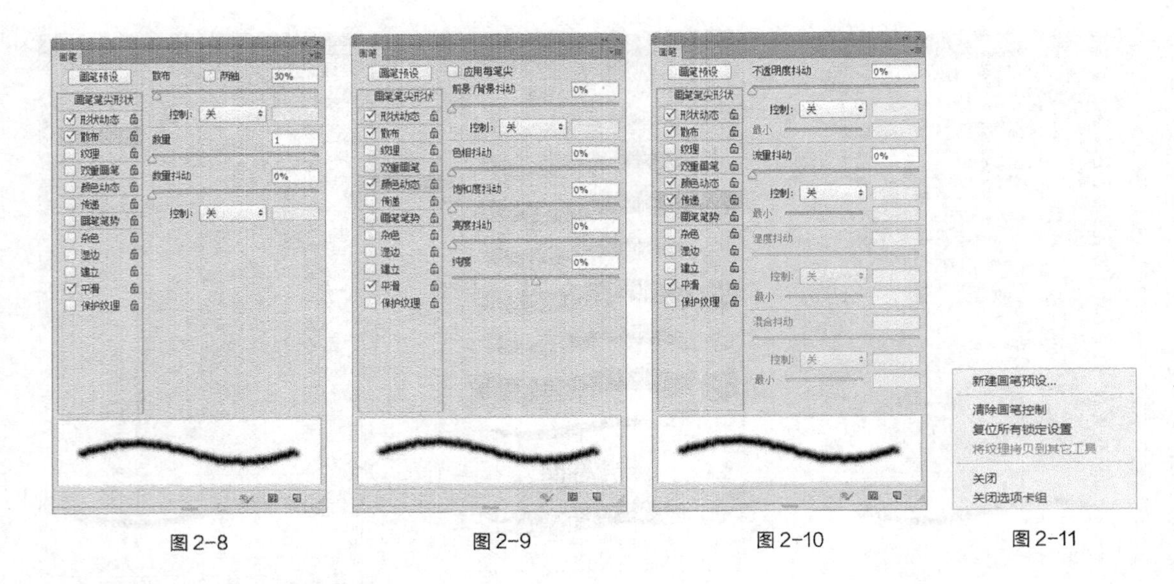

图 2-8　　图 2-9　　图 2-10　　图 2-11

2.1.2　铅笔的使用

铅笔工具可以模拟铅笔的绘画效果。选择“铅笔”工具，或反复按 Shift+B 组合键，其属性栏如图 2-12 所示。

图 2-12

：用于选择画笔。

模式：用于选择混合模式。

不透明度：用于设定不透明度。

自动抹除：用于自动判断绘画时的起始点颜色。如果起始点颜色为背景色，则铅笔工具将以前景色进行绘制；反之，如果起始点颜色为前景色，则铅笔工具会以背景色进行绘制。

2.1.3　渐变工具

选择“渐变”工具，或反复按 Shift+G 组合键，其属性栏如图 2-13 所示。

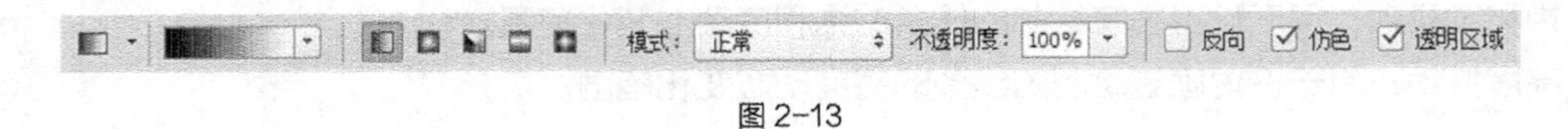

图 2-13

：用于选择和编辑渐变的颜色。

：用于选择各类型的渐变工具。其中包括线性渐变工具、径向渐变工具、角度渐变工具、对称渐变工具、菱形渐变工具。

模式：用于选择着色的模式。

不透明度：用于设定不透明度。

反向：用于反向产生颜色渐变的效果。

仿色：用于使渐变色更平滑地过渡。

透明区域：用于产生不透明度。

如果要自定义渐变形式和颜色，可单击“点按可编辑渐变”按钮，在弹出的“渐变编辑器”对话框中进行设置，如图2-14所示。

在“渐变编辑器”对话框中，单击颜色编辑框下方的适当位置，可以增加色标，如图2-15所示。颜色可以进行调整，单击对话框下方的“颜色”选项，或双击刚建立的色标，弹出“拾色器（色标颜色）”对话框，在其中选择适当的颜色，如图2-16所示。单击“确定”按钮，颜色即可改变。颜色的位置也可以进行调整，在“位置”选项的文本框中输入数值或直接拖曳色标。

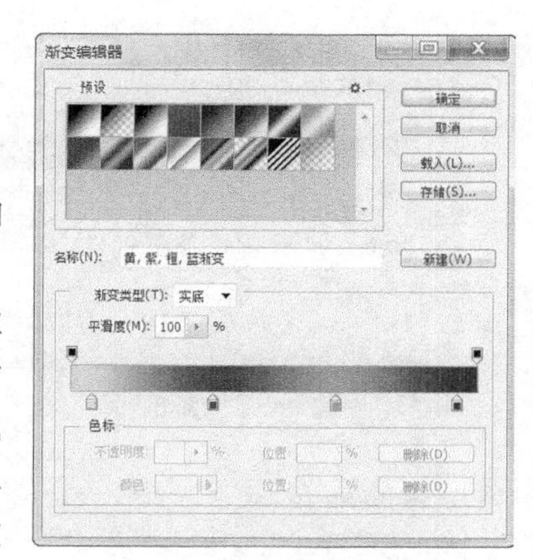

图2-14

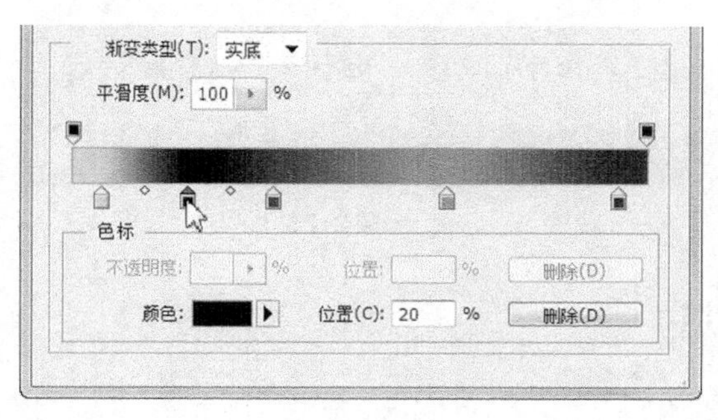

图2-15

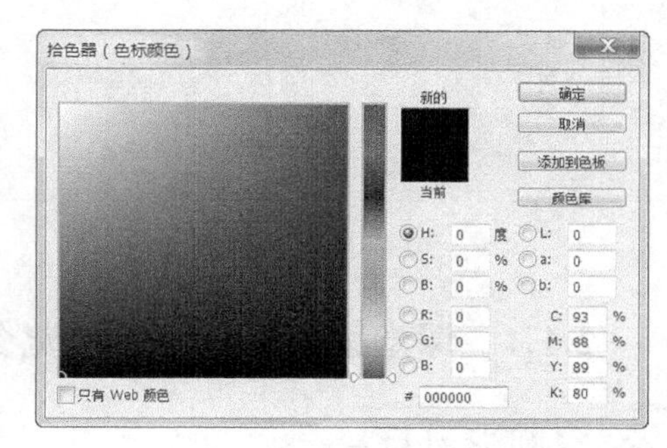

图2-16

任意选择一个色标，如图2-17所示。单击对话框下方的“删除”按钮 删除(D)，或按Delete键，可以将色标删除，如图2-18所示。

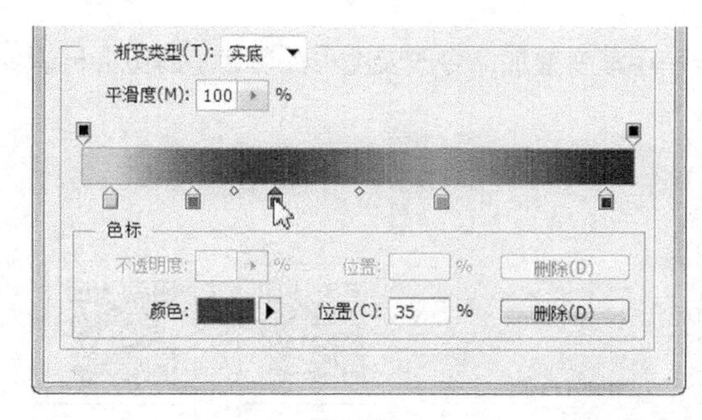

图2-17

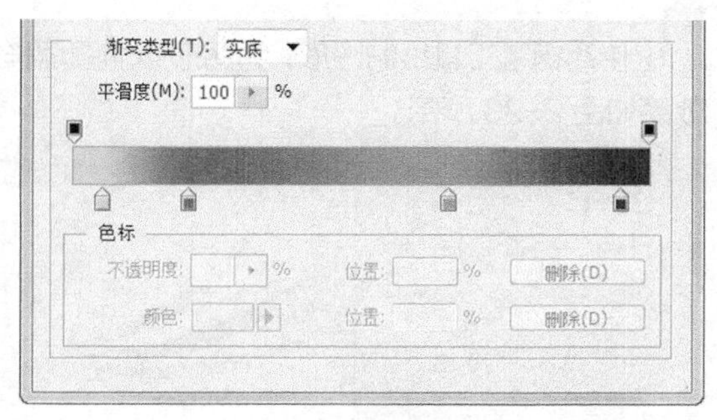

图2-18

在“渐变编辑器”对话框中单击颜色编辑框左上方的黑色色标，如图2-19所示。调整“不透明度”选项的数值，可以使开始到结束的颜色都显示为半透明的效果，如图2-20所示。

在“渐变编辑器”对话框中单击颜色编辑框的上方，出现新的色标，如图2-21所示。调整“不透明度”选项的数值，可以使新色标的颜色向两边的颜色过渡并都呈现出半透明效果，如图2-22所示。如果想删除新的色标，单击对话框下方的“删除”按钮 删除(D) 或按Delete键，即可将其删除。

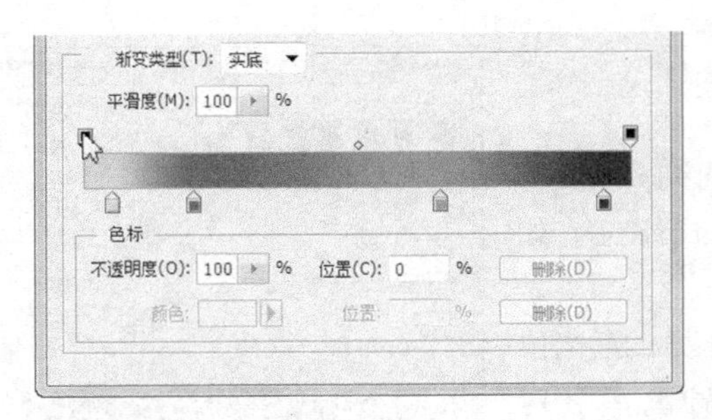

图 2-19

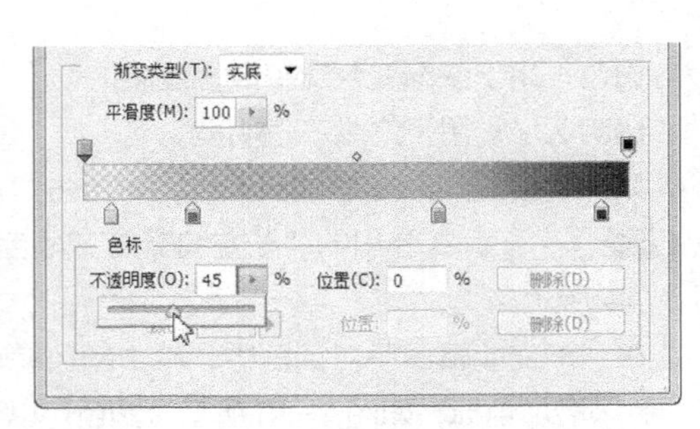

图 2-20

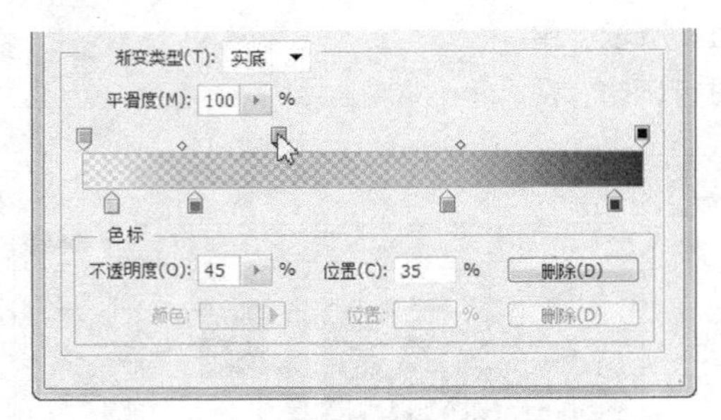

图 2-21

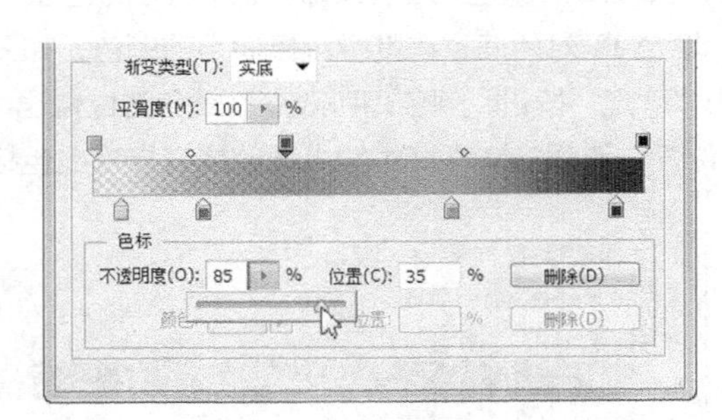

图 2-22

2.1.4 课堂案例——制作博览会标识

案例学习目标

学习使用钢笔工具绘制图形，使用渐变工具制作图形的颜色效果。

案例知识要点

使用钢笔工具绘制图形，为图形添加图层样式；使用渐变叠加命令改变图形的颜色。博览会标识效果如图 2-23 所示。

图 2-23

效果所在位置

云盘/Ch02/效果/制作博览会标识.psd。

制作方法

（1）按 Ctrl+N 组合键，弹出“新建”对话框，将“宽度”选项设为“8 厘米”，“高度”选项设为“8 厘米”，“分辨率”设为“300 像素/英寸”，“颜色模式”设为“RGB”，“背景内容”设为“白色”，单击“确定”按钮，新建一个文件。

（2）新建图层并将其命名为“形状 1”。选择“钢笔”工具，在属性栏的“选择工具模式”选项中选择“路径”，在图像窗口绘制一个闭合路径，按 Ctrl+Enter 组合键将闭合路径转换为选区，如图 2-24 所示。

（3）选择“渐变”工具，单击属性栏中的“点按可编辑渐变”按钮，弹出“渐变编辑器”对话框，将渐变颜色设为从蓝色（其 R、G、B 的值分别为 0、113、190）到草绿色（其 R、G、B 的值分别为 203、216、26），如图 2-25 所示，单击“确定”按钮。按住 Shift 键的同时，在选区里由左至右拖曳，渐变色填充选区，按 Ctrl+D 组合键取消选区，效果如图 2-26 所示。

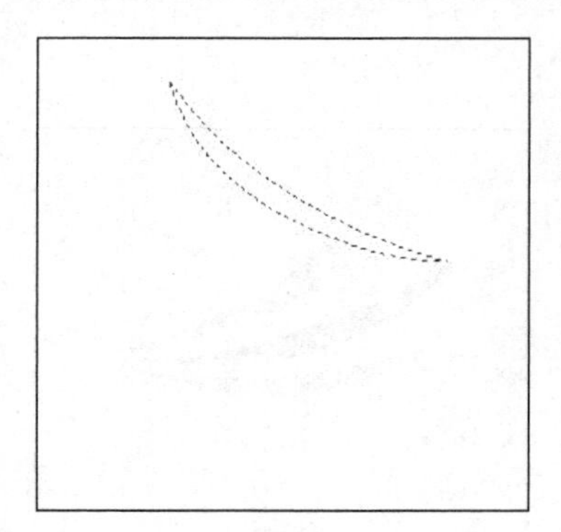

图 2-24

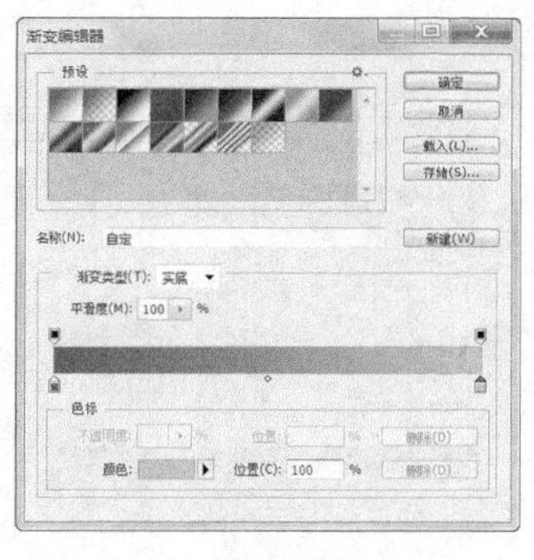

图 2-25

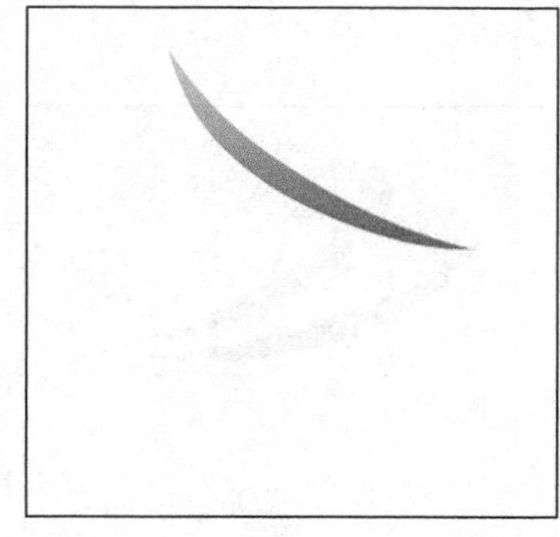

图 2-26

（4）新建图层并将其命名为“形状 2”。选择“钢笔”工具，在图像窗口绘制一个闭合路径，按 Ctrl+Enter 组合键将闭合路径转换为选区，如图 2-27 所示。

（5）选择“渐变”工具，单击属性栏中的“点按可编辑渐变”按钮，弹出“渐变编辑器”对话框，将渐变颜色设为从蓝色（其 R、G、B 的值分别为 34、32、136）到紫色（其 R、G、B 的值分别为 139、10、132），如图 2-28 所示，单击“确定”按钮，按住 Shift 键的同时，在选区里由左至右拖曳，渐变色填充选区，按 Ctrl+D 组合键取消选区，效果如图 2-29 所示。

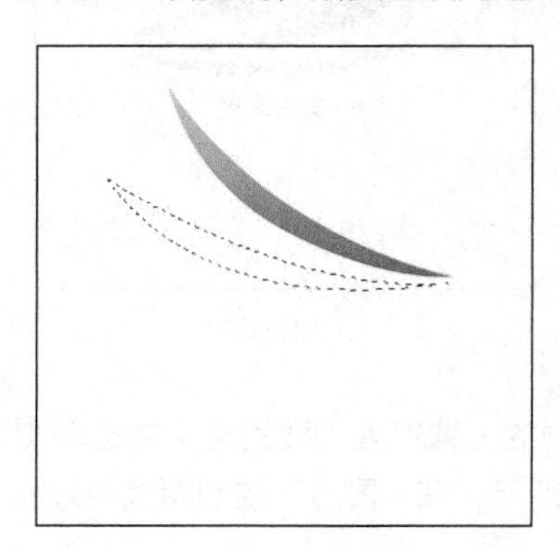

图 2-27

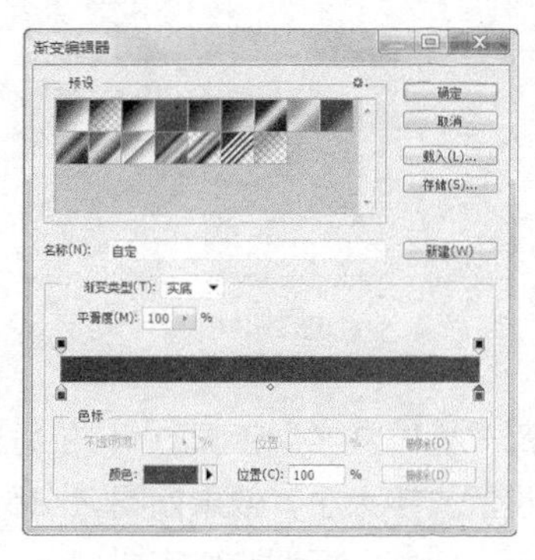

图 2-28

图 2-29

（6）新建图层并将其命名为“形状 3”。选择“钢笔”工具，在图像窗口绘制一个闭合路径，按 Ctrl+Enter 组合键将闭合路径转换为选区，如图 2-30 所示。

（7）选择“渐变”工具，单击属性栏中的“点按可编辑渐变”按钮，弹出“渐变编辑器”对话框，将渐变颜色设为从红色（其 R、G、B 的值分别为 182、0、0）到橘色（其 R、G、B 的值分别为 235、100、2），如图 2-31 所示，单击“确定”按钮。按住 Shift 键的同时，在选区中由左至右拖曳，渐变色填充选区，按 Ctrl+D 组合键取消选区，效果如图 2-32 所示。

（8）新建图层并将其命名为“形状 4”。选择“钢笔”工具，在图像窗口绘制一个闭合路径，按 Ctrl+Enter 组合键，将闭合路径转换为选区，如图 2-33 所示。

（9）选择“渐变”工具，单击属性栏中的“点按可编辑渐变”按钮，弹出“渐变编辑器”对话框，将渐变颜色设为从橘黄色（其 R、G、B 的值分别为 237、113、0）到草绿色（其 R、G、B 的值分别为 203、216、26），如图 2-34 所示，单击“确定”按钮。按住 Shift 键的同时，在选区里由左至右拖曳，渐变色填充选区，按 Ctrl+D 组合键取消选区，效果如图 2-35 所示。

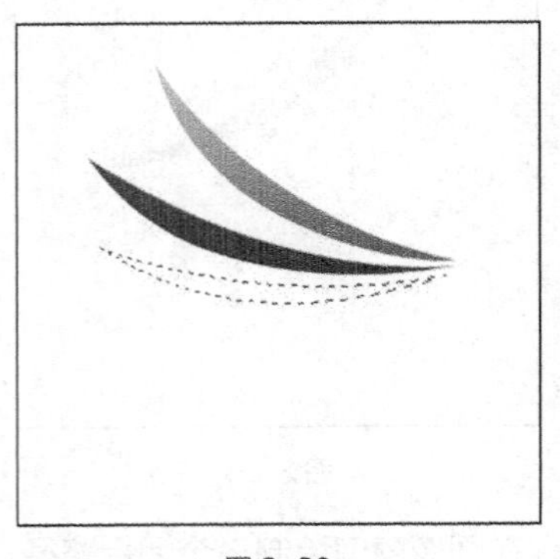
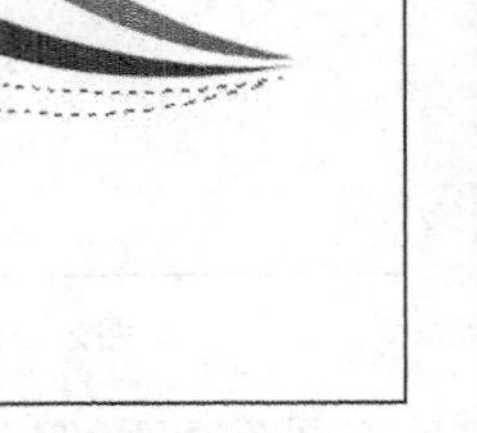

图 2-30

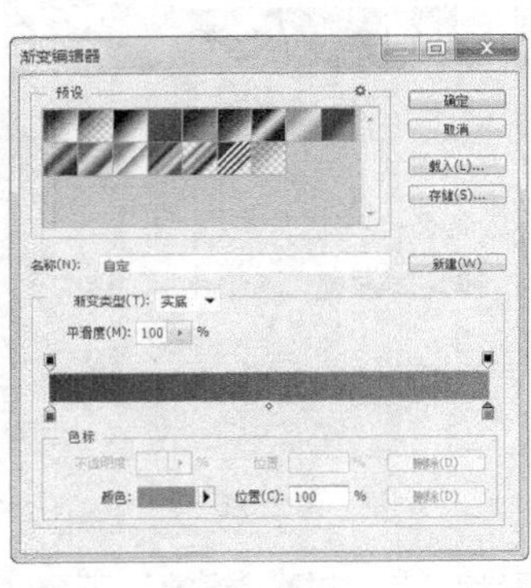

图 2-31

图 2-32

图 2-33

图 2-34

图 2-35

（10）将前景色设为黑色。选择“横排文字”工具，在适当的位置输入需要的文字并选取文字，在属性栏中选择合适的字体并设置文字大小，效果如图 2-36 所示。在“图层”控制面板中分别生成新的文字图层，如图 2-37 所示。博览会标识制作完成。

图 2-36

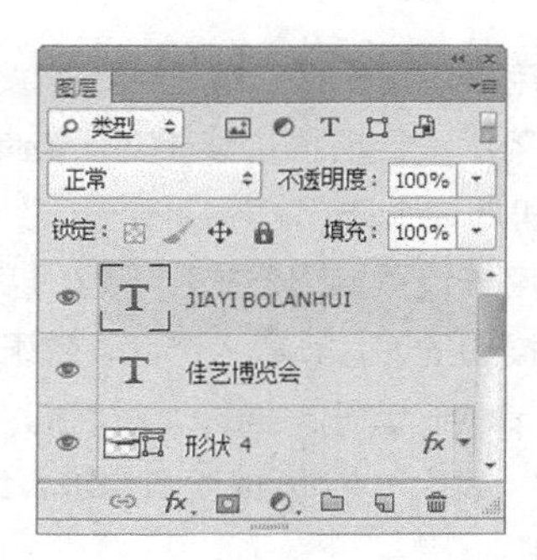

图 2-37

2.1.5 自定义图案

在图像上绘制出要定义为图案的选区，如图 2-38 所示。选择“编辑 > 定义图案”命令，弹出“图案名称”对话框，如图 2-39 所示。单击“确定”按钮，图案定义完成。删除选区中的图像，取消选区。

图 2-38

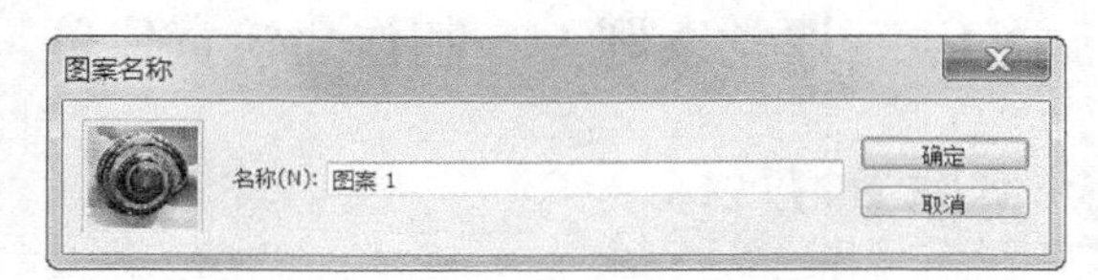

图 2-39

选择“编辑 > 填充”命令，弹出“填充”对话框，在“自定图案”选项中选择新定义的图案，如图 2-40 所示。单击“确定”按钮，图案填充的效果如图 2-41 所示。

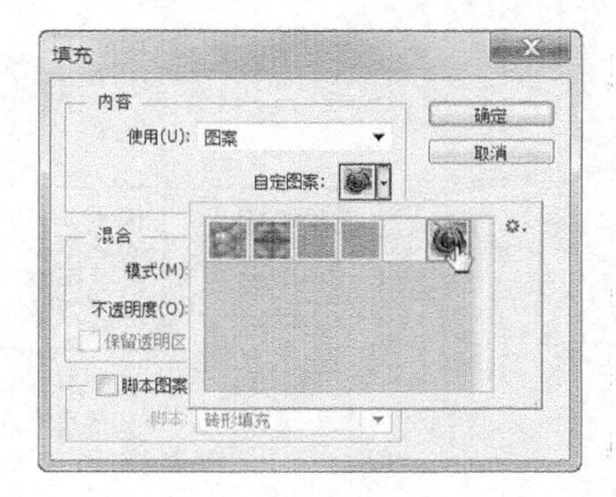

图 2-40

图 2-41

2.1.6 描边命令

描边命令可以将选定区域的边缘用前景色描绘出来。选择“编辑 > 描边”命令，弹出“描边”对话框，如图 2-42 所示。

描边：用于设定选区边缘边线的宽度和边线的颜色。

位置：用于设定所描边线相对于选定区域边缘的位置，包括内部、居中、居外 3 个选项。

混合：用于设置描边模式和不透明度。

选中要描边的图片，载入选区，效果如图 2-43 所示。选择“编辑 > 描边”命令，弹出“描边”对话框，按图 2-44 所示进行设定，单击“确定”按钮。按 Ctrl+D 组合键，取消选区。选区描边的效果如图 2-45 所示。

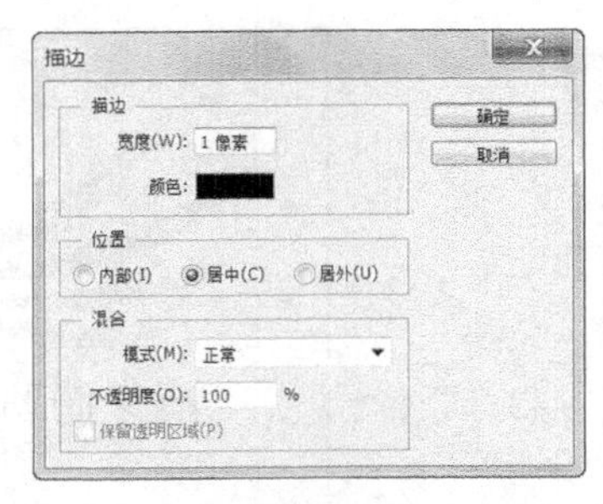

图 2-42

图 2-43

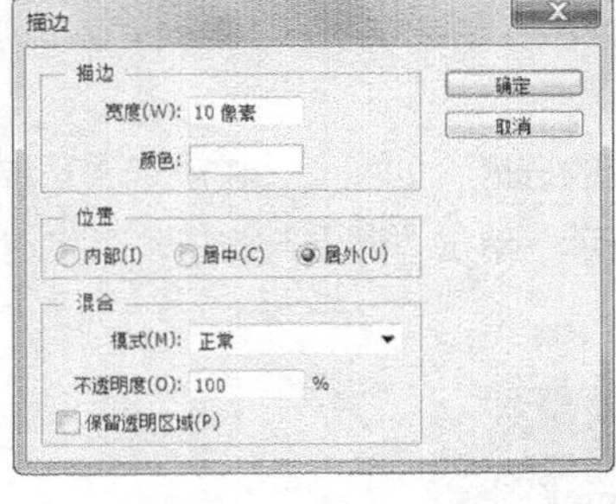

图 2-44

图 2-45

2.1.7 课堂案例——制作会馆宣传单

案例学习目标

学习使用描边命令将选定区域的边缘用前景色描绘出来。

案例知识要点

使用“描边”命令，制作描边效果，效果如图 2-46 所示。

图 2-46

效果所在位置

云盘/Ch02/效果/制作会馆宣传单.psd。

制作方法

（1）按 Ctrl+O 组合键，打开云盘中的“Ch02 > 素材 > 制作会馆宣传单 > 01”“Ch02>素材>制作会馆宣传单>02”文件，选择“移动”工具，将 02 人物图片拖曳到 01 图像窗口中适当的位置并调整其大小，效果如图 2-47 所示。在“图层”控制面板中生成新的图层并将其命名为“人物”，如图 2-48 所示。

图 2-47

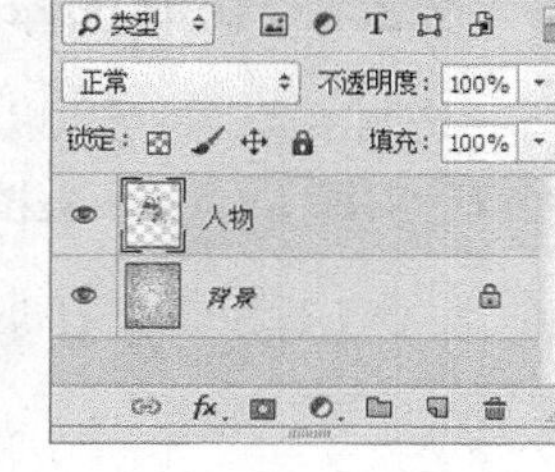

图 2-48

（2）按住 Ctrl 键的同时，单击“人物”图层的缩览图，图像周围生成选区，如图 2-49 所示。单击“图层”控制面板下方的“创建新图层”按钮，生成新的图层并将其命名为“描边”。选择“编辑 > 描边”命令，弹出“描边”对话框，将“颜色”选项设为白色，其他选项的设置如图 2-50 所示，单击“确定”按钮。按 Ctrl+D 组合键取消选区，效果如图 2-51 所示。

图 2-49

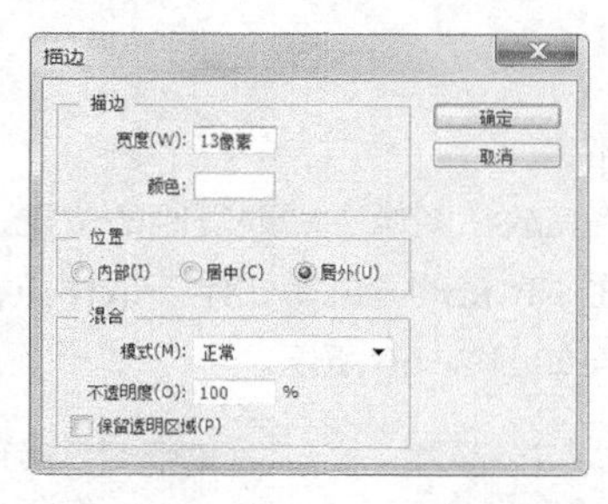

图 2-50

图 2-51

（3）选择“文件 > 置入”命令，弹出“置入”对话框，选择云盘中的“Ch02 > 素材 > 制作会馆宣传单 > 03”文件，如图 2-52 所示。单击“置入”按钮，将选中的图片置入 01 图像窗口中并将其拖曳到适当的位置，按 Enter 键确定，效果如图 2-53 所示。会馆宣传单制作完成。

图 2-52

图 2-53

2.2 修饰图像

通过仿制图章工具、修复画笔工具、污点修复画笔工具、修补工具和红眼工具等快速有效地修复有缺陷的图像。

2.2.1 仿制图章工具

仿制图章工具可以以指定的像素点为复制基准点，将其周围的图像复制到其他地方。选择“仿制图章”工具，或反复按 Shift+S 组合键，其属性栏如图 2-54 所示。

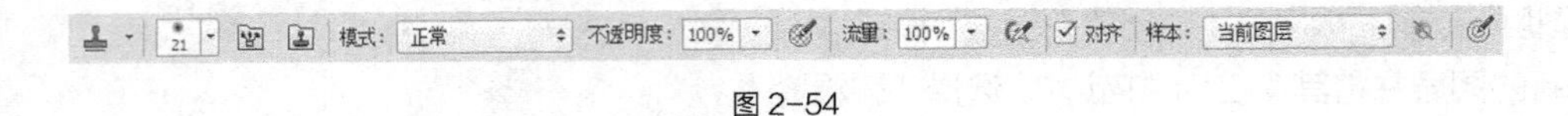

图 2-54

：用于选择画笔。

模式：用于选择混合模式。

不透明度：用于设置不透明度。

流量：用于设置扩散的速度。

对齐：用于控制复制时图像的位置。

选择“仿制图章”工具，将其放在图像中需要复制的位置，按住 Alt 键，鼠标指针变为圆形十字图标⊕，如图 2-55 所示。按住 Alt 键的同时单击定下取样点，然后松开 Alt 键，在合适的位置拖曳鼠标复制出取样点的图像，效果如图 2-56 所示。

图 2-55

图 2-56

2.2.2 修复画笔工具和污点修复画笔工具

使用修复画笔工具进行修复，可以使修复的效果自然逼真。污点修复画笔工具可以快速去除图像中的污点和不理想的部分。

1．修复画笔工具

选择“修复画笔”工具，或反复按 Shift+J 组合键，属性栏如图 2-57 所示。

：可以选择修复画笔的大小。单击该选项右侧的按钮，在弹出的“画笔”选取器中，可以设置画笔的大小、硬度、间距、角度、圆度和压力大小，如图 2-58 所示。

模式：在其弹出菜单中可以选择复制像素或填充图案与底图的混合模式。

源：选择“取样”选项后，按住 Alt 键，鼠标指针变为圆形十字图标，同时单击定下样本的取样点，然后松开 Alt 键，在图像中要修复的位置拖曳鼠标复制出取样点的图像；选中“图案”单选项后，在“图案”面板中选择图案或自定义图案来复制。

对齐：勾选此复选框，复制位置会和上次的完全重合。图像不会因为重新复制而出现错位。

图 2-57　　图 2-58

“修复画笔”工具可以将取样点的像素信息非常自然地复制到图像的缺损位置，并保持图像的亮度、饱和度、纹理等属性。使用“修复画笔”工具修复照片的过程如图 2-59、图 2-60 和图 2-61 所示。

图 2-59

图 2-60

图 2-61

2. 污点修复画笔工具

污点修复画笔工具的使用方式与修复画笔工具的使用方式相似，可以使用图像中的样本像素进行修复，并可以将样本像素的纹理、光照、透明度和阴影与所修复位置的像素相匹配。污点修复画笔工具不需要制定样本点，而是自动从所修复区域的周围取样。

选择“污点修复画笔”工具，或反复按 Shift+J 组合键，其属性栏如图 2-62 所示。

图 2-62

选择“污点修复画笔”工具，在“污点修复画笔”工具的属性栏中，进行图 2-63 所示的设置。打开一幅图像，如图 2-64 所示。在要修复的污点上涂抹，如图 2-65 所示。松开鼠标，污点被去除，效果如图 2-66 所示。

图 2-63

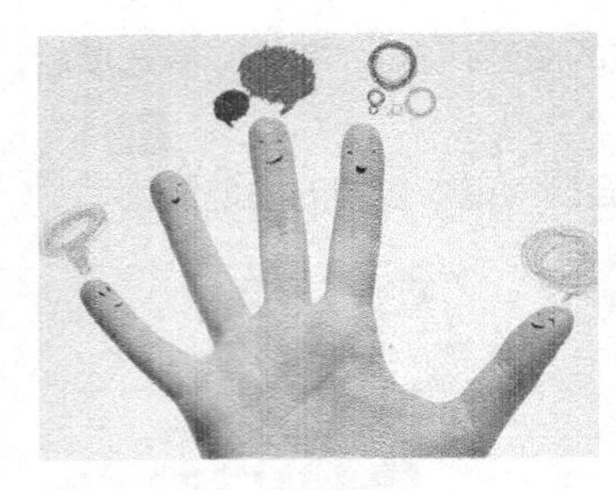

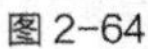

图 2-64

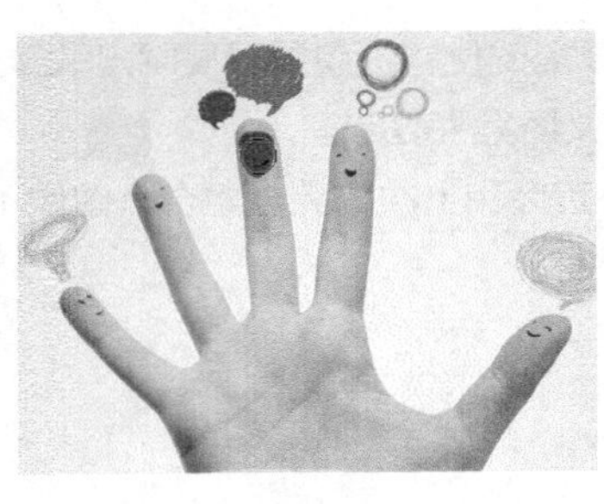

图 2-65

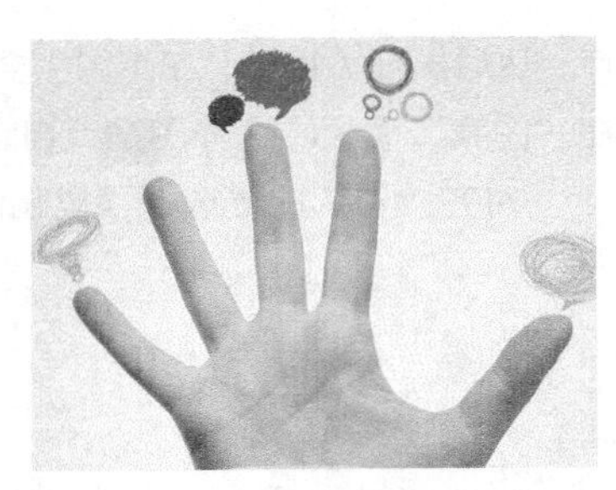

图 2-66

2.2.3 修补工具

修补工具可以利用图像中的其他区域来修补当前选中的需要修补的区域，也可以使用图案修补选中的需要修补的区域。选择“修补”工具，或反复按 Shift+J 组合键，其属性栏如图 2-67 所示。

图 2-67

新选区：去除旧选区，绘制新选区。

添加到选区：在原有选区上增加新的选区。

从选区减去：在原有选区上减去和新选区重叠的部分。

与选区交叉：选择新旧选区重叠的部分。

用“修补”工具圈选图像中的水果，如图 2-68 所示。选择修补工具属性栏中的“源”选项，在选区中按住鼠标左键不放，将选区中的图像拖曳到需要修补的位置，如图 2-69 所示。松开鼠标，选区中的水果被新放置的图像所修补，效果如图 2-70 所示。按 Ctrl+D 组合键取消选区，修补的效果如图 2-71 所示。

图 2-68

图 2-69

图 2-70

图 2-71

选择修补工具属性栏中的“目标”选项，用“修补”工具圈选图像中的区域，如图 2-72 所示。再将选区拖曳到要修补的图像区域，如图 2-73 所示。圈选区域中的图像修补了要修补的区域，如图 2-74 所示。按 Ctrl+D 组合键取消选区，修补效果如图 2-75 所示。

图 2-72

图 2-73

图 2-74

图 2-75

2.2.4 课堂案例——制作幸福生活照片

案例学习目标

学习使用修补工具和仿制图章工具修复图像。

案例知识要点

使用“修补”工具，对图像的特定区域进行修补；使用“仿制图章”工具，修复残留的色彩偏差；使用“高斯模糊”命令，制作模糊效果；使用“色相/饱和度”命令，调整图像的色调，效果如图 2-76 所示。

图 2-76

效果所在位置

云盘/Ch02/效果/制作幸福生活照片.psd。

制作方法

（1）按 Ctrl+O 组合键，打开云盘中的“Ch02 > 素材 > 制作幸福生活照片 > 01”文件，如图 2-77 所示。按 Ctrl+J 组合键复制图层，如图 2-78 所示。

（2）选择“修补”工具，选择修补工具属性栏中的“源”选项，在图片中需要修复的区域绘制一个选区，如图 2-79 所示。将选区移动到没有缺陷的图像区域进行修补。按 Ctrl+D 组合键取消选区，效果如图 2-80 所示。

图 2-77

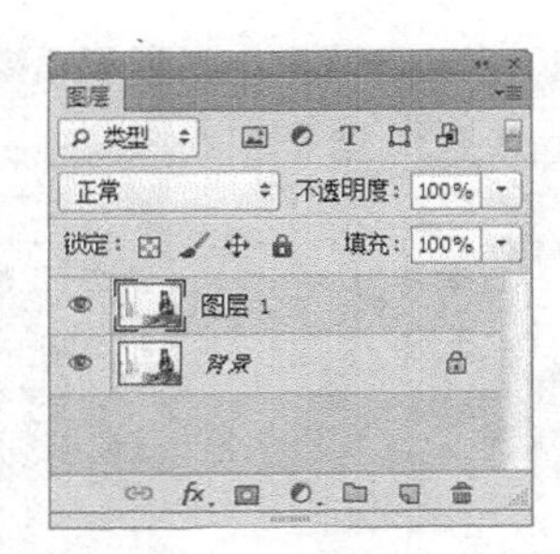

图 2-78

图 2-79

图 2-80

（3）使用相同的方法对图像进行反复调整，效果如图 2-81 所示。选择“仿制图章”工具，按住 Alt 键的同时，单击选择取样点，松开 Alt 键，在色彩有偏差的图像区域周围单击进行修复，效果如图 2-82 所示。

图 2-81

图 2-82

（4）按 Ctrl+J 组合键复制图层，如图 2-83 所示。选择“滤镜 > 模糊 > 高斯模糊”命令，在弹出的对话框中进行设置，设置如图 2-84 所示。单击“确定”按钮，效果如图 2-85 所示。

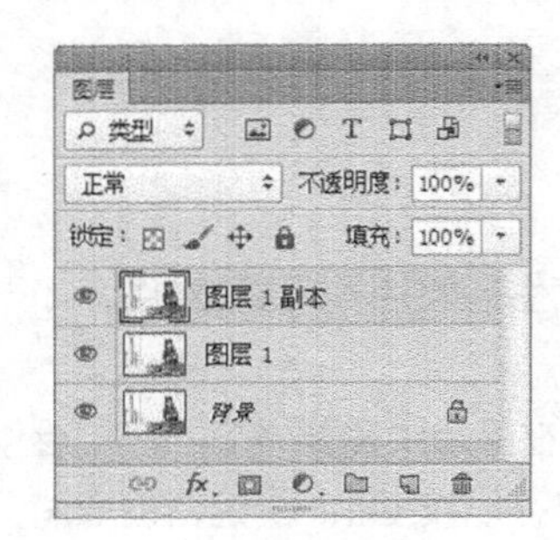

图 2-83

图 2-84

图 2-85

（5）在“图层”控制面板上方，将副本图层的混合模式选项设为“柔光”，如图 2-86 所示。图像效果如图 2-87 所示。

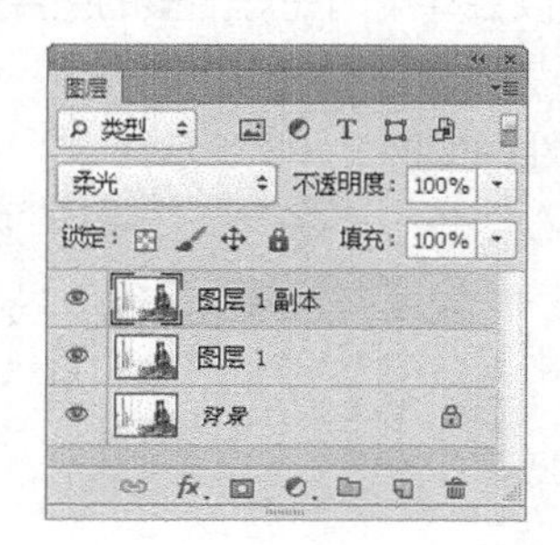

图 2-86

图 2-87

（6）单击“图层”控制面板下方的“创建新的填充或调整图层”按钮 ，在弹出的菜单中选择“色相/饱和度”命令，“图层”控制面板中生成“色相/饱和度 1”图层，同时在弹出的“色相/饱和度”面板中进行设置，设置如图 2-88 所示。按 Enter 键确认操作，图像效果如图 2-89 所示。

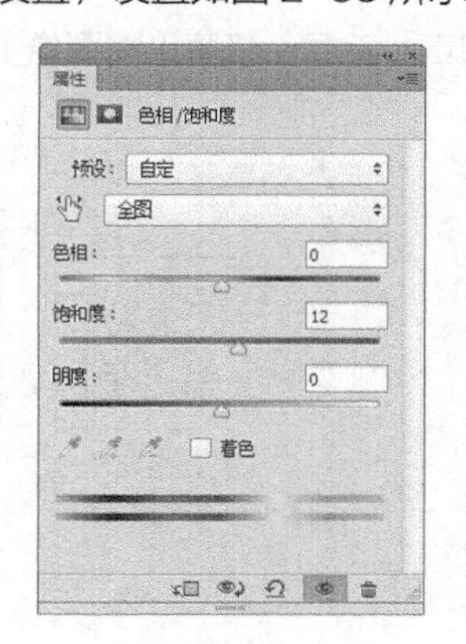

图 2-88

图 2-89

（7）按 Ctrl+O 组合键，打开云盘中的“Ch02 > 素材 > 制作幸福生活照片 > 02”文件，选择“移动工具” ，将图形拖曳到 01 图像窗口的适当位置，如图 2-90 所示。在“图层”控制面板中生成新的图层并将其命名为“图框”。

（8）选择“直排文字”工具 ，在 01 图像窗口中分别输入需要的文字并选取文字，在属性栏中选择合适的字体和文字大小，如图 2-91 所示，在“图层”控制面板中分别生成新的文字图层。幸福生活照片制作完成。

图 2-90

图 2-91

2.2.5 红眼工具

红眼工具可去除用闪光灯拍摄的人物照片中的红眼，也可以去除用闪光灯拍摄的照片中的白色或绿色反光。

选择“红眼”工具，或反复按 Shift+J 组合键，其属性栏如图 2-92 所示。

瞳孔大小：用于设置瞳孔的大小。

变暗量：用于设置瞳孔的暗度。

瞳孔大小：50% 变暗量：50%

图 2-92

2.2.6 课堂案例——修复人物照片

案例学习目标

学习使用红眼工具修复人物照片。

案例知识要点

使用“缩放”工具，调整图像的显示大小；使用“仿制图章”工具，修复人物图像上的斑点；使用“模糊”工具模糊图像，效果如图 2-93 所示。

图 2-93

扫码观看本案例视频

扫码查看扩展案例

效果所在位置

云盘/Ch02/效果/修复人物照片.psd。

操作方法

（1）按 Ctrl＋O 组合键，打开云盘中的“Ch02 > 素材 > 修复人物照片 > 01”文件，如图 2-94 所示。按 Ctrl+J 组合键复制图层。选择“缩放”工具，在图像窗口中的鼠标指针变为放大图标。单击图像将图像放大，如图 2-95 所示。

图 2-94

图 2-95

（2）选择“红眼”工具，在属性栏中进行设置，设置如图 2-96 所示。单击照片中瞳孔的位置去除照片中的红眼，效果如图 2-97 所示。

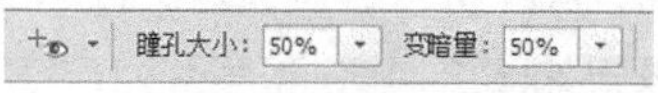

瞳孔大小：50%　变暗量：50%

图 2-96

图 2-97

（3）选择“仿制图章”工具，按住 Alt 键，鼠标指针变为圆形十字图标⊕。按住 Alt 键的同时单击确定取样点，如图 2-98 所示。松开 Alt 键，将○图标放置在需要修复的位置，如图 2-99 所示。单击去掉斑点，效果如图 2-100 所示。用相同的方法去除人物脸部的所有斑点，效果如图 2-101 所示。

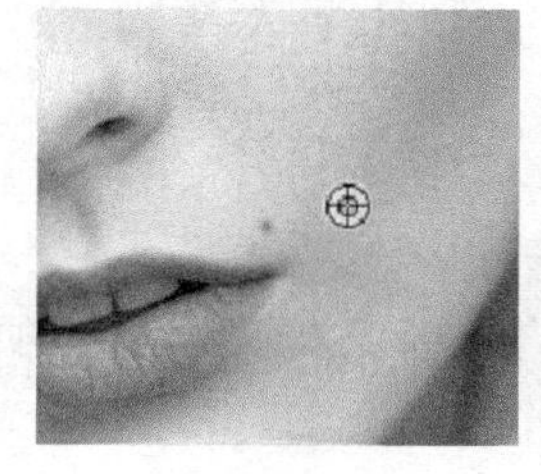

图 2-98

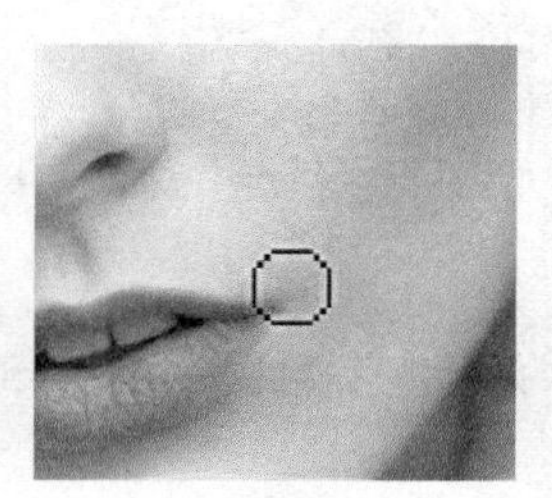

图 2-99

图 2-100

图 2-101

（4）选择“模糊”工具，在属性栏中选择需要的画笔形状，将“强度”选项设为“50%”，如图 2-102 所示。在人物脸部涂抹，让人物脸部图像变得自然柔和，效果如图 2-103 所示。人物照片修复完成。

图 2-102

图 2-103

2.2.7　模糊和锐化工具

模糊工具用于使图像产生模糊的效果。锐化工具用于使图像产生锐化的效果。

1．模糊工具

选择“模糊”工具，其属性栏如图 2-104 所示。

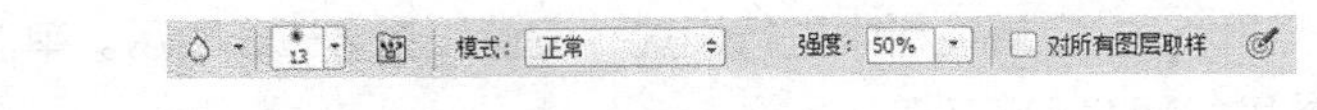

图 2-104

：用于选择画笔。

模式：用于设定绘画模式。

强度：用于设定描边的强度。

对所有图层取样：用于对所有可见层取样。

选择“模糊”工具，在模糊工具属性栏中，按图 2-105 所示进行设置。在图像中按住鼠标左键拖曳使图像产生模糊的效果。原图像和模糊后的图像效果如图 2-106 和图 2-107 所示。

图 2-105　　图 2-106　　图 2-107

2. 锐化工具

选择“锐化”工具，其属性栏如图 2-108 所示。其属性栏中的内容与模糊工具属性栏的选项内容相似，只多了“保护细节”选项。

图 2-108

选择“锐化”工具，在锐化工具属性栏中，进行图 2-109 所示的设置。在图像中的房子部分拖曳鼠标使房子图像产生锐化的效果。原图像和锐化后的图像效果如图 2-110、图 2-111 所示。

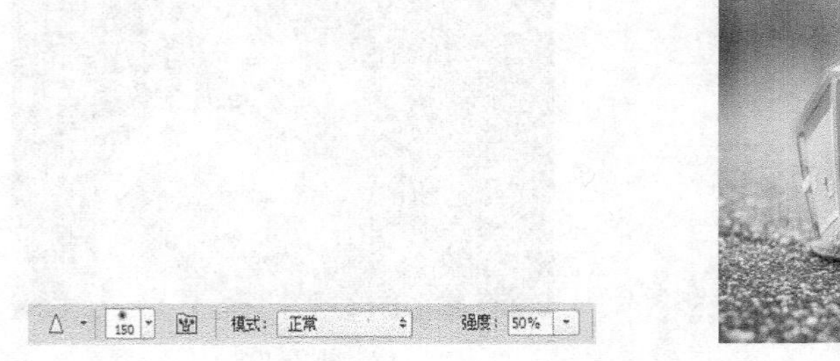

图 2-109　　图 2-110　　图 2-111

2.2.8 减淡和加深工具

减淡工具使图像产生减淡的效果。加深工具使图像产生加深的效果。

1. 减淡工具

选择“减淡”工具，或反复按 Shift+O 组合键，其属性栏如图 2-112 所示。

图 2-112

：用于选择画笔。

范围：用于设置图像中需要的阴影、中间调或亮光。

曝光度：用于设置曝光的强度。

选择"减淡"工具，在减淡工具属性栏中，进行图 2-113 所示的设置，在图像中房子部分拖曳鼠标使房子图像产生减淡的效果。原图像和减淡后的图像效果如图 2-114 和图 2-115 所示。

图 2-113

图 2-114

图 2-115

2. 加深工具

选择"加深"工具，或反复按 Shift+O 组合键，其属性栏如图 2-116 所示。其属性栏中的选项的作用与减淡工具属性栏中的选项的作用正好相反。

图 2-116

选择"加深"工具，在加深工具属性栏中，进行图 2-117 所示的设置，在图像中房子部分拖曳鼠标使房子图像产生加深的效果。原图像和加深后的图像效果如图 2-118 和图 2-119 所示。

图 2-117

图 2-118

图 2-119

2.2.9 橡皮擦工具

橡皮擦工具可以用背景色擦除背景图像或用透明色擦除图层中的图像。选择“橡皮擦”工具，或反复按 Shift+E 组合键，其属性栏如图 2-120 所示。

图 2-120

：用于选择橡皮擦的形状和大小。

模式：用于选择擦除的笔触方式。

不透明度：用于设定不透明度。

流量：用于设定扩散的速度。

抹到历史记录：用于选择以“历史”控制面板中的图像状态来擦除图像。

选择“橡皮擦”工具，在图像中拖曳鼠标可以擦除图像。用背景色擦除图像后效果如图 2-121 所示，用透明色擦除图像后效果如图 2-122 所示。

图 2-121

图 2-122

2.2.10 课堂案例——制作装饰画

案例学习目标

学习使用多种修饰工具调整图像效果。

案例知识要点

使用“加深”工具、“减淡”工具、“锐化”工具和“模糊”工具制作图像，效果如图 2-123 所示。

图 2-123

扫码观看
本案例视频

扫码查看
扩展案例

效果所在位置

云盘/Ch02/效果/制作装饰画.psd。

制作方法

（1）按 Ctrl + O 组合键，打开云盘中的“Ch02 > 素材 > 制作装饰画 > 01”“Ch02>素材>制作装饰画>02”文件，如图 2-124 和图 2-125 所示。选择“移动”工具，将 02 图片拖曳到 01 图像窗口中适当的位置并调整其大小，如图 2-126 所示。在“图层”控制面板中生成新的图层并将其命名为“荷花”。

图 2-124

图 2-125

图 2-126

（2）选择“加深”工具，在属性栏中单击“画笔”选项右侧的按钮，弹出“画笔”选择面板，在其中选择需要的画笔形状，并进行设置，设置如图 2-127 所示。在荷花图像中适当的位置拖曳鼠标，加深图像，效果如图 2-128 所示。用相同的方法加深荷花图像的其他部分，效果如图 2-129 所示。

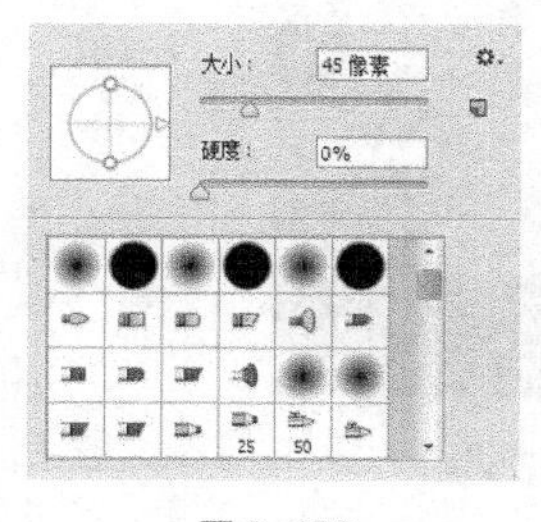

图 2-127

图 2-128

图 2-129

（3）选择“减淡”工具，在属性栏中单击“画笔”选项右侧的按钮，弹出“画笔”选择面板，在其中选择需要的画笔形状，并进行设置，设置如图 2-130 所示。在荷花图像中适当的位置拖曳鼠标减淡图像，效果如图 2-131 所示。用相同的方法减淡荷花图像的其他部分，效果如图 2-132 所示。

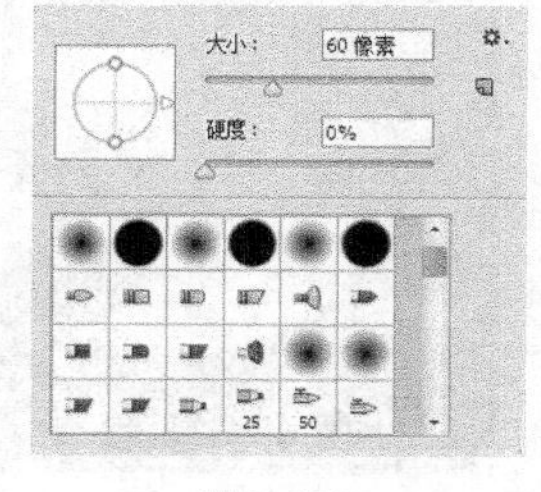

图 2-130

图 2-131

图 2-132

（4）选择“锐化”工具，在属性栏中单击“画笔”选项右侧的按钮，弹出“画笔”选择面板，在其中选择需要的画笔形状并进行设置，设置如图 2-133 所示。在荷花图像中适当的位置拖曳鼠标，锐化图像，效果如图 2-134 所示。

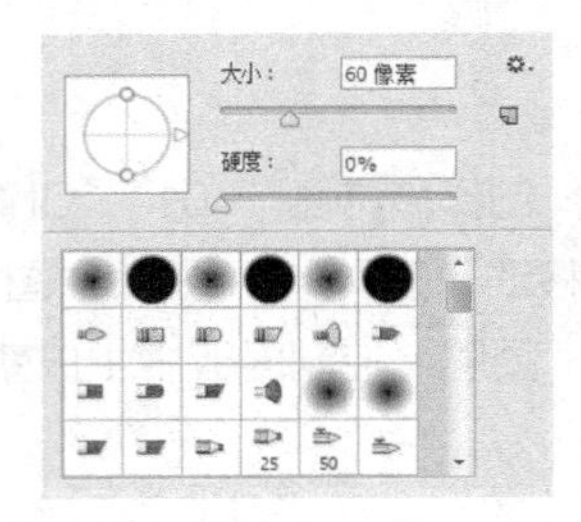

图 2-133

图 2-134

（5）按 Ctrl + O 组合键，打开云盘中的“Ch02 > 素材 > 制作装饰画 > 03”“Ch02>素材>制作装饰画>04”文件选择“移动”工具，将 03、04 图片分别拖曳到 01 图像窗口中的适当位置，效果如图 2-135 所示。“图层”控制面板中生成新的图层并分别将其命名为“花瓣 1”和“花瓣 2”。

（6）用选区工具选定左下角的花瓣图像，选择“移动”工具，按住 Alt 键的同时，拖曳该花瓣图像到适当的位置，复制花瓣图像。按 Ctrl+T 组合键，在复制的花瓣图像周围出现变换框。单击鼠标右键在弹出的菜单中选择“水平翻转”命令，水平翻转复制的花瓣图像，并调整其大小及位置，按 Enter 键确认操作，效果如图 2-136 所示。

图 2-135

图 2-136

（7）选择“模糊”工具，在属性栏中单击“画笔”选项右侧的按钮，弹出“画笔”选择面板，在其中选择需要的画笔形状并进行设置，设置如图 2-137 所示。在复制的花瓣图像中适当的位置拖曳鼠标，模糊该花瓣图像，效果如图 2-138 所示。装饰画制作完成，效果如图 2-139 所示。

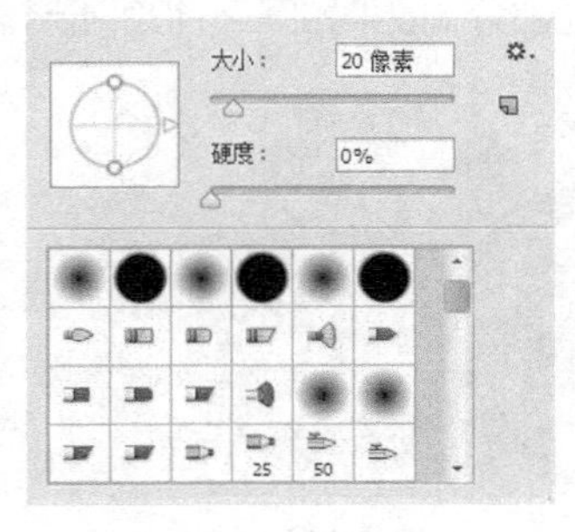

图 2-137

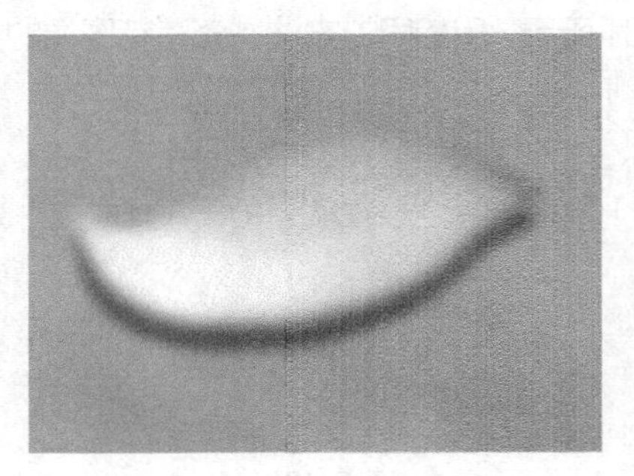
图 2-138

图 2-139

2.3 编辑图像

Photoshop 中包括调整图像尺寸，移动、复制和删除图像，裁剪图像，变换图像等基础编辑方法，可以快速对图像进行适当的编辑和调整。

2.3.1 图像和画布尺寸的调整

根据制作过程中不同的需求，可以随时调整图像的尺寸和画布的尺寸。

1. 图像尺寸的调整

打开一张图像，选择“图像 > 图像大小”命令，弹出“图像大小”对话框，如图 2-140 所示。

像素大小：通过改变“宽度”和“高度”选项的数值，改变图像的大小，图像的尺寸也相应改变。

文档大小：通过改变“宽度”“高度”和“分辨率”选项的数值，改变图像的文档大小，图像的尺寸也相应改变。

缩放样式：勾选此复选框，若在图像操作中添加了图层样式，可以在调整图像大小时按比例缩放样式大小。

约束比例：勾选此复选框，在“宽度”和“高度”选项右侧出现锁链标志，表示改变其中一项设置时，另一项会同时改变。

重定图像像素：不勾选此复选框，“像素大小”选项组中的“宽度”和“高度”选项的数值将不能单独设置，“文档大小”选项组中的“宽度”“高度”和“分辨率”选项右侧将出现锁链标志，改变其中一项的数值时其余两项的数值会同时改变，如图 2-141 所示。

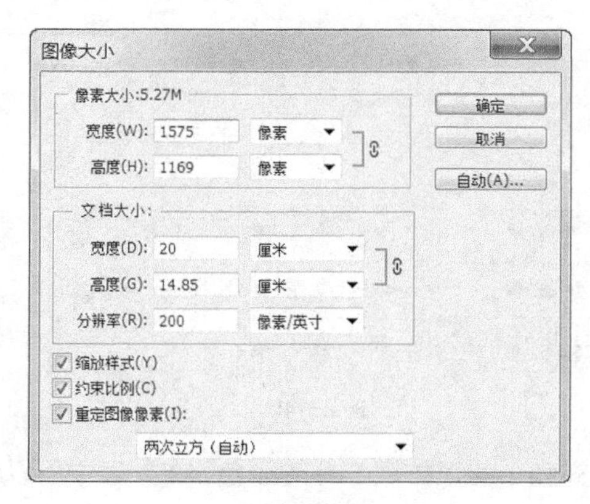

图 2-140

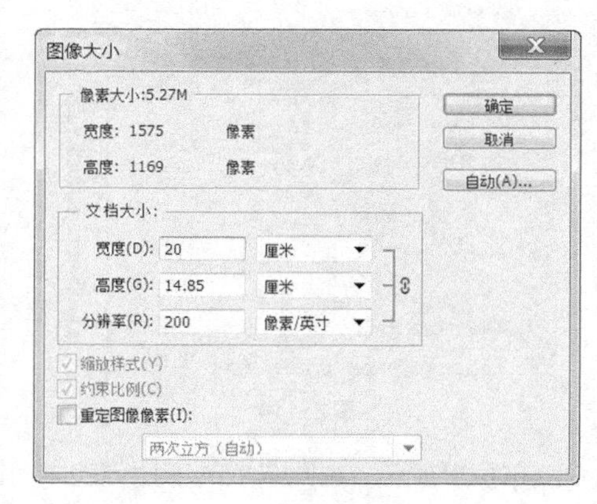

图 2-141

在“图像大小”对话框中可以改变选项数值的计量单位，在选项右侧的下拉列表中进行选择，如图 2-142 所示。单击“自动”按钮，弹出“自动分辨率”对话框，系统将自动调整图像的分辨率和品质效果，如图 2-143 所示。

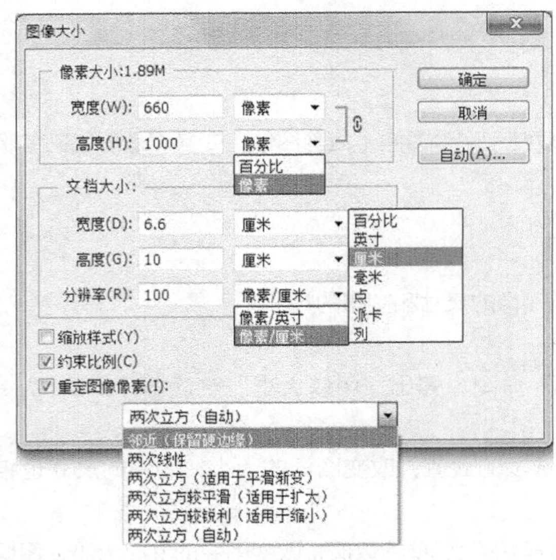

图 2-142

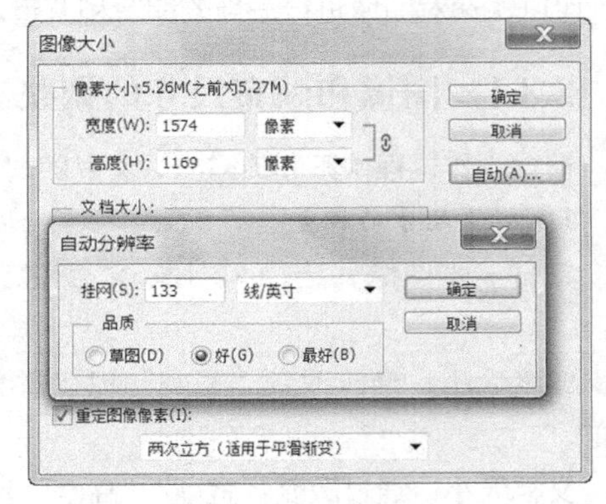

图 2-143

2. 画布尺寸的调整

画布尺寸是指当前图像周围的可操作空间的大小。选择“图像 > 画布大小”命令，弹出“画布大小”对话框，如图 2-144 所示。

当前大小：显示的是当前文件的大小和尺寸。

新建大小：用于重新设置画布的尺寸。

定位：可调整图像在新画布中的位置，可使图像偏左、居中或在右上角等，如图 2-145 所示。

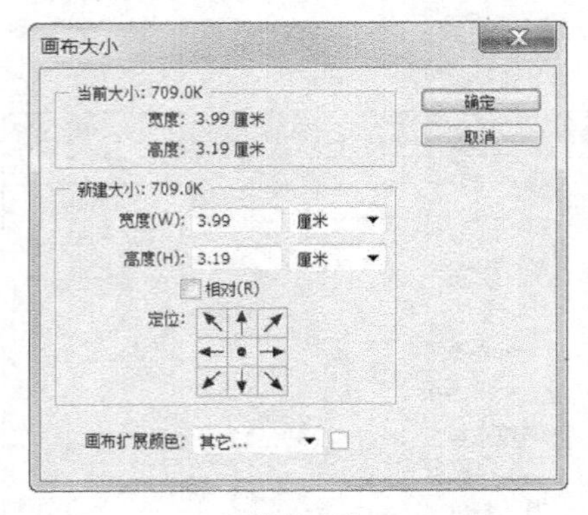

图 2-144

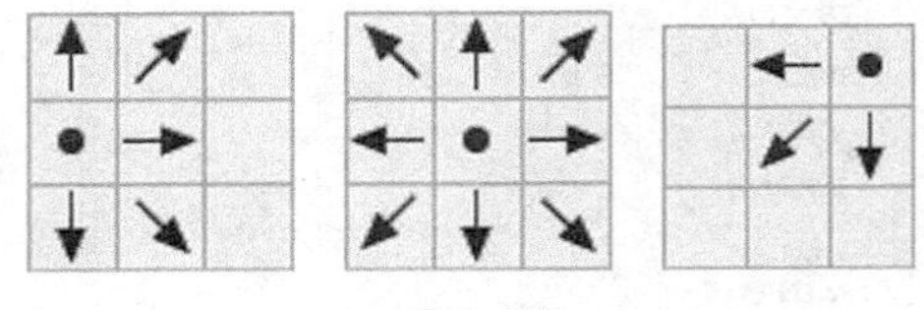

图 2-145

画布扩展颜色：在此选项的下拉列表中可以选择填充画布背景扩展部分的颜色，在列表中可以选择前景色、背景色或 Photoshop CS6 中的其他颜色，也可以自己调整所需颜色。

2.3.2 图像的复制和删除

在编辑图像的过程中，可以对图像进行复制或删除操作。

1. 图像的复制

要想在操作过程中随时按需要复制图像，就必须掌握复制图像的方法。在复制图像前，要选择要复制的图像区域，如果不选择图像区域，就不能复制图像。

使用移动工具复制图像。使用“磁性套索”工具选中要复制的图像区域，如图 2-146 所示。选择“移动”工具，将鼠标指针放在选区中，鼠标指针变为图标，如图 2-147 所示。按住 Alt 键，鼠标指针变为图标，如图 2-148 所示。拖曳选区中的图像到适当的位置，松开鼠标和 Alt 键，图像复制完成，效果如图 2-149 所示。

图 2-146

图 2-147

图 2-148

图 2-149

使用菜单命令复制图像。使用“快速选择”工具选中要复制的图像区域，如图 2-150 所示。选择“编辑 > 拷贝”命令或按 Ctrl+C 组合键复制选区中的图像，这时屏幕上的图像并没有变化，但系统已将拷贝的图像复制到了剪贴板中。选择“编辑 > 粘贴”命令或按 Ctrl+V 组合键，将剪贴板中的图像粘贴在图像的新图层中，复制的图像的图层在原图层的上方，如图 2-151 所示。使用“移动”工具可以移动复制出的图像，效果如图 2-152 所示。

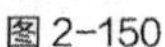
图 2-150

图 2-151

图 2-152

使用快捷键复制图像。使用“快速选择”工具选中要复制的图像区域，如图 2-153 所示。按住 Ctrl+Alt 组合键，鼠标指针变为图标，如图 2-154 所示。拖曳选区中的图像到适当的位置，松开鼠标，图像复制完成，效果如图 2-155 所示。

图 2-153

图 2-154

图 2-155

2. 图像的删除

在删除图像前，需要选择要删除的图像区域，如果不选择图像区域，将不能删除图像。

在需要删除的图像上绘制选区，如图 2-156 所示。选择“编辑 > 清除”命令，将选区中的图像删除，然后按 Ctrl+D 组合键取消选区，效果如图 2-157 所示。

图 2-156

图 2-157

删除后的图像区域由背景色填充。如果在某一图层中，删除后的图像区域将显示下面一层图层该位置的图像。

在需要删除的图像上绘制选区，按 Delete 键或 Backspace 键，可以将选区中的图像删除。按 Alt+Delete 组合键或 Alt+Backspace 组合键，也可将选区中的图像删除，删除后的图像区域由前景色填充。

2.3.3 移动工具

移动工具可以将选区或图层移动到同一图像的其他位置或其他图像中。

1. 移动工具的选项

选择“移动”工具，其属性栏如图 2-158 所示。

图 2-158

自动选择：在其下拉列表中选择“组”时，可直接选中所单击的非透明图像所在的图层组；在其下拉列表中选择“图层”时，单击图像，即可直接选中鼠标指针所指的非透明图像所在的图层。

显示变换控件：勾选此单击图像，选中对象的周围显示变换框，如图 2-159 所示。单击变换框上的任意控制点，属性栏变为图 2-160 所示。

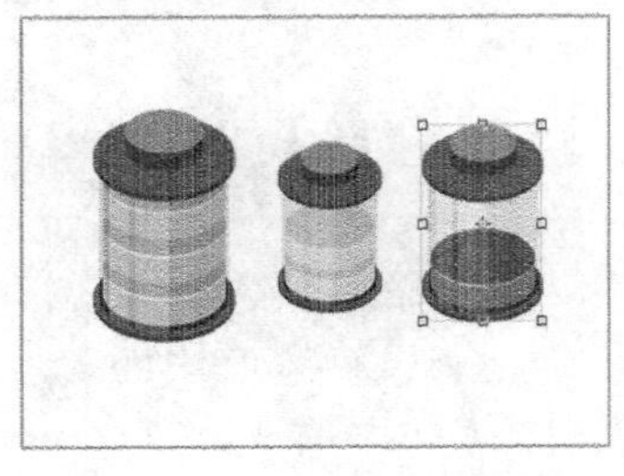

图 2-159

图 2-160

对齐按钮：单击“顶对齐”按钮、“垂直居中对齐”按钮、“底对齐”按钮、“左对齐”按钮、“水平居中对齐”按钮、“右对齐”按钮，可在图像中按相应方式对齐选区或图层。

同时选中 3 个图层中的图形，在移动工具属性栏中勾选“显示变换控件”复选框，图形的边缘显示变换框，如图 2-161 所示。单击属性栏中的“垂直居中对齐”按钮，图形的对齐效果如图 2-162 所示。

分布按钮：单击“按顶分布”按钮、“垂直居中分布”按钮、“按底分布”按钮、“按左分布”按钮、“水平居中分布”按钮、“按右分布”按钮，可以让图层按相应方式分布在图像中。

同时选中 3 个图层中的图形，在移动工具属性栏中勾选“显示变换控件”复选框，图形的边缘显示变换框，单击属性栏中的“水平居中分布”按钮，图形的分布效果如图 2-163 所示。

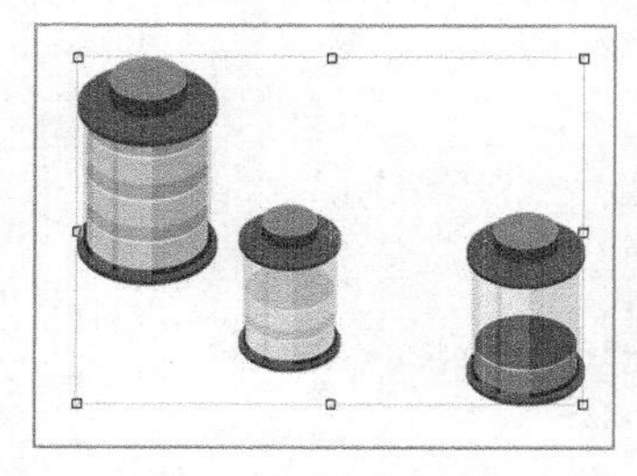

图 2-161

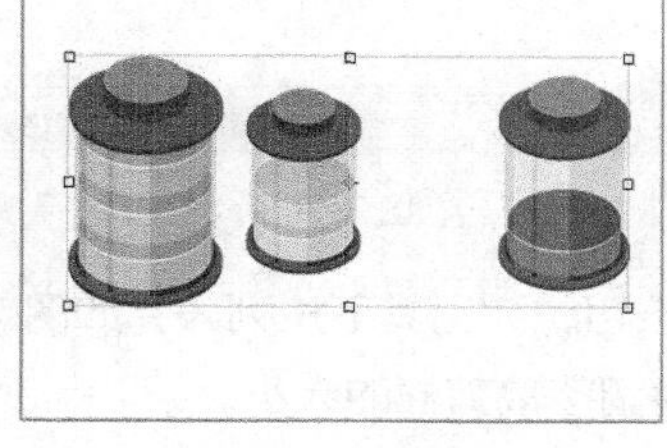

图 2-162

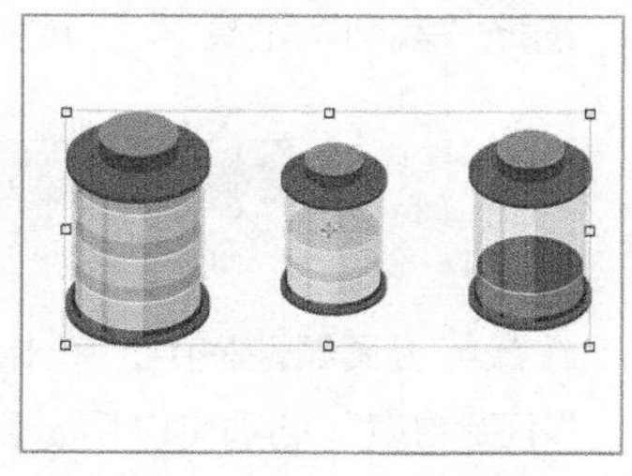

图 2-163

2. 移动图像

原始图像效果如图 2-164 所示。选择“移动”工具，在属性栏中将“自动选择”选项设为“图层”，选中字母“B”，字母“B”所在图层被选中，将字母“B”向下拖曳，效果如图 2-165 所示。

图 2-164

图 2-165

打开两幅图像，选择“移动”工具，将花瓶图像向另一图像中拖曳，鼠标指针变为图标，如图 2-166 所示。松开鼠标，花瓶图像被移动到图像中，效果如图 2-167 所示。

图 2-166

图 2-167

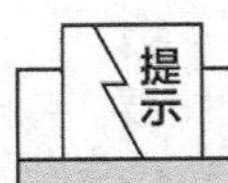

背景图层是不可移动的。

2.3.4 裁剪工具和透视裁剪工具

裁剪工具可以在图像或图层中剪裁所选定的区域。在拍摄高大的建筑时，由于视角较低，竖直的线条会向消失点集中，从而产生透视畸变，透视裁剪工具能够较好地解决这个问题。

1. **裁剪工具**

选择“裁剪”工具，或按 C 键，其属性栏如图 2-168 所示。

图 2-168

在裁剪工具属性栏中，单击按钮，弹出其下拉列表，如图 2-169 所示。

“不受约束”选项可以用于自由调整裁剪框的大小。

“原始比例”选项可以按图像原始的长宽比例调整裁剪框。

“1×1”“4×5”……“16×9”是“预设长宽比”选项，是 Photoshop 提供的预设长宽比。如果要自定义长宽比，可在选项右侧的文本框中自定义长度和宽度。

“存储预设”和“删除预设”选项可以将当前创建的长宽比保存或删除。

“大小和分辨率”选项可以设置裁剪图像的宽度、高度和分辨率等，这样可按照设置裁剪图像。

单击工具属性栏中的“设置其他裁切选项”按钮，弹出其下拉菜单，如图 2-170 所示。

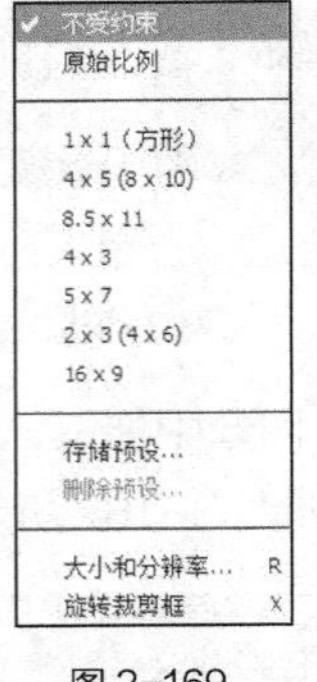

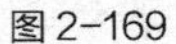
图 2-169

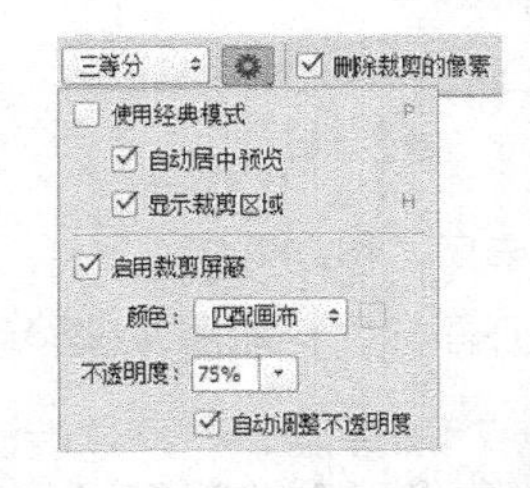

图 2-170

“使用经典模式”选项可以使用 Photoshop CS6 以前版本的裁剪工具模式来编辑图像。

“启用裁剪屏蔽”选项用于设置裁剪框外的区域颜色和不透明度。

工具属性栏中的“删除裁剪像素”复选框用于确定删除还是保留裁剪框外的像素信息。

（1）使用裁剪工具裁剪图像。打开一幅图像，选择“裁剪”工具，在图像中拖曳鼠标到适当的位置，绘制矩形裁剪框，效果如图 2-171 所示。在矩形裁剪框内双击或按 Enter 键，可以完成对图像的裁剪，效果如图 2-172 所示。

图 2-171

图 2-172

（2）使用菜单命令裁剪图像。使用“矩形选框”工具，在图像中选定要裁剪的图像区域，效果如图 2-173 所示。选择“图像 > 裁剪”命令，按选区裁剪图像，按 Ctrl+D 组合键取消选区，效果如图 2-174 所示。

图 2-173

图 2-174

2. 透视裁剪工具

选择“透视裁剪”工具，或反复按 Shift+C 组合键，其属性栏如图 2-175 所示。

图 2-175

“W”“H”选项可以用于设置图像的宽度和高度，单击“高度和宽度互换”按钮，可以互换高度和宽度数值。

“分辨率”选项可以用于设置图像的分辨率。

“前面的图像”按钮可用于在宽度、高度和分辨率文本框中显示当前文档的尺寸和分辨率，如果同时打开两个文档，则会显示当前文档的尺寸和分辨率。

“清除”按钮可用于清除宽度、高度和分辨率文本框中的数值。

勾选“显示网格”复选框可以显示网格线，取消勾选则隐藏网格线。

打开一幅图像，如图 2-176 所示，可以观察到两侧的建筑向中间倾斜，这是透视畸变的明显特征。选择“透视裁剪”工具，在图像窗口中拖曳鼠标绘制矩形裁剪框，如图 2-177 所示。将鼠标指针放置在裁剪框左上角的控制点上，按 Shift 键的同时，向右侧拖曳控制点，然后将右上角的控制点向左拖曳，使顶部的两个边角和建筑的边缘保持平行，如图 2-178 所示。单击工具属性栏中的按钮或按 Enter 键，即可裁剪图像，效果如图 2-179 所示。

图 2-176

图 2-177

图 2-178

图 2-179

2.3.5 选区中图像的变换

在操作过程中，可以根据设计和制作的需要变换已经绘制好的选区中的图像。

打开一幅图像，如图 2-180 所示。选择“椭圆选框”工具 ，在要变换的图像上绘制选区，如图 2-181 所示。选择“编辑 > 变换”命令，其下拉菜单如图 2-182 所示。应用不同的变换命令后，图像的变换效果如图 2-183 所示。

图 2-180

图 2-181

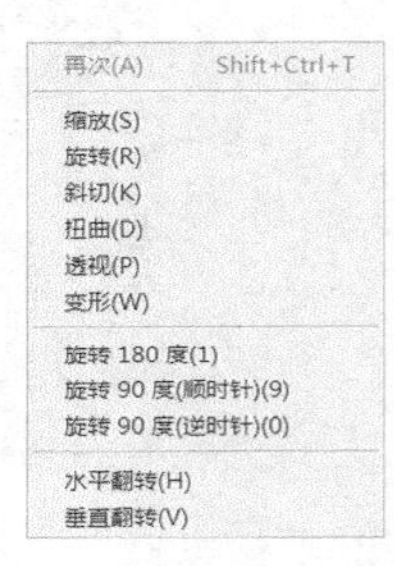

图 2-182

缩放

旋转

斜切

扭曲

透视

变形

旋转 180 度

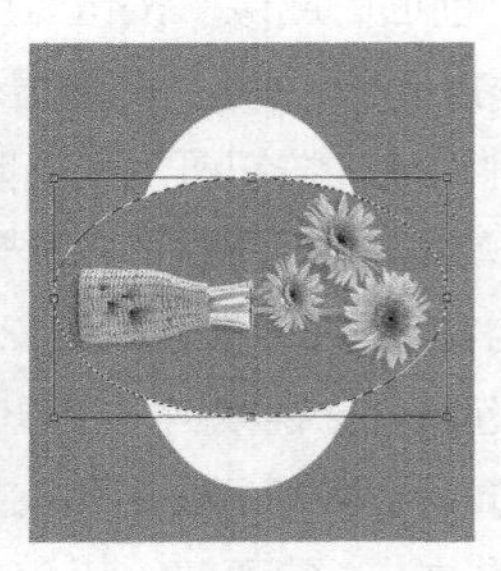
旋转 90 度（顺时针）

图 2-183

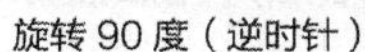

旋转 90 度（逆时针）　　水平翻转　　垂直翻转

图 2-183（续）

在图像中绘制选区，按 Ctrl+T 组合键，选区周围出现控制手柄，拖曳控制手柄，可以对选区内图像进行自由缩放。按住 Shift 键的同时拖曳控制手柄，可以等比例缩放选区内图像。按住 Ctrl 键的同时，拖曳变换框的任意一个控制手柄，可以使图像变形。按住 Alt 键的同时，拖曳变换框上任意一个控制手柄，可以使图像对称变形。按住 Ctrl+Shift 组合键，拖曳变换框中间的控制手柄，可以使图像斜切变形。按住 Ctrl+Shift+Alt 组合键，拖曳变换框上任意一个控制手柄，可以使图像透视变形。按住 Shift+Ctrl+T 组合键，可以再次应用上一次使用过的变换命令。

如果在变换后仍要保留原图像的内容，按 Ctrl+Alt+T 组合键，选区周围出现控制手柄，向选区外拖曳选区中的图像会复制出新的图像，原图像的内容将被保留。

课堂练习——制作空中楼阁

练习知识要点

使用“磁性套索”工具，抠出建筑物和云彩图像；使用“魔棒”工具，抠出山脉；使用“矩形选框”工具和“渐变”工具，添加山脉图像的颜色；使用“收缩”命令和“羽化”命令，制作云彩图像虚化效果。效果如图 2-184 所示。

扫码观看
本案例视频

图 2-184

效果所在位置

云盘/Ch02/效果/制作空中楼阁.psd。

课后习题——修复发廊宣传单

习题知识要点

使用“缩放”命令，调整图像的显示比例；使用“红眼”工具，去除人物红眼；使用“仿制图章”工具，修复人物图像上的斑纹；使用“污点修复画笔”工具，修复照片的破损处。效果如图 2-185 所示。

扫码观看
本案例视频

图 2-185

效果所在位置

云盘/Ch02/效果/修复发廊宣传单.psd。

03

第 3 章 路径与图形

本章主要介绍路径和图形的绘制方法及应用技巧。读者通过本章的学习可以快速地绘制出所需路径并对路径进行修改和编辑，还可以应用绘图工具绘制出系统自带的图形，提高图像制作的效率。

课堂学习目标

- 了解路径的概念
- 掌握钢笔工具的使用方法
- 掌握编辑路径的方法和技巧
- 掌握绘图工具的使用方法

3.1 路径概述

路径是基于贝塞尔曲线建立的矢量图形。使用路径可以进行复杂图像的选取，可以存储选定区域以备再次使用，还可以绘制平滑优美的线条图形。

和路径相关的概念有锚点、直线锚点、曲线锚点、直线段、曲线段、端点，如图 3-1 所示。

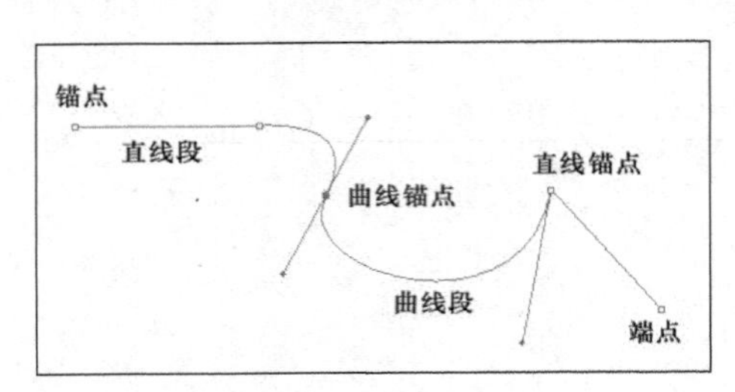

图 3-1

锚点：由钢笔工具创建，是一个路径中两条线段的交点，路径是由锚点组成的。

直线锚点：按住 Alt 键并单击刚建立的锚点，可以将锚点转换为带有一个独立调节手柄的直线锚点。直线锚点是直线段与曲线段的连接点。

曲线锚点：带有两个独立调节手柄的锚点，曲线锚点是曲线段之间的连接点，调节手柄可以改变曲线的弧度。

直线段：用钢笔工具在图像中单击两个不同的点，将在两点之间创建一条直线段。

曲线段：拖曳曲线锚点可以创建一条曲线段。

端点：路径的结束点就是路径的端点。

3.2 钢笔工具

钢笔工具用于提取复杂的图像，也可以用于绘制各种路径图形。

3.2.1 钢笔工具的选项

钢笔工具用于绘制路径。选择“钢笔”工具，或反复按 Shift+P 组合键，其属性栏如图 3-2 所示。

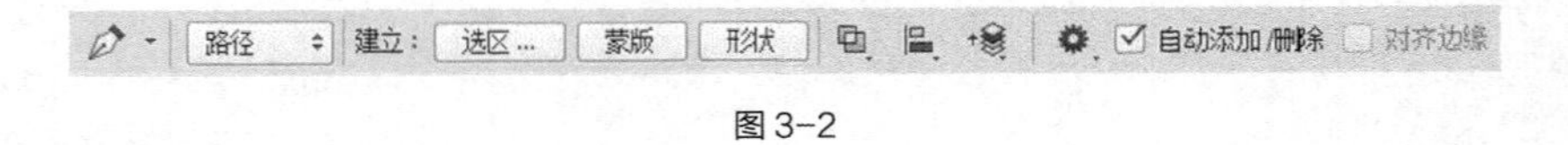

图 3-2

与钢笔工具相配合的功能键如下。

按住 Shift 键创建锚点时，将以 45° 角或 45° 角的倍数绘制路径。

按住 Alt 键，当“钢笔”工具移到锚点上时，可将“钢笔”工具转换为“转换点”工具，松开 Alt 键，变回“钢笔”工具。

按住 Ctrl 键，可将“钢笔”工具转换成“直接选择”工具，松开 Ctrl 键变回“钢笔”工具。

3.2.2 课堂案例——制作风景插画

案例学习目标

学习使用钢笔工具等制作风景插画。

案例知识要点

使用“钢笔”工具、“添加锚点”工具和“转换点”工具，绘制路径；使用选区和路径的转换命令进行转换。效果如图 3-3 所示。

图 3-3

扫码观看
本案例视频

扫码查看
扩展案例

效果所在位置

云盘/Ch03/效果/制作风景插画.psd。

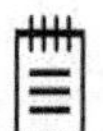

制作方法

（1）按 Ctrl+O 组合键，打开云盘中的“Ch03 > 素材 > 制作风景插画 > 05”文件，如图 3-4 所示。选择“自由钢笔”工具，在属性栏中的“选择工具模式”选项中选择“路径”，在图像窗口中沿着人物轮廓拖曳鼠标绘制路径，如图 3-5 所示。

（2）选择“钢笔”工具，按住 Ctrl 键的同时“钢笔”工具转换为“直接选择”工具，拖曳路径中的锚点改变路径的弧度，再次拖曳锚点上的调节手柄改变线段的弧度，效果如图 3-6 所示。

（3）将鼠标指针移动到建立好的路径上，若当前该处没有锚点，则“钢笔”工具会转换成“添加锚点”工具，如图 3-7 所示。在路径上单击以添加一个锚点。

图 3-4

图 3-5

图 3-6

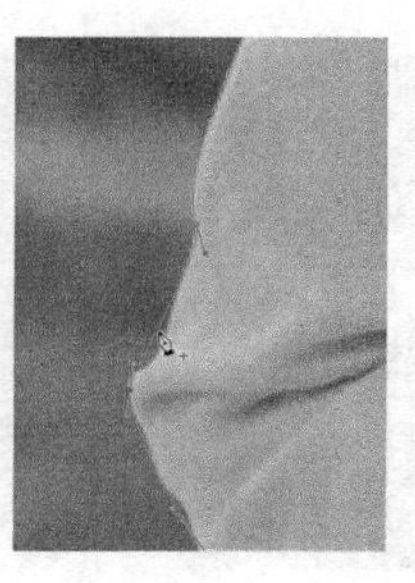

图 3-7

（4）选择“转换点”工具，按住 Alt 键的同时拖曳手柄，可以改变调节手柄中的任意一个手柄，如图 3-8 所示。用上述的路径工具，将路径调整得更贴近人物的形状，效果如图 3-9 所示。单击“路径”控制面板下方的“将路径作为选区载入”按钮，将路径转换为选区，如图 3-10 所示。

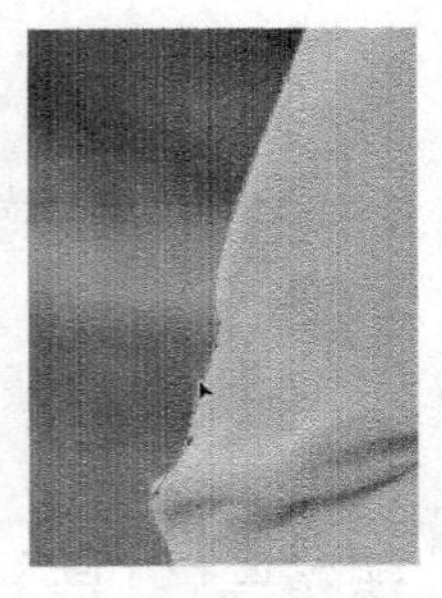
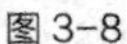
图 3-8

图 3-9

图 3-10

（5）按 Ctrl+O 组合键，打开云盘中的“Ch03 > 素材 > 制作风景插画 > 01”“Ch03>素材>制作风景插画>03”“Ch03>素材>制作风景插画>04”文件。选择“移动”工具，将 03、04 图片拖曳到 01 图像窗口中，效果如图 3-11 所示。“图层”控制面板中生成新的图层并将其命名为“大花”和“小花”。按住 Alt 键的同时拖曳小花图片到适当的位置，复制图片，效果如图 3-12 所示。

图 3-11

图 3-12

（6）选择“移动”工具，将 05 图像窗口选区中的图像拖曳到 01 图像窗口中，效果如图 3-13 所示。“图层”控制面板中生成新的图层并将其命名为“女孩”。选择“魔棒”工具，按住 Shift 键的同时，在需要的位置多次单击生成选区，如图 3-14 所示。按 Delete 键删除选区中的图像，如图 3-15 所示，按 Ctrl+D 组合键取消选区。用相同的方法删除胳膊处的图像，效果如图 3-16 所示。

图 3-13

图 3-14

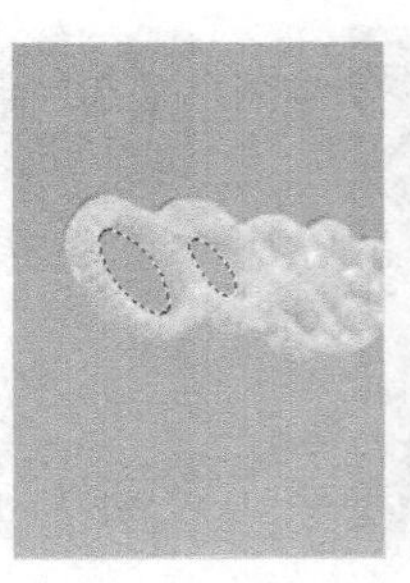
图 3-15

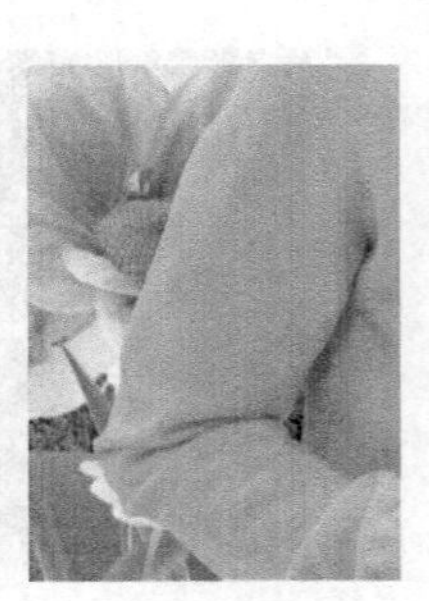
图 3-16

（7）选择“移动”工具，将女孩图像拖曳到适当的位置，效果如图 3-17 所示。按 Ctrl+O 组合键，打开云盘中的“Ch03 > 素材 > 制作风景插画 > 02”文件。选择“移动”工具，将 02 图片拖曳到 01 图像窗口中，效果如图 3-18 所示。在“图层”控制面板中生成新的图层并将其命名为“泡泡”。风景插画制作完成。

图 3-17

图 3-18

3.2.3 绘制直线段

建立一个新的图像文件，选择“钢笔”工具，在钢笔工具的属性栏中“选择工具模式”选项中选择“路径”，这样使用“钢笔”工具绘制出来的将是路径。如果选中“形状”，将绘制出形状图层。勾选“自动添加/删除”选项的复选框，钢笔工具的属性栏如图 3-19 所示。

图 3-19

在图像中任意位置单击，创建一个锚点，在其他位置再单击，创建第 2 个锚点，两个锚点之间自动以直线进行连接，如图 3-20 所示。再到其他位置单击，创建第 3 个锚点，第 2 个和第 3 个锚点之间将生成一条新的直线路径，如图 3-21 所示。

图 3-20

图 3-21

3.2.4 绘制曲线

选择“钢笔”工具，单击建立新的锚点并拖曳鼠标建立曲线段和曲线锚点，如图 3-22 所示。按住 Alt 键的同时，用“钢笔”工具单击刚建立的曲线锚点，如图 3-23 所示，将其转换为直线锚点。在其他位置单击建立下一个新的锚点，可在曲线段后绘制出直线段，如图 3-24 所示。

图 3-22

图 3-23

图 3-24

3.3 编辑路径

可以通过添加锚点工具、删除锚点工具转换点工具、路径选择工具、直接选择工具对已有的路径进行修整。

3.3.1 添加和删除锚点工具

1. 添加锚点工具

添加锚点工具用于在路径上添加新的锚点。将“钢笔”工具移动到建立好的路径上，若当前此处没有锚点，则“钢笔”工具转换成“添加锚点”工具，如图 3-25 所示。在路径上单击可以添加一个锚点，效果如图 3-26 所示。

将“钢笔”工具移动到建立好的路径上，若当前此处没有锚点，则“钢笔”工具转换成“添加锚点”工具，如图 3-27 所示，单击添加锚点后向下拖曳鼠标，建立曲线段和曲线锚点，效果如图 3-28 所示。

图 3-25

图 3-26

图 3-27

图 3-28

也可以直接选择“添加锚点”工具来完成添加锚点的操作。

2. 删除锚点工具

删除锚点工具用于删除路径上已经存在的锚点。将“钢笔”工具放到路径的锚点上，则“钢笔”工具转换成“删除锚点”工具，如图 3-29 所示。单击锚点将其删除，效果如图 3-30 所示。

图 3-29

图 3-30

将“钢笔”工具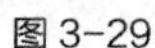移动到曲线路径的锚点上，单击锚点也可以将其删除。

3.3.2 转换点工具

使用转换点工具单击或拖曳锚点可将其转换成直线锚点或曲线锚点，拖曳锚点上的调节手柄可以改变线段的弧度。

与“转换点”工具相配合的功能键如下。

按住 Shift 键，拖曳其中的一个锚点，手柄将以 45 度角或 45 度角的倍数进行改变。

按住 Alt 键，拖曳手柄，可以改变两个调节手柄中的任意一个，而不影响另一个。

按住 Alt 键，拖曳路径中的线段，可以复制路径。

使用“钢笔”工具，在图像窗口中绘制三角形路径，当要闭合路径时鼠标指针变为图标，如图 3-31 所示。单击即可闭合路径，完成三角形路径的绘制，如图 3-32 所示。。

图 3-31

图 3-32

选择“转换点”工具，将鼠标指针放置在三角形左上角的锚点上，如图 3-33 所示。单击锚点并将其向右上方拖曳形成曲线锚点，如图 3-34 所示。用相同的方法，将三角形路径上的所有锚点转换为曲线锚点，绘制完成后，效果如图 3-35 所示。

图 3-33

图 3-34

图 3-35

3.3.3 路径选择和直接选择工具

1. 路径选择工具

路径选择工具用于选择一个或几个路径并对其进行移动、组合、对齐、分布和变形。选择“路径选择”工具，或按 Shift+A 组合键，其属性栏如图 3-36 所示。

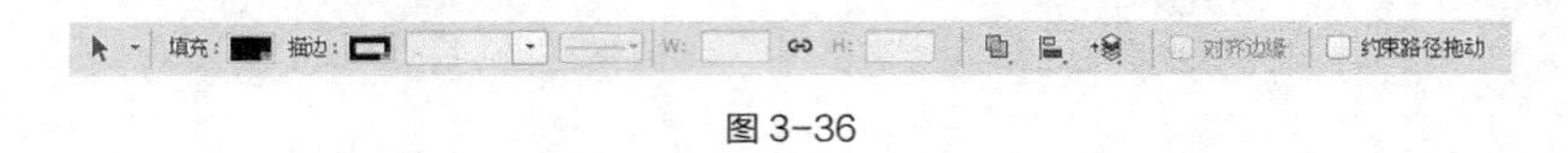

图 3-36

2. 直接选择工具

直接选择工具用于移动路径中的锚点或线段，还可以调整手柄和控制点。路径的原始效果如图 3-37 所示。选择“直接选择”工具，通过拖曳路径中的锚点来改变路径的弧度，如图 3-38 所示。

图 3-37

图 3-38

3.3.4 填充路径

在图像中创建路径，如图 3-39 所示。单击“路径”控制面板右上方的图标，在弹出的菜单中选择“填充路径”命令，弹出“填充路径”对话框，设置如图 3-40 所示。单击“确定”按钮，用前景色填充路径的效果如图 3-41 所示。

图 3-39

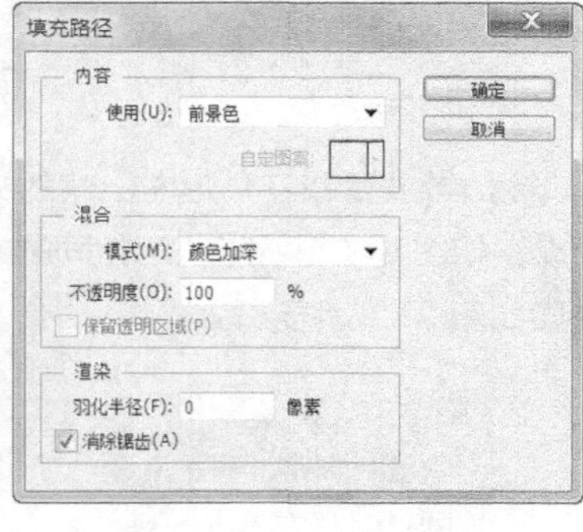

图 3-40

图 3-41

内容：用于设定使用的填充颜色或图案。

模式：用于设定混合模式。

不透明度：用于设定填充内容的不透明度。

保留透明区域：用于保留图像中的透明区域。

羽化半径：用于设定柔化边缘的数值。

消除锯齿：用于清除边缘的锯齿形状。

单击“路径”控制面板下方的“用前景色填充路径”按钮●，即可填充路径。按Alt键的同时，单击“用前景色填充路径”按钮●，将弹出“填充路径”对话框。

3.3.5 描边路径

在图像中创建路径，如图3-42所示。单击“路径”控制面板右上方的图标，在弹出的菜单中选择“描边路径”命令，弹出“描边路径”对话框，选择“工具”选项下拉列表中的“画笔”工具，如图3-43所示。此下拉列表中共有19种工具可供选择，如果当前在工具箱中已经选择了“画笔”工具，该工具将自动出现在“工具”选项里。另外，在画笔属性栏中设定的画笔类型也将直接影响描边效果，选择好后，单击“确定”按钮，描边路径的效果如图3-44所示。

图3-42

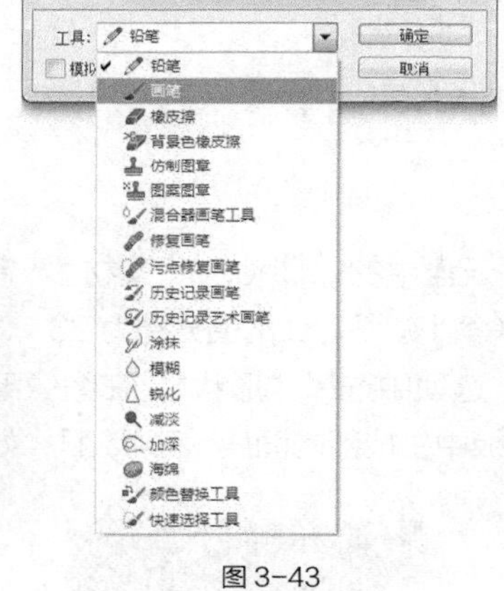

图3-43

图3-44

单击“路径”控制面板下方的“用画笔描边路径”按钮○，即可描边路径。按Alt键的同时，单击“用画笔描边路径”按钮○，将弹出“描边路径”对话框。

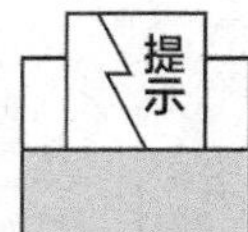

如果在对路径进行描边时没有取消对路径的选定，则描边路径转为描边子路径，即只对选中的子路径进行描边。

3.3.6 课堂案例——制作中秋促销卡

案例学习目标

学习使用描边路径命令制作描边效果。

案例知识要点

使用钢笔工具、描边路径命令和画笔工具制作线条；使用图层样式添加内阴影和投影，效果如图3-45所示。

图 3-45

效果所在位置

云盘/Ch03/效果/制作中秋促销卡.psd。

制作方法

（1）按 Ctrl+O 组合键，打开云盘中的“Ch03 > 素材 > 制作中秋促销卡 > 01”文件，如图 3-46 所示。将前景色设为蓝色（其 R、G、B 的值分别为 23、36、89）。选择“钢笔”工具，在其属性栏中的“选择工具模式”选项中选择“形状”，在图像窗口中拖曳鼠标绘制闭合图形，如图 3-47 所示。在“图层”控制面板中生成新的图层“形状 1”，如图 3-48 所示。

图 3-46

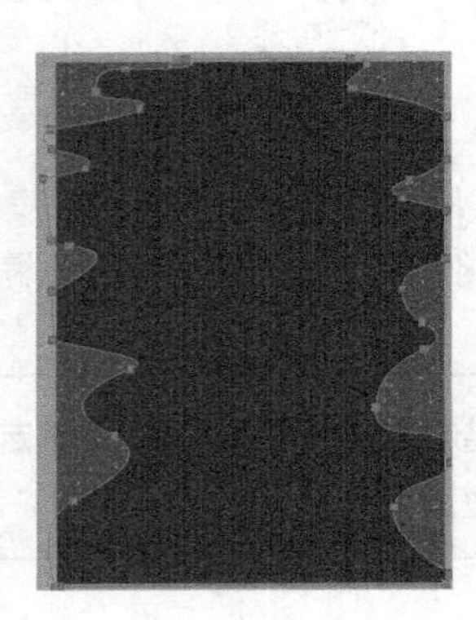
图 3-47

图 3-48

（2）单击“图层”控制面板下方的“添加图层样式”按钮，在弹出的菜单中选择“内阴影”命令，将“阴影颜色”设为深蓝色（其 R、G、B 的值分别为 5、6、83）。其他选项的设置如图 3-49 所示，单击“确定”按钮，效果如图 3-50 所示。

（3）选择“钢笔”工具，在属性栏中的“选择工具模式”选项中选择“路径”，在图像窗口中拖曳鼠标绘制路径，如图 3-51 所示。

（4）选择“画笔”工具，在属性栏中单击“画笔”选项右侧的按钮，在弹出的“画笔”选择面板中选择需要的画笔形状，如图 3-52 所示。

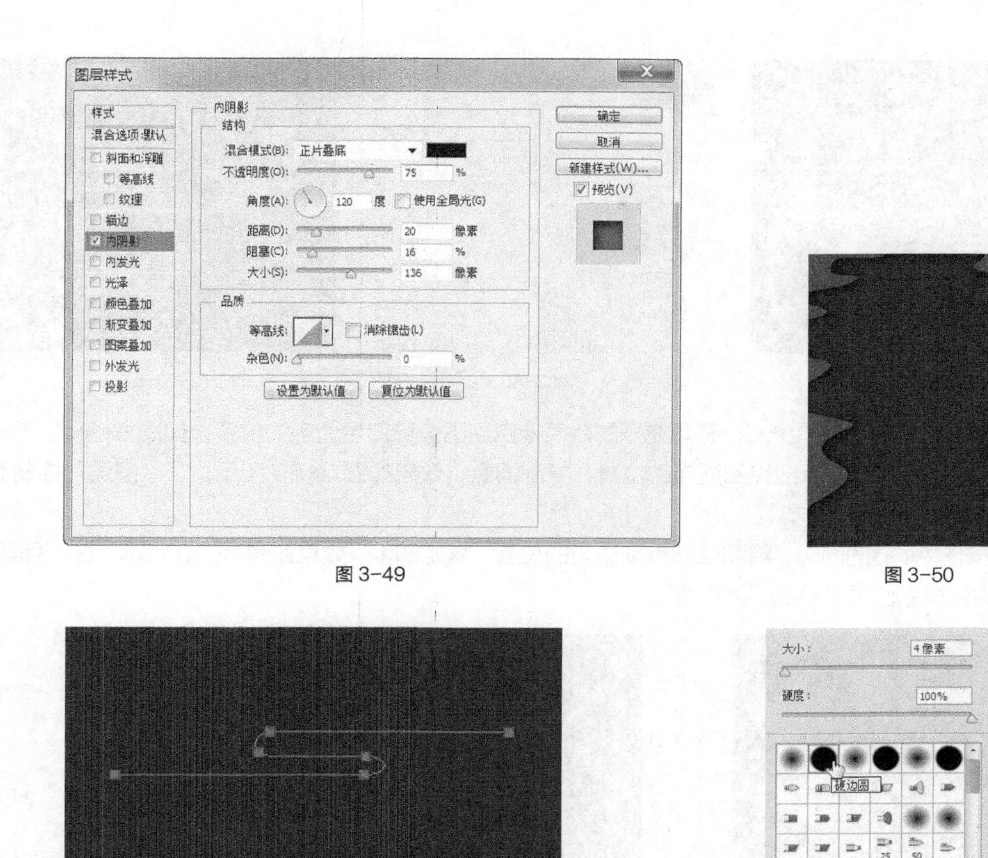

图 3-49　　图 3-50

图 3-51　　图 3-52

（5）新建图层并将其命名为“线条”，将前景色设为金色（其 R、G、B 的值分别为 206、175、87）。选择“路径选择”工具，选取绘制的路径，在路径上单击鼠标右键，在弹出的菜单中选择“描边路径”命令，在弹出的对话框中进行设置，如图 3-53 所示。单击“确定”按钮，效果如图 3-54 所示。

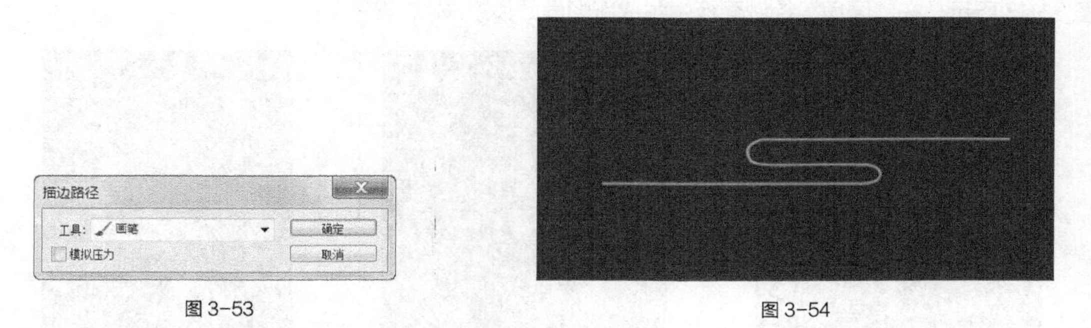

图 3-53　　图 3-54

（6）在图像窗口中再绘制两个闭合路径，如图 3-55 所示。单击“路径”控制面板右上方的图标，在弹出的菜单中选择“填充路径”命令，弹出“填充路径”对话框，如图 3-56 所示。单击“确定”按钮，效果如图 3-57 所示。

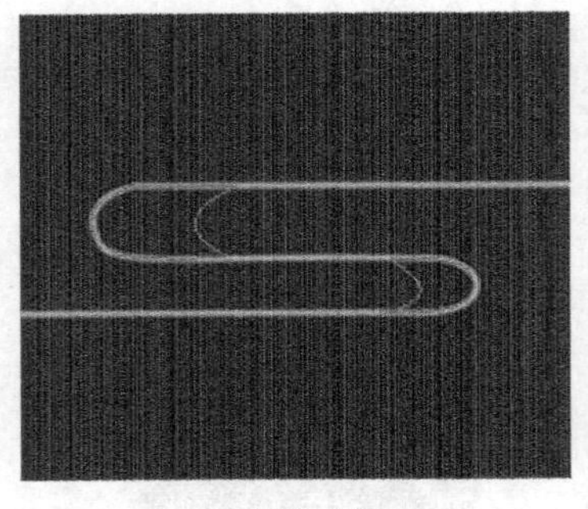
图 3-55

图 3-56

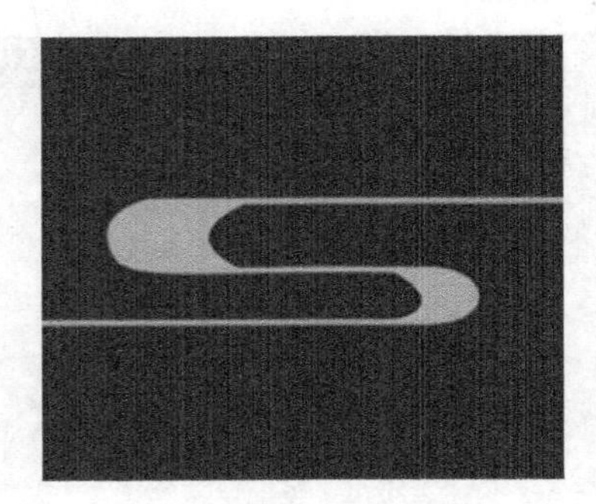
图 3-57

（7）选择“移动”工具，将填充好的路径拖曳到图像窗口中适当的位置，如图 3-58 所示。按住 Alt 键的同时，将图像拖曳到适当的位置，复制图像，效果如图 3-59 所示。在“图层”控制面板中生成新图层“线条 副本”。

（8）按住 Alt 键的同时，将图像拖曳到适当的位置，复制图像，效果如图 3-60 所示。在“图层”控制面板中生成新图层“线条 副本 2”。

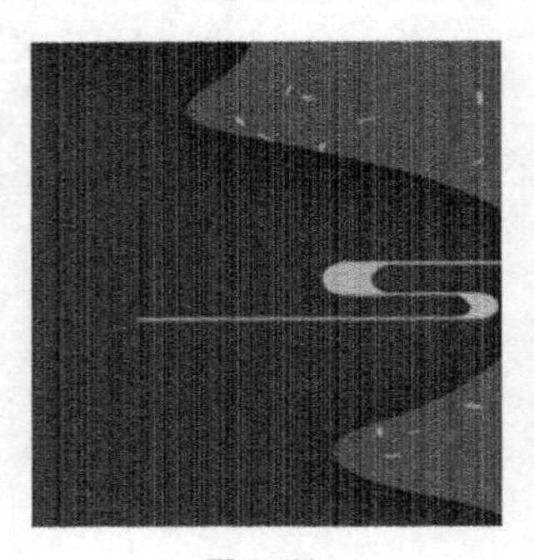
图 3-58

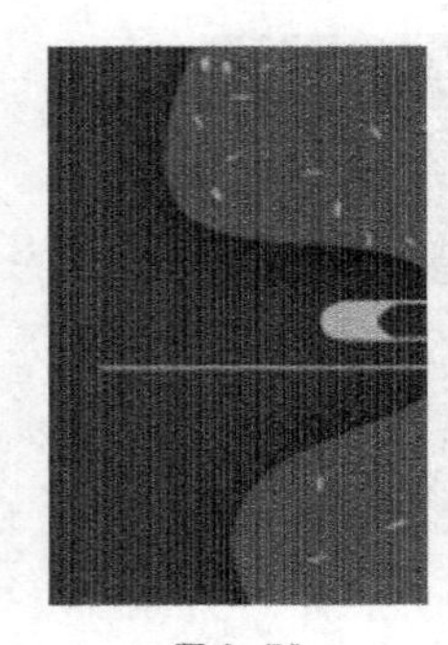
图 3-59

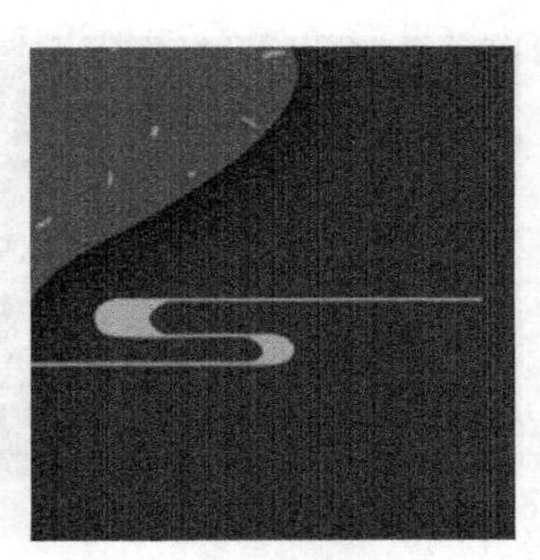
图 3-60

（9）选择“矩形选框”工具，在适当的位置绘制矩形选区，如图 3-61 所示。按 Delete 键删除选区中的图像，按 Ctrl+D 组合键取消选区，效果如图 3-62 所示。

（10）选择“移动”工具，按住 Alt 键的同时，将图像拖曳到适当的位置，复制图像，效果如图 3-63 所示。在“图层”控制面板中生成新图层“线条 副本 3”。

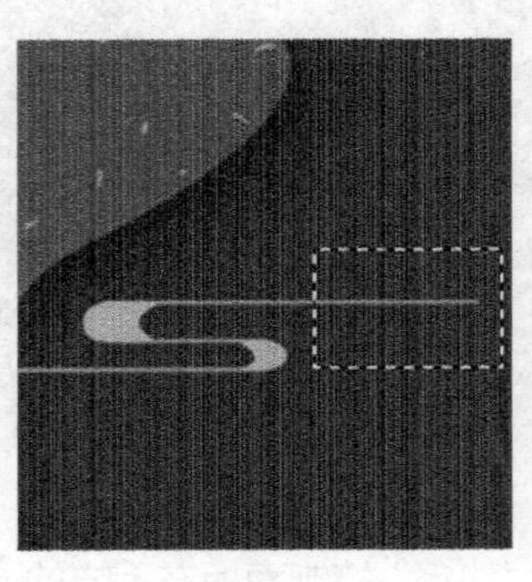
图 3-61

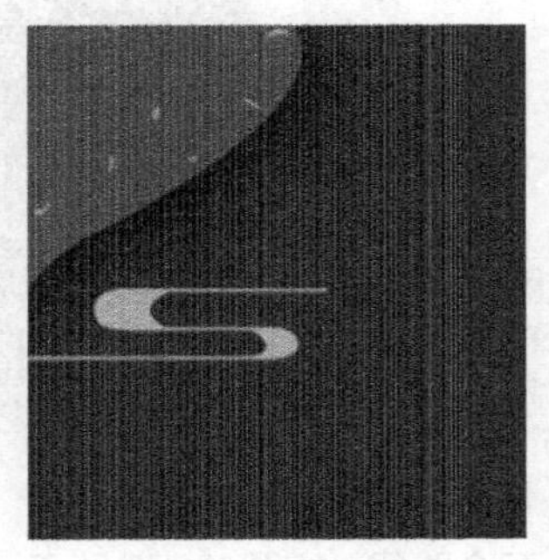
图 3-62

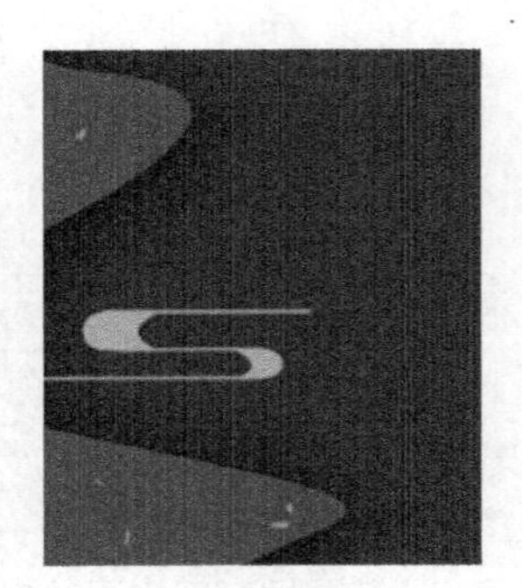
图 3-63

（11）按 Ctrl+T 组合键，在图像周围出现变换框，在变换框中单击鼠标右键，在弹出的菜单中选择“水平翻转”命令，水平翻转图像。将其拖曳到适当的位置，按 Enter 键确认操作，效果如图 3-64

所示。

（12）新建图层并将其命名为“波纹”。选择“钢笔”工具，在其属性栏中的“选择工具模式”选项中选择“路径”，在图像窗口中拖曳鼠标绘制路径，如图 3-65 所示。

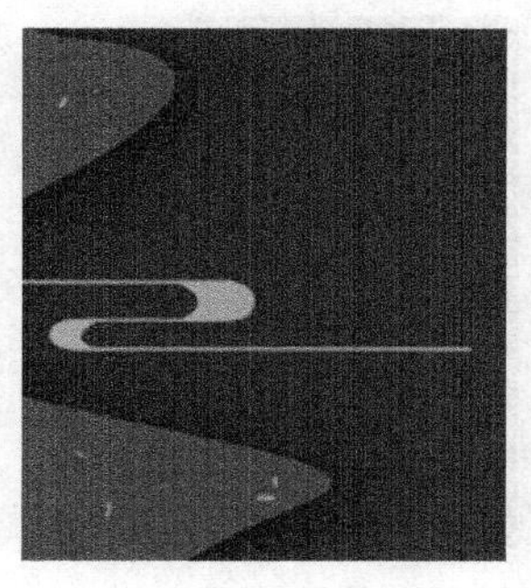

图 3-64

图 3-65

（13）将前景色设为红色（其 R、G、B 的值分别为 187、0、14）。按 Ctrl+Enter 组合键，将路径转换为选区，如图 3-66 所示。按 Alt+Delete 组合键，用前景色填充选区，按 Ctrl+D 组合键取消选区，效果如图 3-67 所示。

图 3-66

图 3-67

（14）单击“图层”控制面板下方的“添加图层样式”按钮，在弹出的菜单中选择“投影”命令，在弹出的对话框中进行设置，设置如图 3-68 所示。单击“确定”按钮，效果如图 3-69 所示。

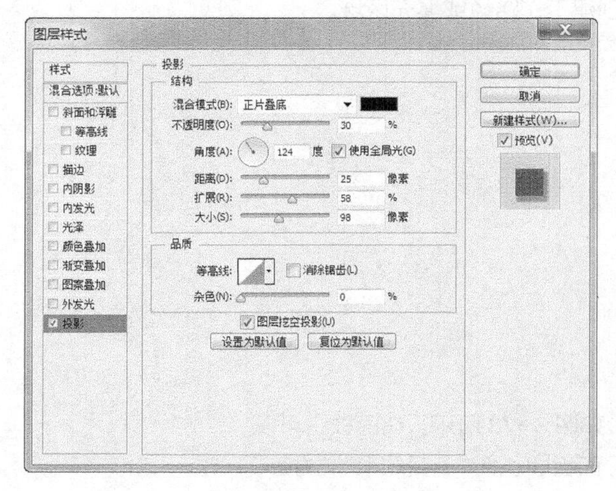

图 3-68

图 3-69

（15）按 Ctrl+O 组合键，打开云盘中的“Ch03 > 素材 > 制作中秋促销卡 > 02”文件，如图 3-70 所示。选择“移动”工具，将 02 图像拖曳到 01 图像窗口中适当的位置，效果如图 3-71 所示。在“图层”控制面板中生成新的图层并将其命名为“文字”。中秋促销卡制作完成。

图 3-70

图 3-71

3.4 绘图工具

绘图工具包括矩形、圆角矩形、椭圆、多边形、直线和自定形状工具，应用这些工具可以绘制出多样的图形。

3.4.1 矩形工具

矩形工具用于绘制矩形或正方形。选择“矩形”工具，或反复按 Shift+U 组合键，其属性栏如图 3-72 所示。

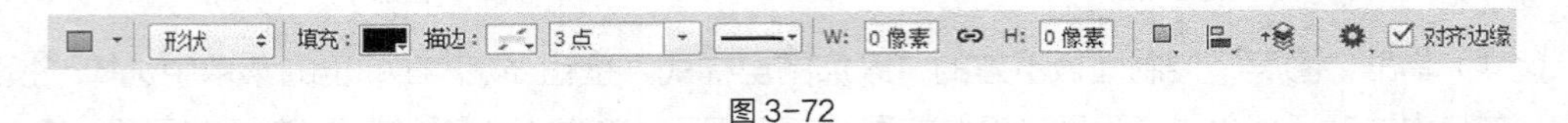

图 3-72

形状：用于选择创建路径形状层、创建工作路径或填充区域。

填充：用于设置矩形的填充颜色。

描边：用于设置矩形的描边颜色。

3点：用于设置矩形的描边宽度。

：用于设置矩形的描边样式。

W/H：用于设置矩形的宽度和高度。

：用于设置路径的组合方式。

：用于设置路径的对齐方式。

：用于设置路径的排列方式。

对齐边缘：用于设置边缘对齐。

单击按钮，弹出“矩形选项”面板，如图 3-73 所示。在面板中可以通过各种设置来控制矩形工具所绘制的图形，面板中包括“不受约束”“方形”“固定大小”“比例”“从中心”等选项。

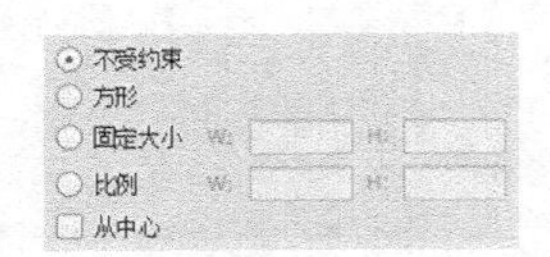

图 3-73

原始图像效果如图 3-74 所示。在图像中绘制矩形，效果如图 3-75 所示，“图层”控制面板中的效果如图 3-76 所示。

图 3-74

图 3-75

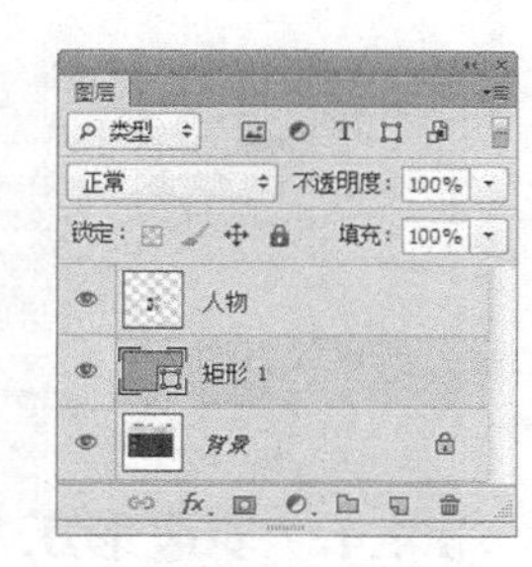

图 3-76

3.4.2 圆角矩形工具

圆角矩形工具用于绘制具有平滑边缘的矩形。选择“圆角矩形”工具，或反复按 Shift+U 组合键，其属性栏如图 3-77 所示。其属性栏中的内容与“矩形”工具属性栏的内容相似，只增加了“半径”选项。“半径”选项用于设置圆角矩形的平滑程度，数值越大越平滑。

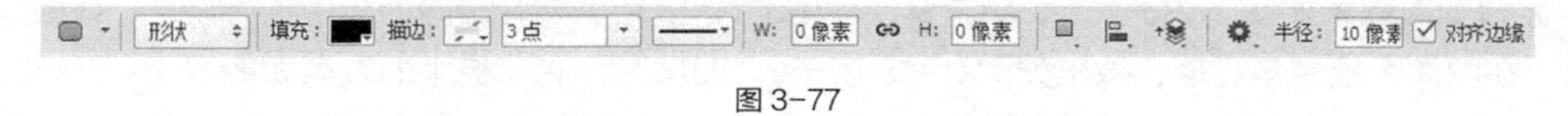

图 3-77

原始图像效果如图 3-78 所示。将“半径”选项设为 50 像素，在图像中绘制圆角矩形，效果如图 3-79 所示，“图层”控制面板中的效果如图 3-80 所示。

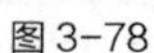

图 3-78

图 3-79

图 3-80

3.4.3 椭圆工具

椭圆工具用于绘制椭圆或圆形。选择“椭圆”工具，或反复按 Shift+U 组合键，其属性栏如图 3-81 所示。其属性栏中的内容同“矩形”工具属性栏相似。

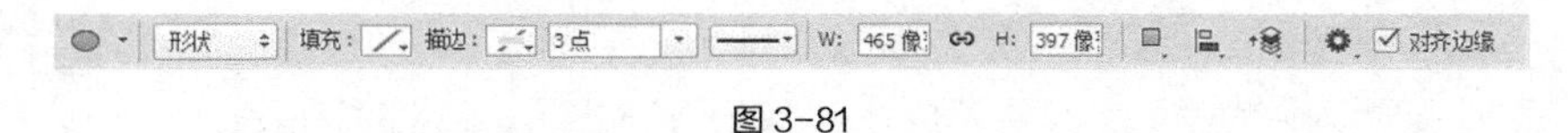

图 3-81

原始图像效果如图 3-82 所示。在图像中绘制椭圆形，效果如图 3-83 所示，“图层”控制面板中的效果如图 3-84 所示。

图 3-82　　图 3-83　　图 3-84

3.4.4　多边形工具

多边形工具用于绘制正多边形。选择“多边形”工具，或反复按 Shift+U 组合键，其属性栏如图 3-85 所示。其属性栏中的内容与矩形工具属性栏的内容相似，只增加了“边”选项，“边”选项用于设置多边形的边数。

图 3-85

原始图像效果如图 3-86 所示。单击属性栏中的按钮，在弹出的面板中进行设置，如图 3-87 所示。在图像中绘制多边形，效果如图 3-88 所示，“图层”控制面板中的效果如图 3-89 所示。

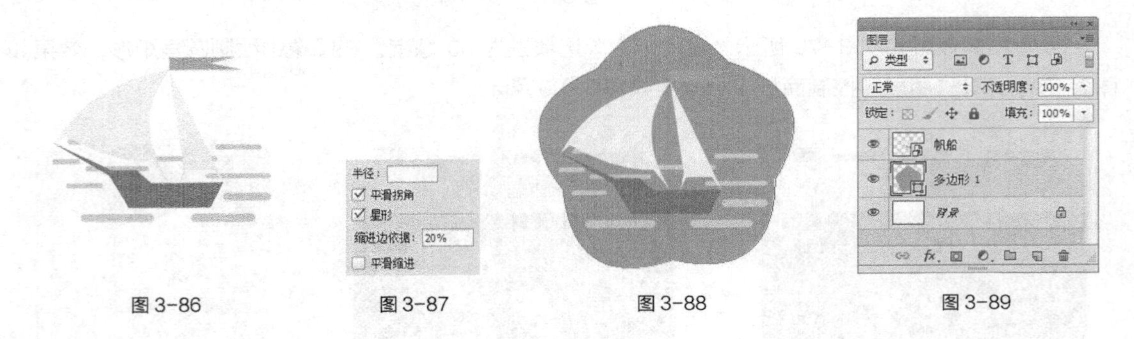

图 3-86　　图 3-87　　图 3-88　　图 3-89

3.4.5　直线工具

直线工具可以用来绘制直线或带有箭头的线段。选择“直线”工具，或反复按 Shift+U 组合键，其属性栏如图 3-90 所示。其属性栏中的内容与矩形工具属性栏的内容相似，只增加了“粗细”选项，“粗细”选项用于设置直线的宽度。

单击属性栏中的按钮，弹出“箭头”面板，如图 3-91 所示。

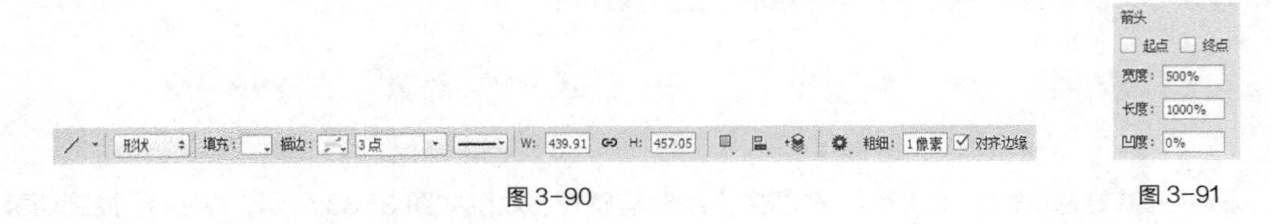

图 3-90　　图 3-91

起点：用于选择箭头位于线段的始端。

终点：用于选择箭头位于线段的末端。

宽度：用于设置箭头宽度和线段宽度的比值。

长度：用于设置箭头长度和线段长度的比值。

凹度：用于设置箭头凹凸的形状。

原图效果如图 3-92 所示，在图像中绘制不同效果的直线和箭头，如图 3-93 所示。“图层”控制面板中的效果如图 3-94 所示。

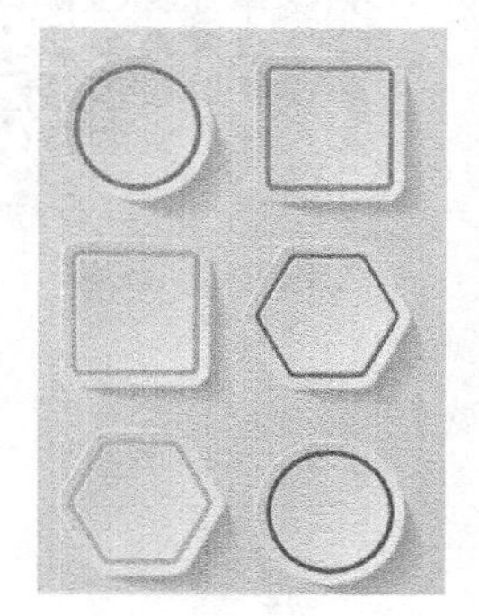
图 3-92

图 3-93

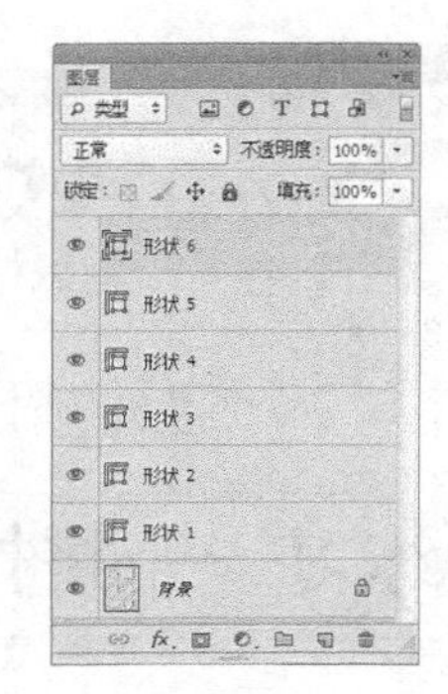

图 3-94

3.4.6 自定形状工具

自定形状工具用于绘制自定义的图形。选择“自定形状”工具，或反复按 Shift+U 组合键，其属性栏如图 3-95 所示。其属性栏中的内容与矩形工具属性栏的内容相似，只增加了“形状”选项，“形状”选项用于选择所需的形状。

单击“形状”选项右侧的按钮，弹出如图 3-96 所示的形状面板，面板中存储了可供选择的各种形状。

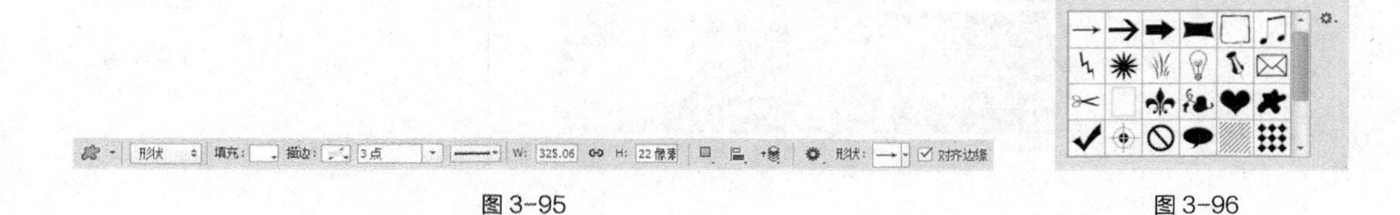

图 3-95

图 3-96

原始图像效果如图 3-97 所示。在图像中绘制图形，效果如图 3-98 所示，“图层”控制面板中的效果如图 3-99 所示。

图 3-97

图 3-98

图 3-99

可以使用定义自定形状命令来制作并定义形状。使用“钢笔”工具在图像窗口中绘制路径并填充路径，如图 3–100 所示。

选择“编辑 > 定义自定形状”命令，弹出“形状名称”对话框，在“名称”选项的文本框中输入自定形状的名称，如图 3–101 所示。单击“确定”按钮，在“形状”选项的面板中将会显示刚才定义好的形状，如图 3–102 所示。

图 3–100

图 3–101

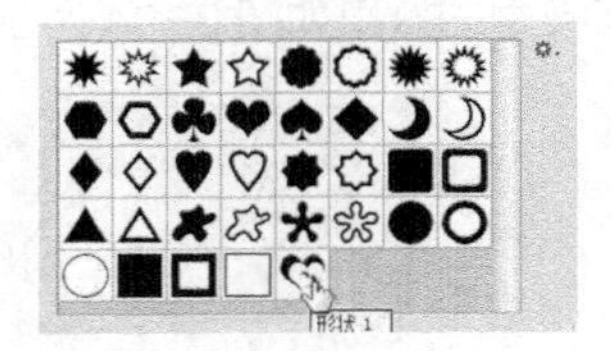

图 3–102

课堂练习——拼排 Lomo 风格照片

练习知识要点

使用绘图工具和添加图层样式命令，绘制照片底图；使用“创建剪贴蒙版”命令，制作图片的剪贴蒙版效果；使用“自定形状”工具、多种图层样式命令，制作装饰图形。效果如图 3–103 所示。

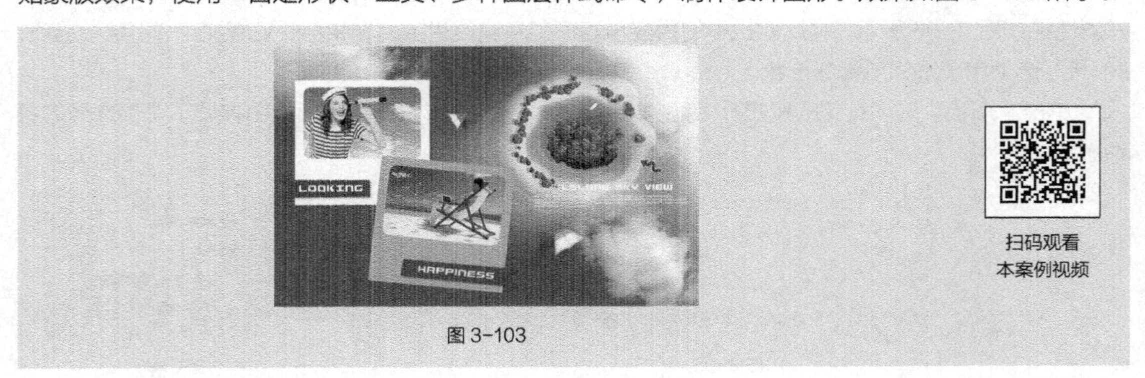

图 3–103

效果所在位置

云盘/Ch03/效果/拼排 Lomo 风格照片.psd。

课后习题——制作箱包类促销公众号封面首图

习题知识要点

使用“圆角矩形”工具，绘制行李箱主体；使用“矩形”工具和“椭圆”工具，绘制拉杆和滑轮；

使用“多边形”工具和“自定形状”工具，绘制装饰图形；使用“路径选择”工具，选取和复制图形；使用“直接选择”工具，调整锚点，效果如图 3-104 所示。

图 3-104

效果所在位置

云盘/Ch03/效果/制作箱包类促销公众号封面首图.psd。

04

第 4 章 调整图像的色彩与色调

本章主要介绍调整图像的色彩与色调的方法和技巧。读者通过本章的学习，可以根据不同的需要应用多种调整命令对图像的色彩或色调进行细微的调整，还可以对图像进行特殊颜色的处理。

课堂学习目标

- 掌握调整图像颜色的方法和技巧
- 运用命令对图像进行特殊颜色处理

4.1 调整图像颜色

应用亮度/对比度、变化、色阶、曲线、色相/饱和度等命令可以调整图像的颜色。

4.1.1 亮度/对比度

亮度/对比度命令可以调节图像的亮度和对比度。原始图像效果如图 4-1 所示，选择“图像 >调整 > 亮度/对比度”命令，弹出“亮度/对比度”对话框，如图 4-2 所示。在对话框中，可以通过拖曳亮度或对比度滑块来调整图像的亮度或对比度，单击“确定”按钮，调整后的图像效果如图 4-3 所示。“亮度/对比度”命令调整的是整个图像的亮度/对比度。

图 4-1

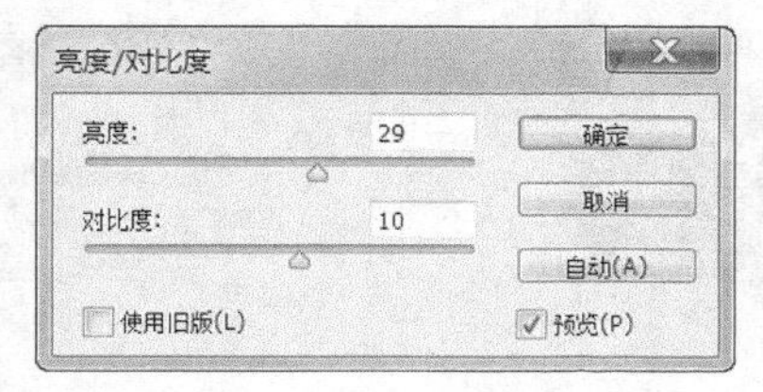

图 4-2

图 4-3

4.1.2 变化

变化命令用于调整图像的色彩。选择“图像 > 调整 > 变化”命令，弹出“变化”对话框，如图 4-4 所示。

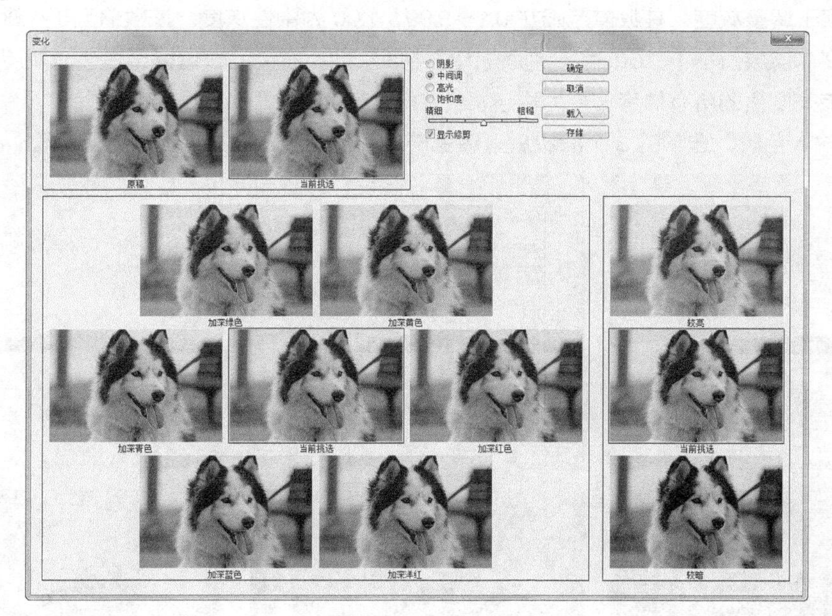

图 4-4

在对话框中，上方中间的 4 个单选项，用于控制图像色彩的改变范围；下方的滑块用于设置调整的等级；左上方的两幅图像显示的是图像的原始效果和调整后的效果；左下方区域显示的是 7 幅小图像，可以选择不同的颜色效果，调整图像的亮度、饱和度等色彩值；右下方区域显示的是 3 幅小图像，用于调整图像的亮度。勾选“显示修剪”复选框，在图像色彩调整超出色彩空间时显示超色域。

4.1.3 色阶

色阶命令用于调整图像的对比度、饱和度及灰度。打开一幅图像，如图 4-5 所示，选择“色阶”命令或按 Ctrl+L 组合键，弹出“色阶”对话框，如图 4-6 所示。

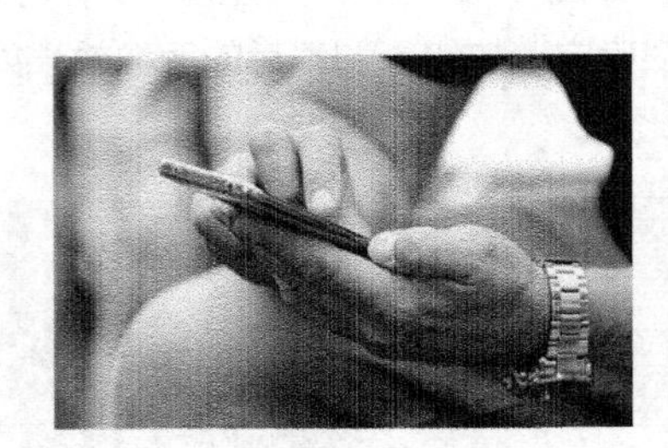

图 4-5

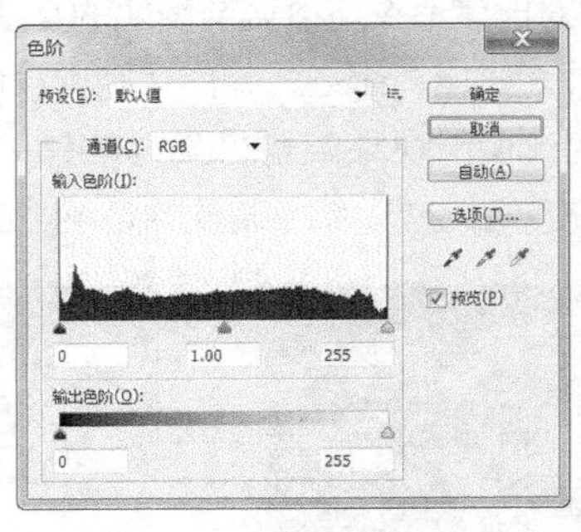

图 4-6

对话框中间是一个图，其横坐标为 0～255，表示亮度值；纵坐标为图像的像素数。

通道：可以从其下拉列表中选择不同的颜色通道来调整图像，如果想选择两个以上的颜色通道，要先在“通道”控制面板中选择所需要的通道，再调出“色阶”对话框。

输入色阶：用于控制图像选定区域的最暗和最亮色彩，通过输入数值或拖曳三角滑块来调整图像。左侧的数值框和黑色滑块用于调整黑色，图像中低于该亮度值的所有像素将变为黑色。中间的数值框和灰色滑块用于调整灰度，其数值范围在 0.1～9.99，1.00 为中性灰度。该数值大于 1.00 时，将降低图像中间灰度；该数值小于 1.00 时，将提高图像中间灰度。右侧的数值框和白色滑块用于调整白色，图像中高于该亮度值的所有像素将变为白色。

调整“输入色阶”选项的 3 个滑块后，图像产生的不同色彩效果如图 4-7 所示。

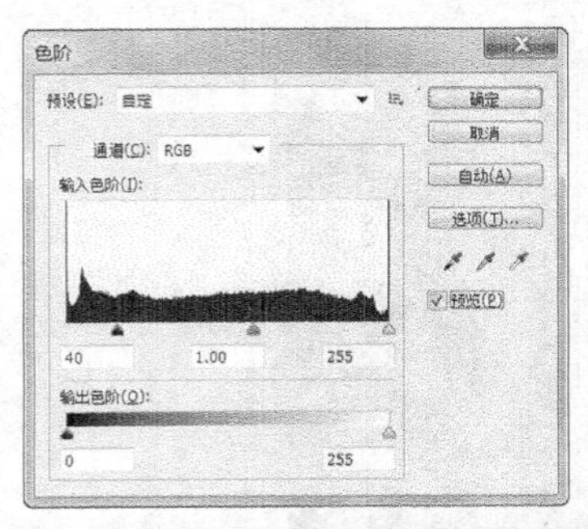

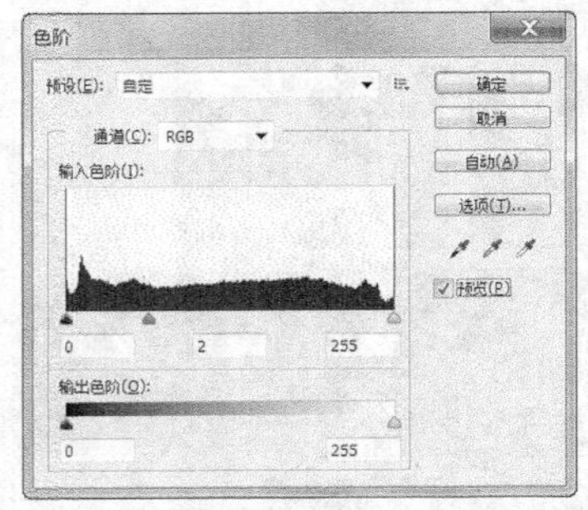

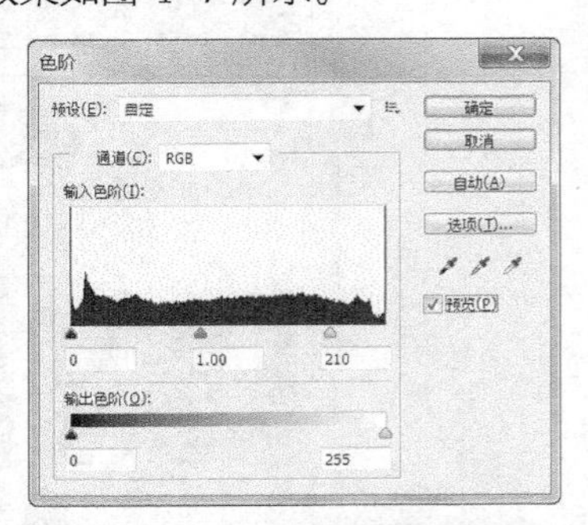

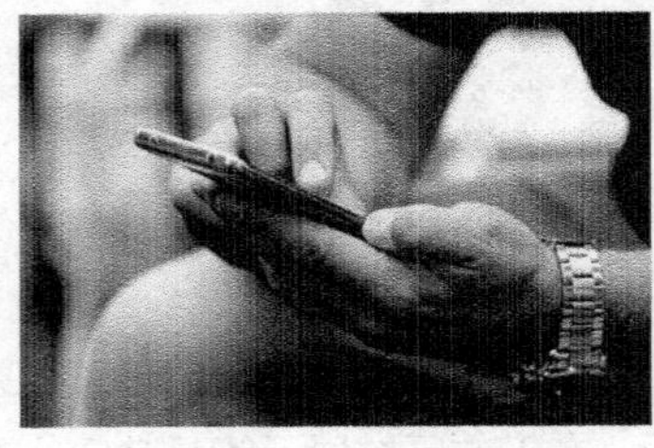

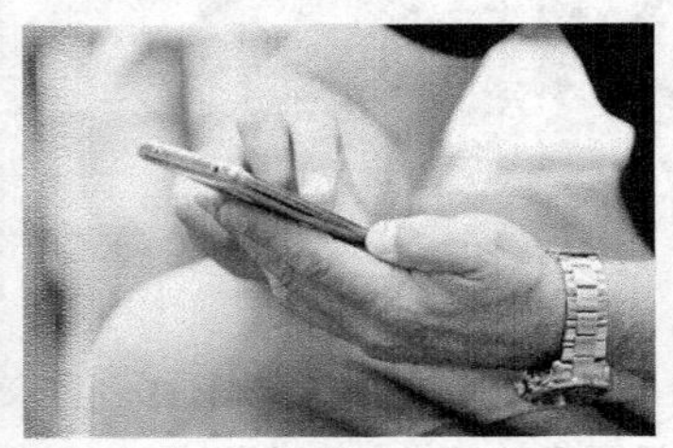

图 4-7

输出色阶：可以通过输入数值或拖曳三角滑块来控制图像的亮度范围。左侧数值框和黑色滑块用于调整图像的最暗像素的亮度；右侧数值框和白色滑块用于调整图像的最亮像素的亮度。输出色阶的调整将增加图像的灰度，降低图像的对比度。

调整“输出色阶”选项的两个滑块后，图像产生的不同色彩效果如图 4-8 所示。

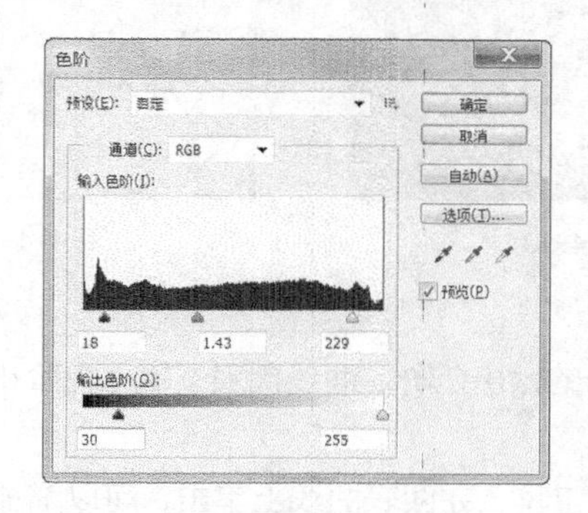

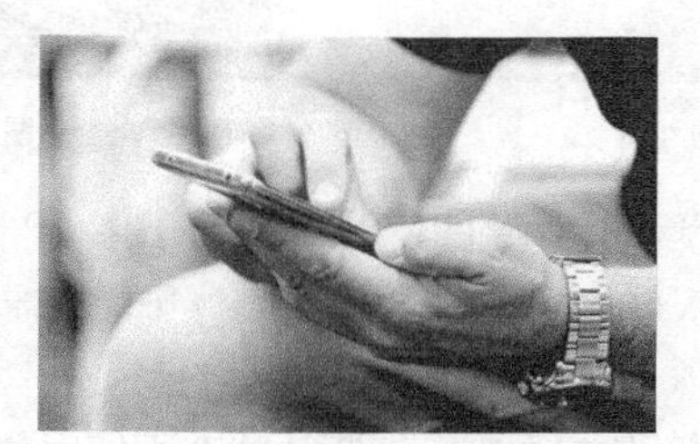

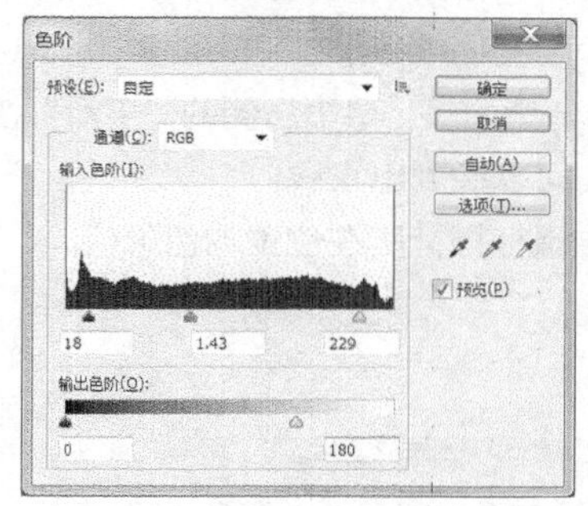

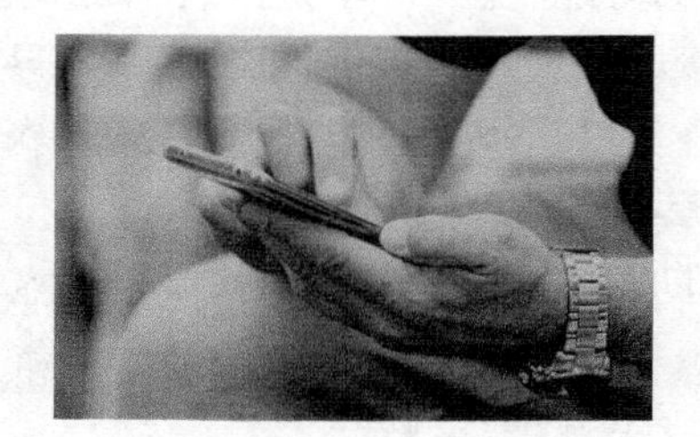

图 4-8

自动：可自动调整图像并设置层次。

选项：单击此按钮，弹出“自动颜色校正选项”对话框，系统将以 0.10%的数据量来使图像加亮和变暗。

取消：按住 Alt 键，“取消”按钮转换为“复位”按钮，单击此按钮可以将刚调整过的色阶复位还原，然后可重新进行设置。

：分别为黑色吸管工具、灰色吸管工具和白色吸管工具。选中黑色吸管工具，在图像中单击，图像中暗于单击点的所有像素都会变为黑色；选中灰色吸管工具，在图像中单击，单击点的像素都会变为灰色，图像中的其他颜色也会相应地调整；选中白色吸管工具，在图像中单击，图像中亮于单击点的所有像素都会变为白色。双击任意吸管工具，可在弹出的颜色选择对话框中设置吸管颜色。

预览：勾选此复选框，可以即时显示图像的调整结果。

4.1.4 曲线

曲线命令可以通过调整图像色彩曲线上的任意一个来改变图像的色彩范围。打开一幅图像，选择“曲线”命令或按 Ctrl+M 组合键，弹出“曲线”对话框，如图 4-9 所示。在图像中单击并按住鼠标左键不放，如图 4-10 所示。“曲线”对话框中的调解曲线上显示出一个小圆圈，它表示图像中单击处的输入色阶和输出色阶数值，效果如图 4-11 所示。

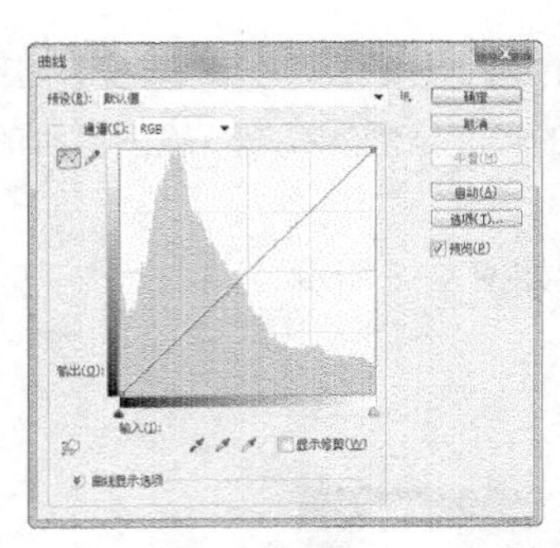
图 4-9

图 4-10

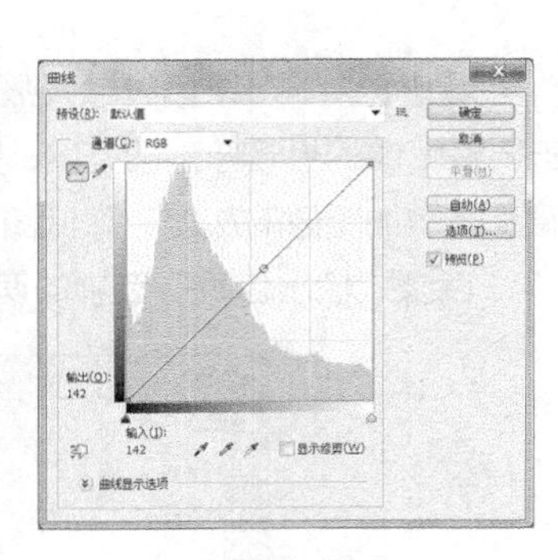
图 4-11

通道：用于选择调整图像的颜色通道。

图表中的 x 轴为色彩的输入色阶，y 轴为色彩的输出色阶。曲线代表了输入色阶和输出色阶之间的关系。

编辑点以修改曲线：在默认状态下使用此工具，在图表曲线上单击，可以增加控制点，拖曳控制点可以改变曲线的形状，拖曳控制点到图表外可以删除控制点。

通过绘制来修改曲线：可以在图表中绘制出任意曲线，单击右侧的“平滑”按钮 平滑(M) 可使曲线变得光滑。按住 Shift 键的同时使用此工具，可以绘制出直线。

“输入”和“输出”选项的数值显示的是图表中鼠标指针所在位置的色阶值。

自动 自动(A)：可自动调整图像的亮度。

设置不同的曲线，图像效果如图 4-12 所示。

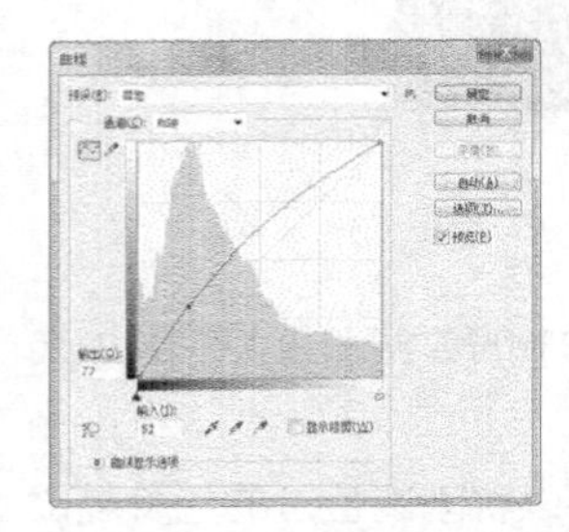
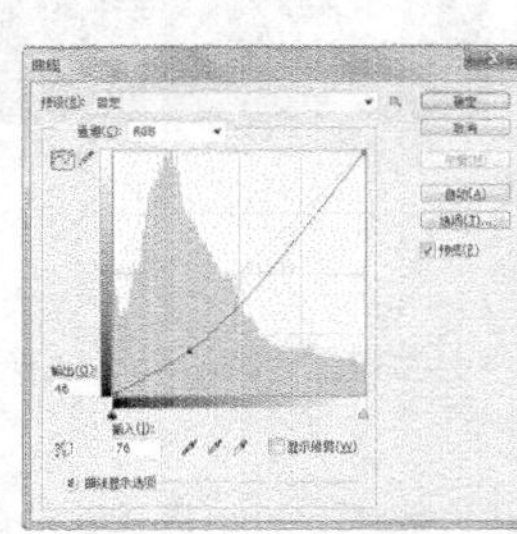
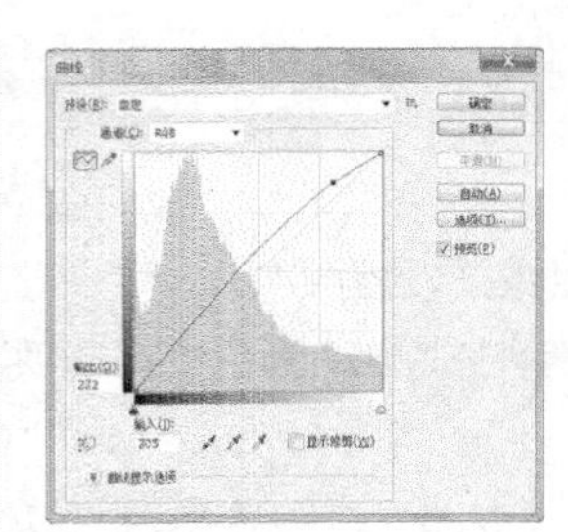
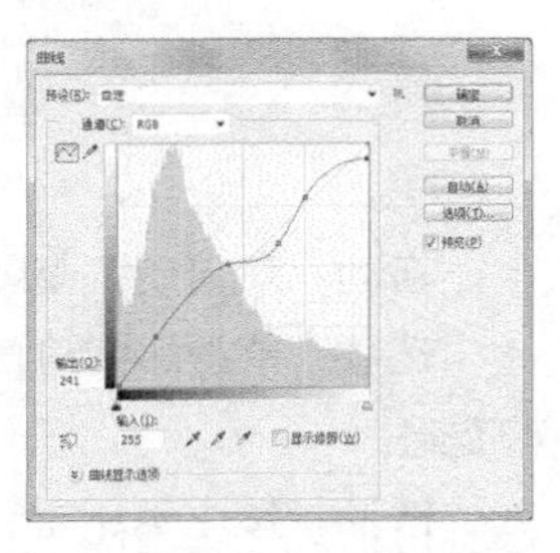

图 4-12

4.1.5 课堂案例——制作滤镜照片

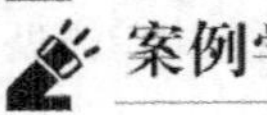

案例学习目标

学习使用图像调整菜单下的命令调整图像的颜色。

案例知识要点

使用“色阶”命令、“变化”命令和“亮度/对比度”命令调整图像的颜色，效果如图 4-13 所示。

图 4-13

效果所在位置

云盘/Ch04/效果/制作滤镜照片.psd。

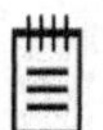

制作方法

（1）按 Ctrl+O 组合键，打开云盘中的“Ch04 > 素材 > 制作滤镜照片 > 01”文件，效果如图 4-14 所示。

（2）将“背景”图层拖曳到“图层”控制面板下方的“创建新图层”按钮上以复制该图层，生成新的图层“背景 副本”。

（3）按 Ctrl+L 组合键，弹出“色阶”对话框，设置如图 4-15 所示。单击“确定”按钮，效果如图 4-16 所示。

图 4-14

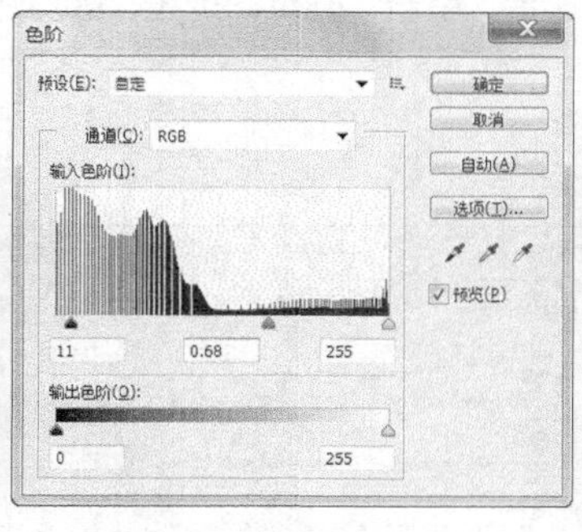

图 4-15

图 4-16

（4）选择“图像 > 调整 > 变化”命令，弹出“变化”对话框，单击两次“加深黄色”缩略图，单击“较亮”缩略图，其他选项的设置如图 4-17 所示。单击“确定”按钮，效果如图 4-18 所示。

（5）选择“图像 > 调整 > 亮度/对比度”命令，在弹出的对话框中进行设置，如图 4-19 所示。单击“确定”按钮，效果如图 4-20 所示。滤镜照片制作完成。

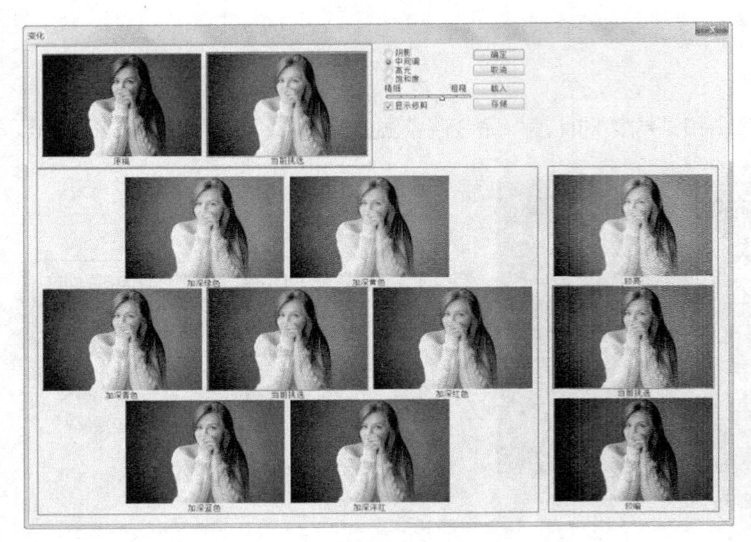

图 4-17

图 4-18

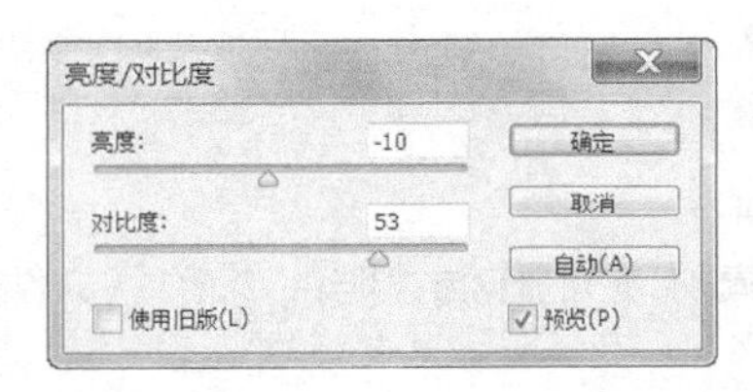

图 4-19

图 4-20

4.1.6 曝光度

原始图像效果如图 4-21 所示，选择“图像 > 调整 > 曝光度”命令，弹出“曝光度”对话框。在对话框中进行设置，如图 4-22 所示。单击“确定”按钮，即可调整图像的曝光度，效果如图 4-23 所示。

图 4-21

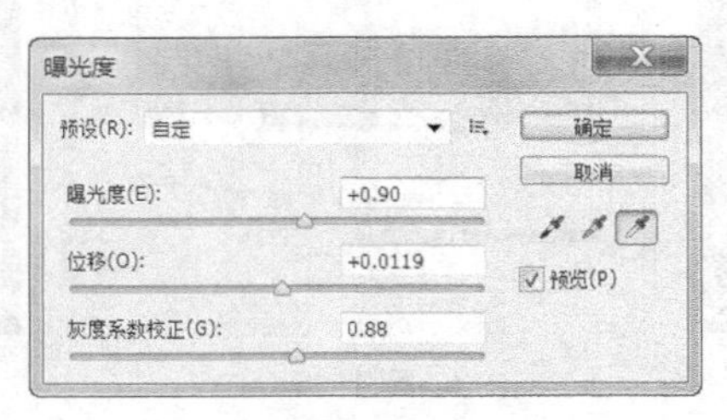

图 4-22

图 4-23

曝光度：调整色彩范围的高光，对极限阴影的影响很小。

位移：使阴影和中间调变暗，对高光的影响很小。

灰度系数校正：使用乘方函数调整图像灰度系数。

4.1.7 色相/饱和度

通过“色相/饱和度”命令可以调节图像的色相和饱和度。原始图像效果如图 4-24 所示，选择“图像 > 调整 > 色相/饱和度”命令或按 Ctrl+U 组合键，弹出“色相/饱和度”对话框。在对话框中进行设置，如图 4-25 所示，单击“确定”按钮后图像效果如图 4-26 所示。

图 4-24

图 4-25

图 4-26

全图：用于选择要调整的色彩范围，可以通过拖曳各选项中的滑块来调整图像的色彩、饱和度和亮度。

着色：用于在由灰度模式转化而来的色彩模式图像中添加需要的颜色。

原始图像效果如图 4-27 所示，在“色相/饱和度”对话框中进行设置，勾选“着色”复选框，如图 4-28 所示，单击“确定”按钮后图像效果如图 4-29 所示。

图 4-27

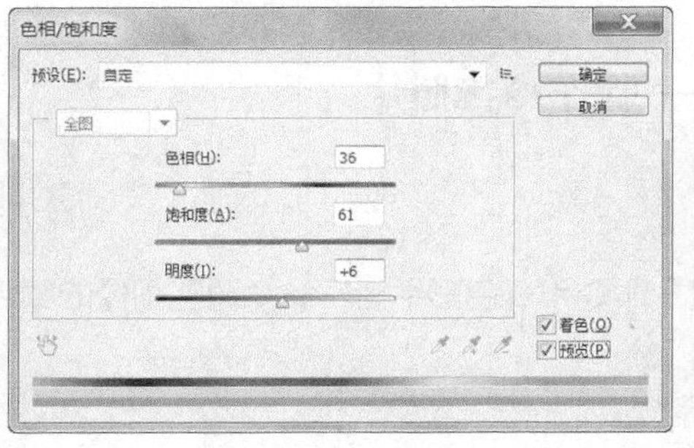

图 4-28

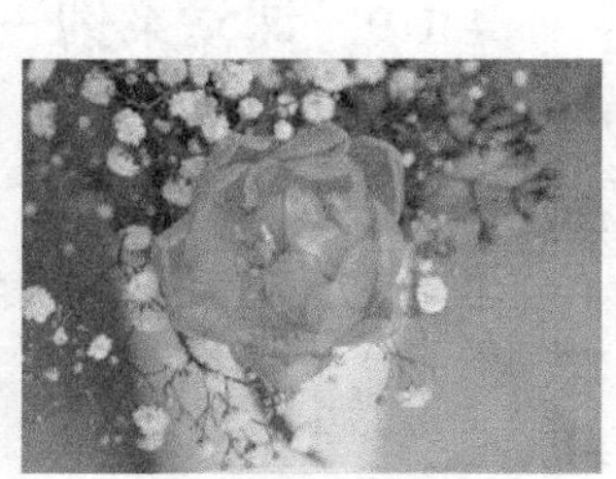

图 4-29

按住 Alt 键，“色相/饱和度”对话框中的“取消”按钮转换为“复位”按钮，单击“复位”按钮，可以重新对“色相/饱和度”对话框进行设置。

4.1.8 色彩平衡

“色彩平衡”命令用于调节图像的色彩平衡度。选择“图像 > 调整 > 色彩平衡”命令或按 Ctrl+B 组合键，弹出“色彩平衡”对话框，如图 4-30 所示。

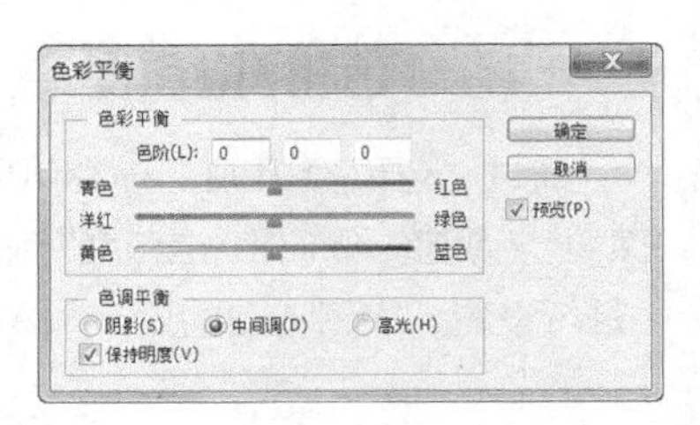

图 4-30

色彩平衡：通过添加过渡色来平衡色彩效果，拖曳滑块可以调整整个图像的色彩，也可以在“色阶”选项的数值框中输入数值调整图像的色彩。

色调平衡：用于设置图像的阴影、中间调和高光。

保持明度：用于保持原图像的亮度。

设置不同的色彩平衡后，图像效果如图 4-31 所示。

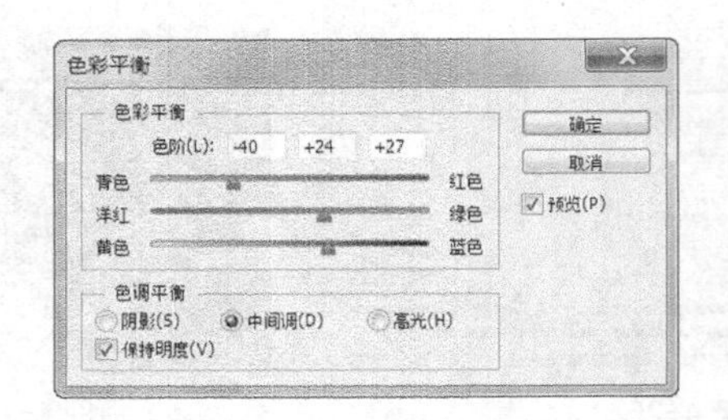

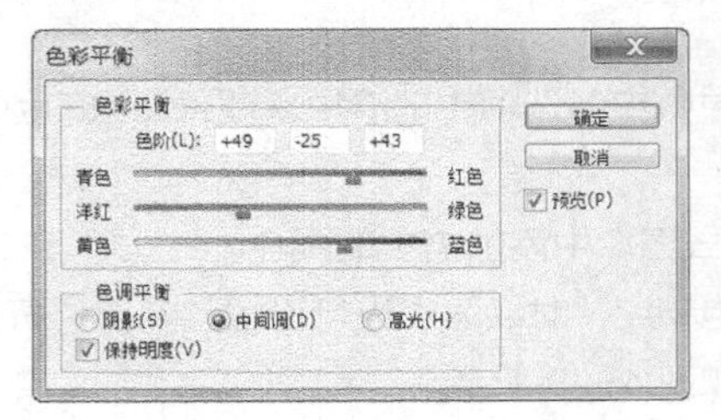

图 4-31

4.1.9 课堂案例——制作冷艳照片

案例学习目标

学习使用“色相/饱和度”命令和“色彩平衡”命令调整图像的颜色。

案例知识要点

使用“色相/饱和度”命令和“色彩平衡”命令，调整图像的颜色；使用“横排文字”工具，输入需要的文字。效果如图 4-32 所示。

图 4-32

效果所在位置

云盘/Ch04/效果/制作冷艳照片.psd。

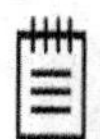

制作方法

（1）按 Ctrl+O 组合键，打开云盘中的“Ch04 > 素材 > 制作冷艳照片 > 01”文件，如图 4-33 所示。

（2）将“背景”图层拖曳到“图层”控制面板下方的“创建新图层”按钮 上以复制该图层，生成新的图层“背景 副本”。

（3）单击“图层”控制面板下方的“创建新的填充或调整图层”按钮 ，在弹出的菜单中选择“色相/饱和度”命令，在“图层”控制面板中生成“色相/饱和度 1”图层。同时在弹出的“色相/饱和度”面板中进行设置，如图 4-34 所示。按 Enter 键确认操作，图像效果如图 4-35 所示。

图 4-33

图 4-34

图 4-35

（4）单击“图层”控制面板下方的“创建新的填充或调整图层”按钮 ，在弹出的菜单中选择“色彩平衡”命令，在“图层”控制面板中生成“色彩平衡 1”图层。同时弹出“色彩平衡”面板，选中“中间调”选项，切换到相应的面板中进行设置，如图 4-36 所示；选中“阴影”选项，切换到相应的面板中进行设置，如图 4-37 所示；选中“高光”选项，切换到相应的面板中进行设置，如图 4-38 所示。按 Enter 键确认操作，图像效果如图 4-39 所示。

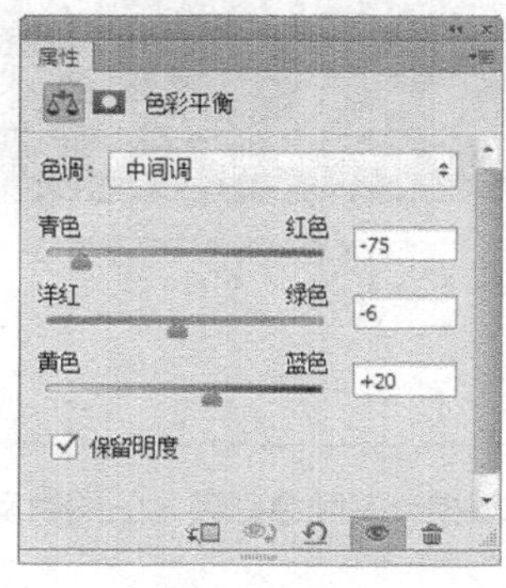

图 4-36

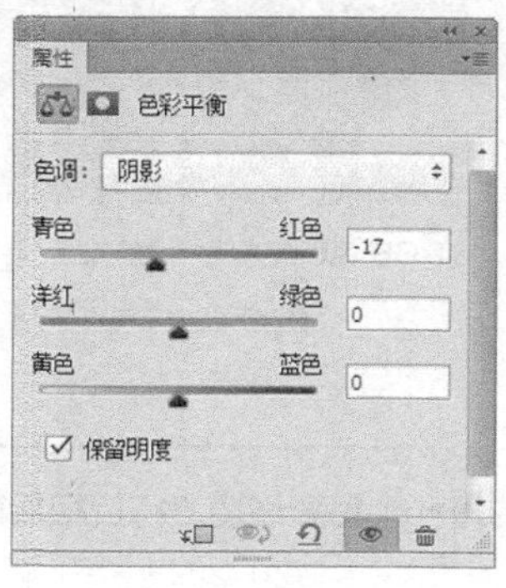

图 4-37

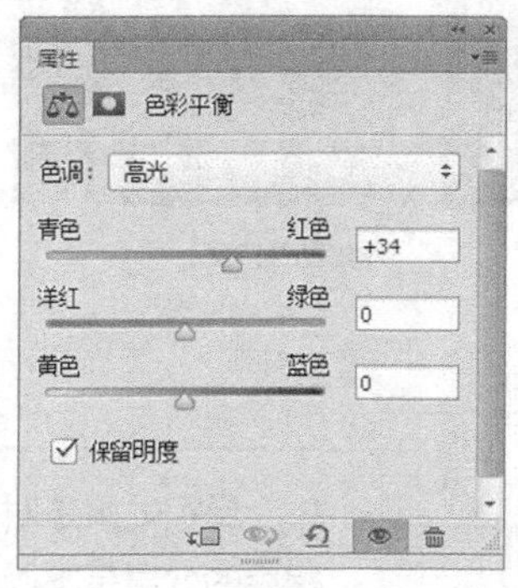

图 4-38

（5）将前景色设为黑色。选择“横排文字”工具T，在适当的位置输入需要的文字并选取文字，在属性栏中选择合适的字体并设置文字大小，效果如图 4-40 所示。在“图层”控制面板中生成新的文字图层。冷艳照片制作完成，效果如图 4-41 所示。

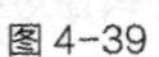

图 4-39

图 4-40

图 4-41

4.2 对图像进行特殊颜色处理

应用“去色”“反相”“阈值”“色调分离”“渐变映射”命令，可对图像进行特殊颜色处理。下面介绍其中的几种命令。

4.2.1 去色

“去色”命令能够去除图像中的颜色。选择“图像 > 调整 >去色”命令或按 Shift+Ctrl+U 组合键，可以去掉图像中的颜色，使图像变为灰度图，但图像的色彩模式并不改变。通过“去色”命令可以对图像选区中的图像进行去除图像颜色的处理。

4.2.2 反相

选择“图像 > 调整 > 反相”命令或按 Ctrl+I 组合键，可以将图像或选区的像素反转为其补色，使其出现底片效果。不同色彩模式的图像反相后的效果如图 4-42 所示。

原始图像效果

RGB 色彩模式反相后的效果

CMYK 色彩模式反相后的效果

图 4-42

提示

反相效果是对图像的每一个色彩通道进行反相后的合成效果，不同色彩模式的图像反相后的效果是不同的。

4.2.3 阈值

“阈值”命令可以提高图像色调的反差度。原始图像效果如图 4-43 所示，选择“图像 > 调整 > 阈值”命令，弹出“阈值”对话框。在对话框中拖曳滑块或在“阈值色阶”选项的数值框中输入数值，如图 4-44 所示，可以改变图像的阈值。图像中大于阈值的像素变为白色，小于阈值的像素变为黑色，图像具有高度反差，单击“确定”按钮，图像效果如图 4-45 所示。

图 4-43

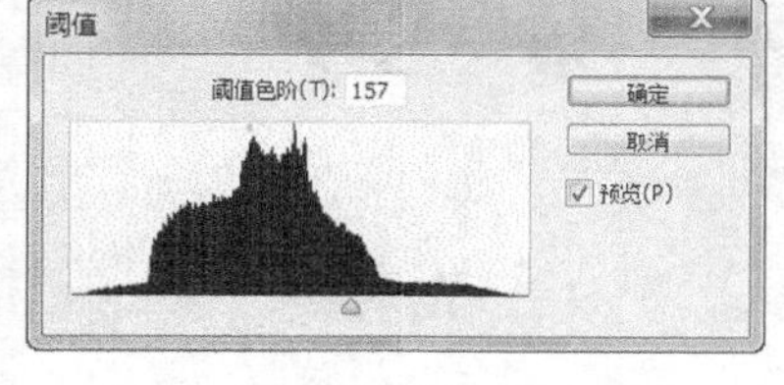

图 4-44

图 4-45

课堂练习——制作冰蓝色调照片

练习知识要点

使用“照片滤镜”命令和“色阶”命令，调整图像颜色；使用“横排文字”工具和“字符”面板在图像中添加文字。效果如图 4-46 所示。

扫码观看
本案例视频

图 4-46

效果所在位置

云盘/Ch04/效果/制作冰蓝色调照片.psd。

课后习题——制作时尚版画

习题知识要点

使用“阈值”命令，调整图像效果；使用“移动”工具，添加文字。效果如图 4-47 所示。

图 4-47

效果所在位置

云盘/Ch04/效果/制作时尚版画.psd。

05

第5章 应用文字与图层

本章主要介绍 Photoshop 中文字与图层的应用技巧。读者通过本章的学习可以快速地掌握点文字、段落文字的输入方法，创建变形文字、路径文字的方法，以及应用图层制作出多变图像效果的技巧。

课堂学习目标

- 掌握文字的输入与编辑方法
- 掌握创建变形文字与路径文字的方法
- 了解图层基础知识
- 掌握新建填充和调整图层的方法
- 掌握运用图层的混合模式编辑图像的方法
- 掌握图层样式的应用
- 掌握运用图层蒙版编辑图像的方法
- 掌握图层蒙版的应用

5.1 文字的输入与编辑

应用文字工具输入文字并使用“字符”控制面板对文字进行调整。

5.1.1 输入水平、垂直文字

选择“横排文字”工具 T 或按 T 键，其属性栏如图 5-1 所示。

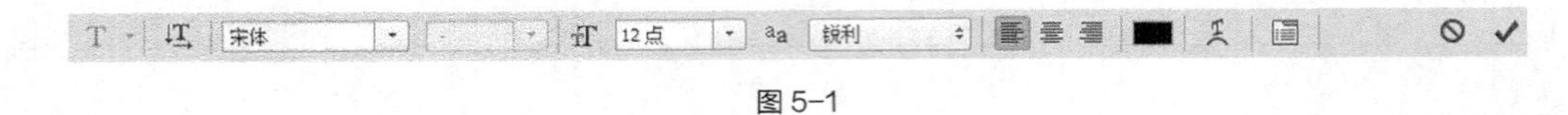

图 5-1

更改文本方向：用于选择文字输入的方向。

：用于设置文字的字体及属性。

：用于设置字体的大小。

：用于消除文字的锯齿，包括无、锐利、犀利、浑厚和平滑 5 个选项。

：用于设置文字的段落格式，分别是左对齐、居中对齐和右对齐。

：用于设置文字的颜色。

“创建文字变形”按钮：用于对文字进行变形操作。

“切换字符和段落面板”按钮：用于打开“段落”和“字符”控制面板。

“取消所有当前编辑”按钮：用于取消对文字的操作。

“提交所有当前编辑”按钮：用于确定对文字的操作。

选择“直排文字”工具，可以在图像中建立垂直文字。创建垂直文字工具属性栏和创建横排文字工具属性栏的功能基本相同。

5.1.2 输入段落文字

建立段落文字图层就是以段落文字框的方式建立文字图层。

选择“横排文字”工具 T，将鼠标指针移动到图像窗口中，指针变为图标。此时拖曳鼠标在图像窗口中创建一个段落定界框，如图 5-2 所示。插入点显示在定界框的左上角。段落定界框具有自动换行的功能，如果输入的文字较多，则当文字遇到定界框时，会自动换到下一行。输入文字，效果如图 5-3 所示。如果输入的文字需要分段落，可以按 Enter 键，还可以对定界框进行旋转、拉伸等操作。

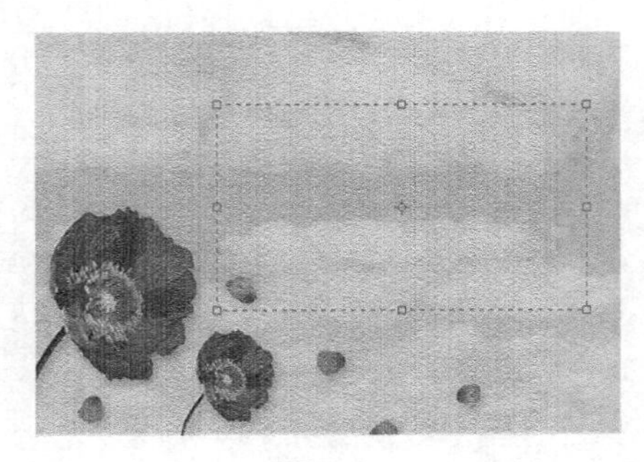

图 5-2

图 5-3

5.1.3 栅格化文字

“图层”控制面板中文字图层的效果如图 5-4 所示，选择“图层 > 栅格化 > 文字”命令，可以将文字图层转换为图像图层，如图 5-5 所示。也可用鼠标右键单击文字图层，在弹出的菜单中选择“栅格化文字”命令。

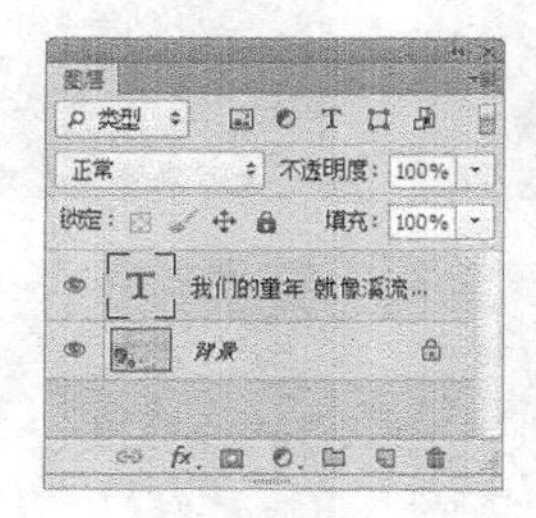

图 5-4

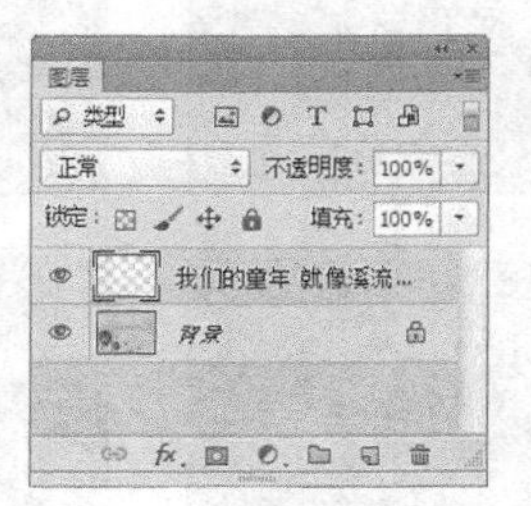

图 5-5

5.1.4 载入文字的选区

通过文字工具在图像窗口中输入文字后，在“图层”控制面板中会自动生成文字图层，如果需要文字选区，可以将此文字图层载入选区。按住 Ctrl 键的同时单击文字图层的缩览图，即可载入文字选区。

5.2 创建变形文字与路径文字

在 Photoshop 中，应用创建变形文字与路径文字命令所制作出多样的文字变形。

5.2.1 变形文字

应用变形文字面板可以将文字进行多种样式的变形，例如扇形、旗帜、波浪、膨胀、扭转等。

1. 制作扭曲变形文字

根据需要对文字进行各种变形。在图像中输入文字，效果如图 5-6 所示。单击文字工具属性栏中的“创建文字变形”按钮，弹出“变形文字”对话框，如图 5-7 所示。“样式”选项的下拉列表中包含多种文字的变形效果样式，如图 5-8 所示。

图 5-6

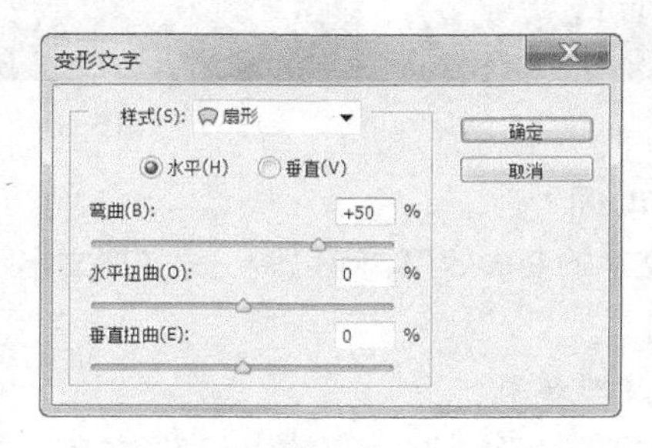

图 5-7

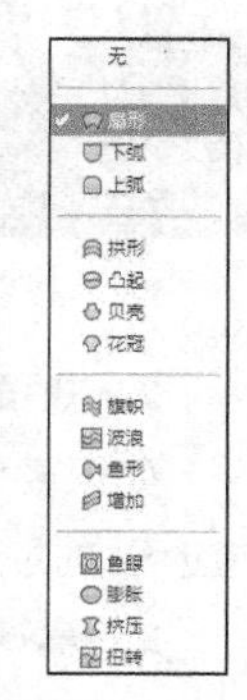

图 5-8

文字的各种变形效果，如图 5-9 所示。

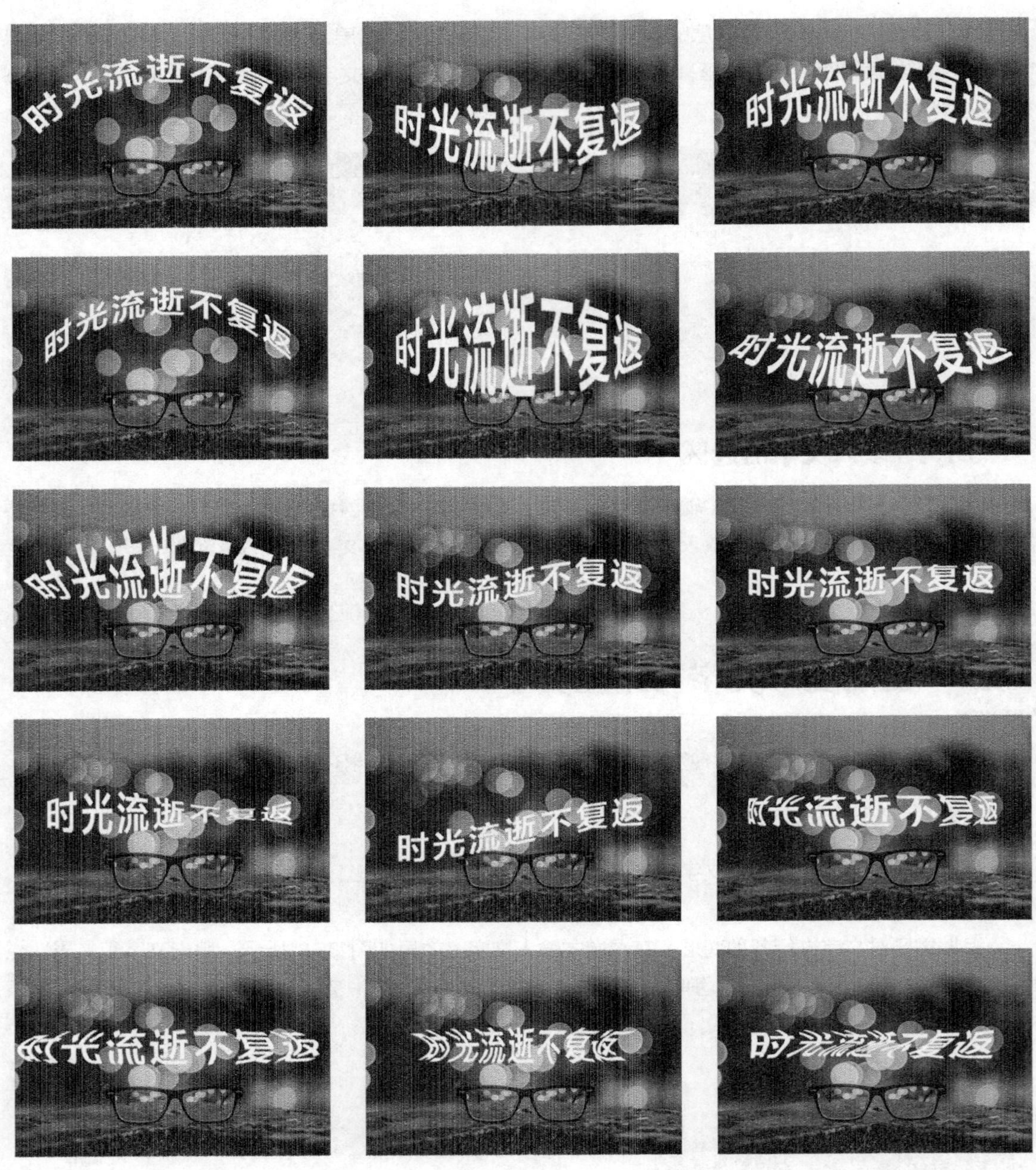

图 5-9

2. 设置变形选项

如果要修改文字的变形效果，可以调出“变形文字”对话框，在对话框中重新设置样式或更改当前应用样式的数值。

3. 取消文字变形效果

如果要取消文字的变形效果，可以调出“变形文字”对话框，在“样式”选项的下拉列表中选择“无”。

5.2.2 路径文字

可以将文字建立在路径上，并应用路径对文字进行调整。

1. *在路径上创建文字*

选择“钢笔”工具，在图像中绘制一条路径，如图 5-10 所示。选择“横排文字”工具 T，将鼠标指针放在路径上，鼠标指针变为图标，如图 5-11 所示。单击路径会出现闪烁的光标，闪烁的光标所在位置为输入文字的起始点。输入的文字会沿着路径的形状进行排列，效果如图 5-12 所示。

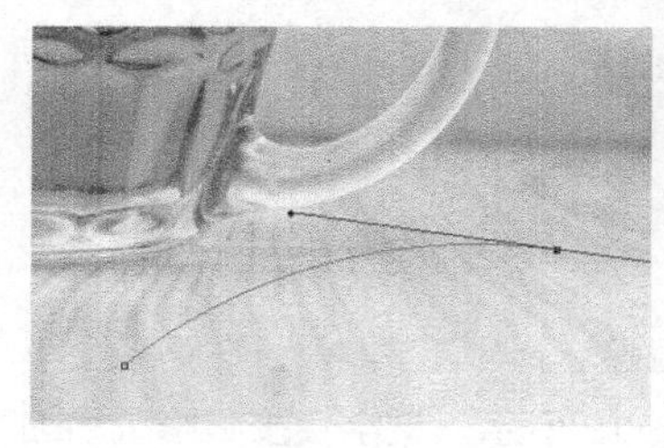
图 5-10

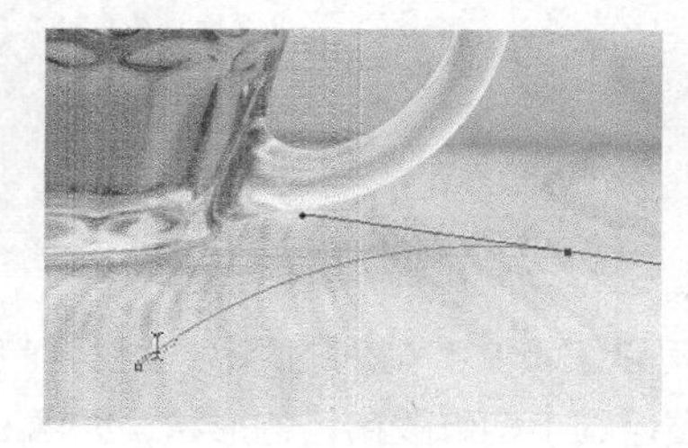
图 5-11

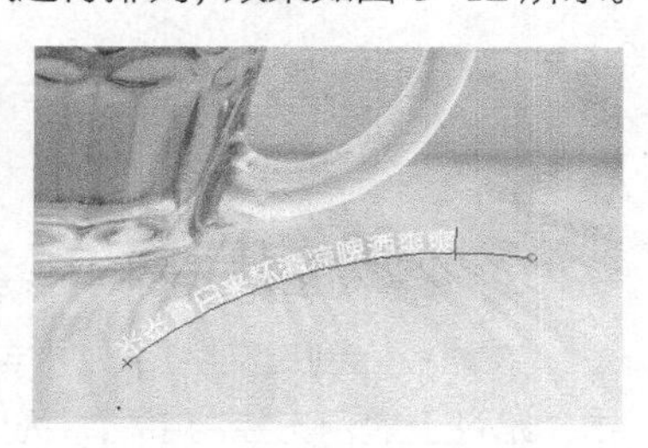
图 5-12

文字输入完成后，在“路径”控制面板中会自动生成文字路径层，如图 5-13 所示。取消“视图 > 显示额外内容”命令的选中状态，可以隐藏文字路径，效果如图 5-14 所示。

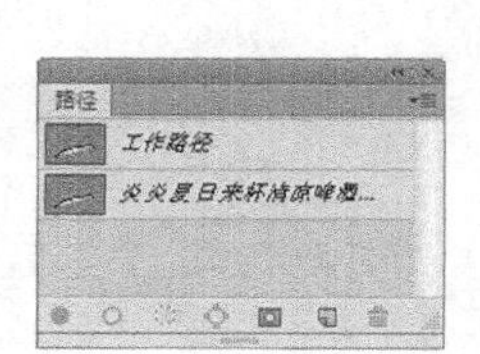

图 5-13

图 5-14

“路径”控制面板中的文字路径层与“图层”控制面板中相应的文字图层是相链接的，删除文字图层时，文字的路径层会自动被删除，删除其他工作路径不会对文字的排列有影响。如果要修改文字的排列形状，需要对文字路径进行修改。

2. *在路径上移动文字*

选择“路径选择”工具，将鼠标指针放置在文字上，鼠标指针变为图标，如图 5-15 所示。沿着路径拖曳鼠标，可以移动文字，效果如图 5-16 所示。

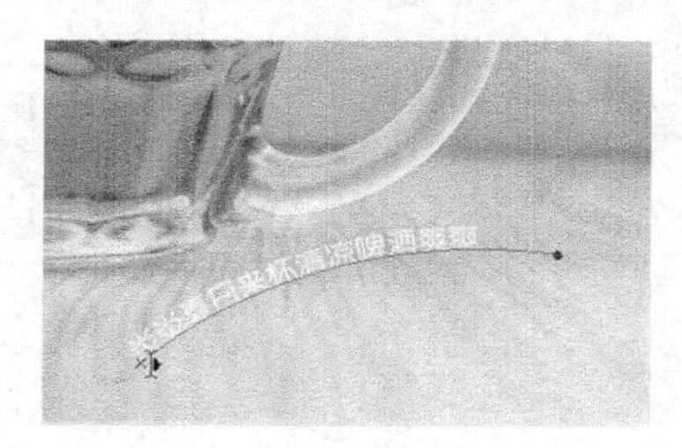
图 5-15

图 5-16

3. 在路径上翻转文字

选择“路径选择”工具 ，将鼠标指针放置在文字上，鼠标指针变为 图标，如图 5-17 所示。将文字向路径下方拖曳，可以沿路径翻转文字，效果如图 5-18 所示。

图 5-17

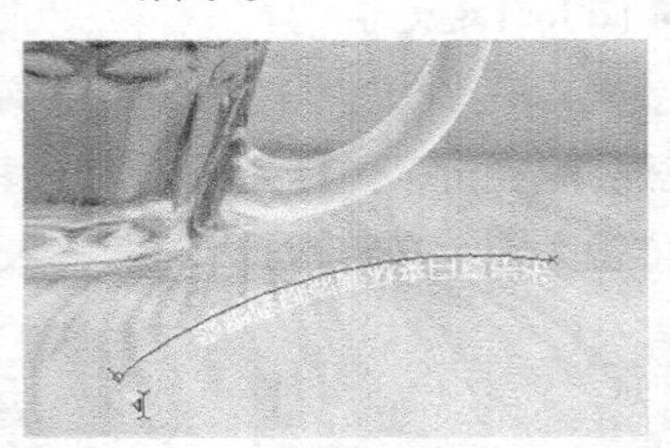

图 5-18

4. 修改路径绕排文字的形态

在路径上创建文字后，同样可以编辑文字排列的路径。选择“直接选择”工具 ，在路径上单击，路径上显示出控制手柄，拖曳控制手柄修改路径的形状，如图 5-19 所示。文字会按照修改后的路径进行排列，效果如图 5-20 所示。

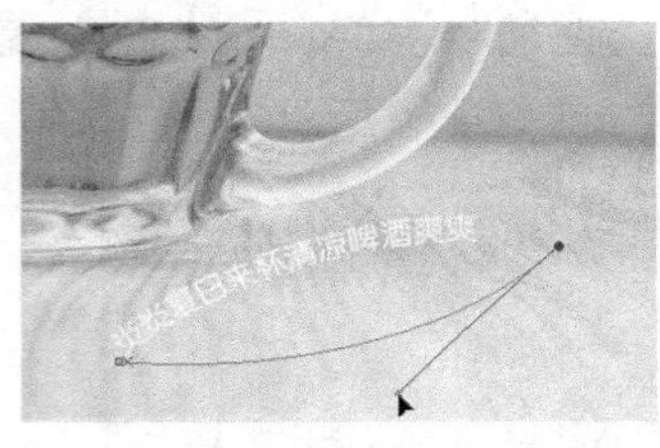

图 5-19

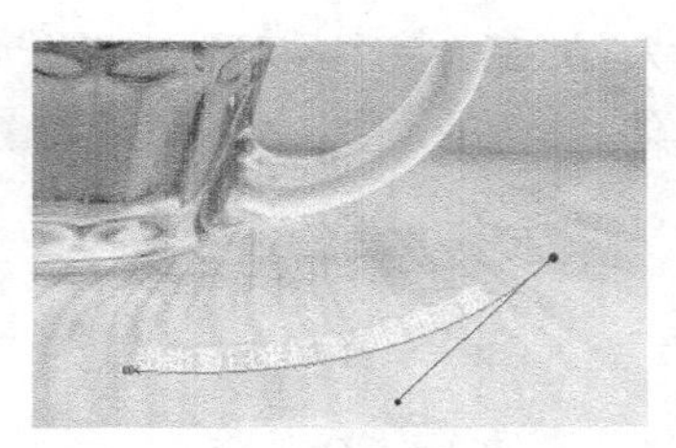

图 5-20

5.2.3 课堂案例——制作牛肉面海报

案例学习目标

学习使用“文字”工具和“文字变形”命令制作文字效果。

案例知识要点

使用“移动”工具，添加素材图片；使用“椭圆”工具、“横排文字”工具和“字符”控制面板，制作路径文字；使用“横排文字”工具、“矩形”工具，添加其他相关信息，效果如图 5-21 所示。

图 5-21

扫码观看
本案例视频

扫码查看
扩展案例

效果所在位置

云盘/Ch05/效果/制作牛肉面海报.psd。

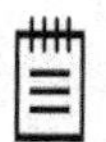

制作方法

（1）按 Ctrl+O 组合键，打开云盘中的“Ch05 > 素材 > 制作牛肉面海报 > 01、02”文件，如图 5-22 和 5-23 所示。选择“移动”工具，将“02”图片拖曳到“01”图像窗口中适当的位置，效果如图 5-24 所示，在“图层”控制面板中生成新的图层并将其命名为“面”。

图 5-22

图 5-23

图 5-24

（2）单击“图层”控制面板下方的“添加图层样式”按钮，在弹出的菜单中选择“投影”命令，在弹出的对话框中进行设置，设置如图 5-25 所示；单击“确定”按钮，效果如图 5-26 所示。

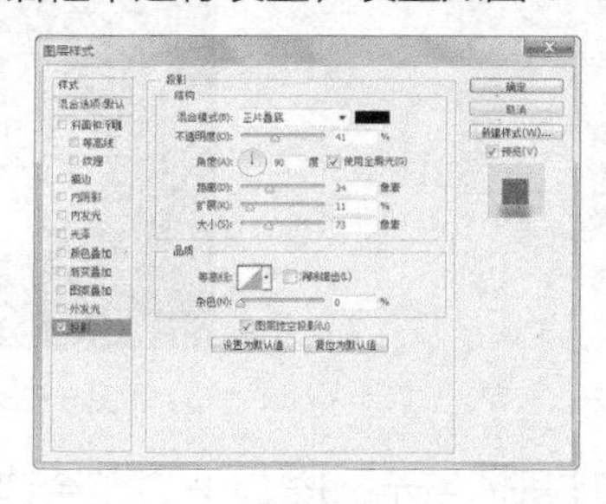

图 5-25

图 5-26

（3）选择“椭圆”工具，在属性栏的“选择工具模式”选项中选择“路径”，在图像窗口中绘制一个椭圆形路径，效果如图 5-27 所示。

（4）将前景色设为白色，选择“横排文字”工具，在属性栏中选择合适的字体并设置文字大小，鼠标指针放置在椭圆形路径上时会变为图标，单击路径会出现一个带有选中文字的文字区域，此处成为输入文字的起始点，输入需要的白色文字，效果如图 5-28 所示，在“图层”控制面板生成新的文字层。

图 5-27

图 5-28

（5）将输入的文字同时选取，按 Ctrl+T 组合键，弹出“字符”控制面板，将“设置所选字符的字距调整” 选项设置为-450，其他选项的设置如图 5-29 所示；按 Enter 键确定操作，效果如图 5-30 所示。

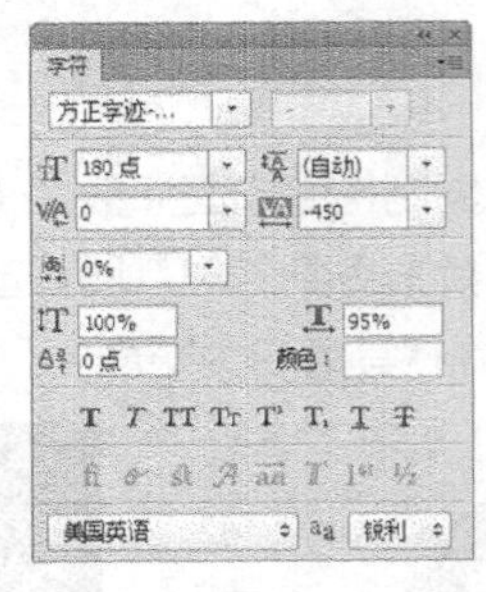

图 5-29

图 5-30

（6）选取文字“筋半肉面”，在属性栏中的“设置字体大小”选项的文本框中输入“220 点”，效果如图 5-31 所示。在文字“肉”右侧单击插入光标，在“字符”控制面板中，将“设置两个字符间的字距微调” 选项设置为 60，其他选项的设置如图 5-32 所示；按 Enter 键确定操作，效果如图 5-33 所示。

图 5-31

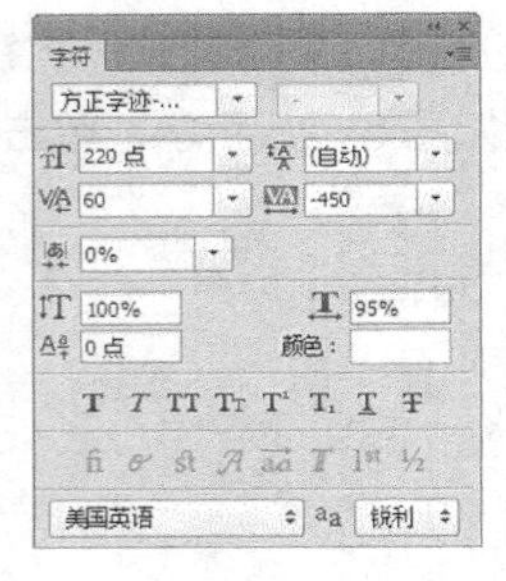

图 5-32

图 5-33

（7）用相同的方法制作其他路径文字，效果如图 5-34 所示。按 Ctrl+O 组合键，打开云盘中的“Ch05 > 素材 > 制作牛肉面海报 > 03”文件，选择“移动”工具 ，将图片拖曳到图像窗口中适当的位置，效果如图 5-35 所示，在“图层”控制面板中生成新的图层并将其命名为“筷子”。

（8）将前景色设为浅黄色（其 R、G、B 的值分别为 209、192、165）。选择“横排文字”工具 ，在适当的位置输入需要的文字并选取文字，在属性栏中选择合适的字体并设置大小，效果如图 5-36 所示，在“图层”控制面板中生成新的文字图层。

图 5-34

图 5-35

图 5-36

（9）将前景色设为白色。选择“横排文字”工具 T，在适当的位置分别输入需要的文字并选取文字，在属性栏中选择合适的字体并设置大小，效果如图 5-37 所示，在“图层”控制面板中分别生成新的文字图层。

（10）选取文字“订餐…**”，在“字符”控制面板中，将“设置所选字符的字距调整” VA 0 选项设置为 75，其他选项的设置如图 5-38 所示；按 Enter 键确定操作，效果如图 5-39 所示。

图 5-37

图 5-38

图 5-39

（11）选取数字“400-78**89**”，在属性栏中选择合适的字体并设置大小，效果如图 5-40 所示。选取符号“**”，在“字符”控制面板中，将“设置基线偏移” 0点 选项设置为-15，其他选项的设置如图 5-41 所示；按 Enter 键确定操作，效果如图 5-42 所示。

图 5-40

图 5-41

图 5-42

（12）用相同的方法调整另一组符号的基线偏移，效果如图 5-43 所示。将前景色设为浅黄色（其 R、G、B 的值分别为 209、192、165）。选择“横排文字”工具 T，在适当的位置输入需要的文字并选取文字，在属性栏中选择合适的字体并设置大小，效果如图 5-44 所示，在“图层”控制面板中生成新的文字图层。

图 5-43

图 5-44

（13）在“字符”控制面板中，将“设置所选字符的字距调整”VA 0 选项设置为340，其他选项的设置如图5-45所示；按Enter键确定操作，效果如图5-46所示。

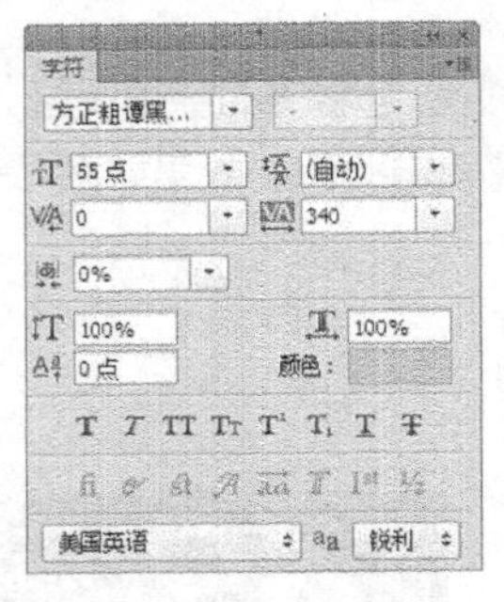

图5-45

图5-46

（14）选择“矩形”工具，在属性栏的“选择工具模式”选项中选择“形状”，将“填充”颜色设为浅黄色（其R、G、B的值分别为209、192、165），“描边”颜色设为无，在图像窗口中绘制一个矩形，效果如图5-47所示，在“图层”控制面板中生成新的形状图层“矩形1”。

（15）将前景色设为黑色。选择“横排文字”工具T，在适当的位置输入需要的文字并选取文字，在属性栏中选择合适的字体并设置大小，效果如图5-48所示，在“图层”控制面板中生成新的文字图层。

图5-47

图5-48

（16）在“字符”控制面板中，将“设置所选字符的字距调整”VA 0 选项设置为340，其他选项的设置如图5-49所示；按Enter键确定操作，效果如图5-50所示。至此，牛肉面海报制作完成，效果如图5-51所示。

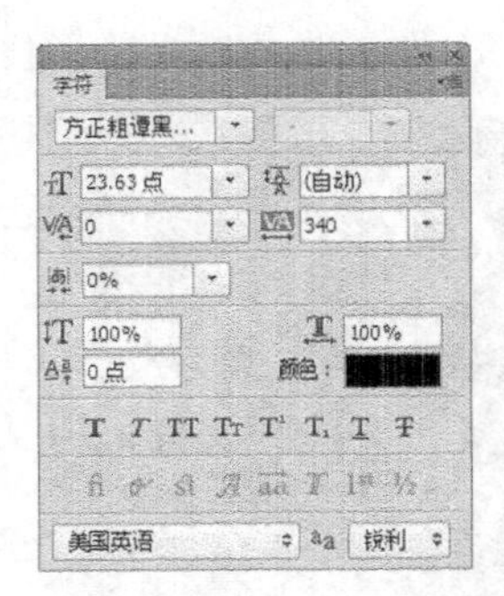

图5-49

图5-50

图5-51

5.3 图层基础知识

掌握了 Photoshop 中的图层基础知识，可以快速掌握图层的基本概念以及对图层进行复制、合并、删除等基础调整的方法。

5.3.1 “图层”控制面板

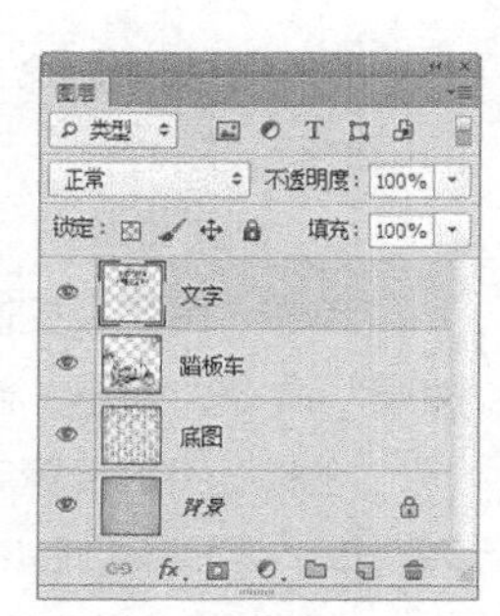

图 5-52

“图层”控制面板列出了图像中的所有图层、图层组和图层效果，如图 5-52 所示。可以使用“图层”控制面板显示和隐藏图层、创建新图层、处理图层组，还可以在其弹出的菜单中选择其他命令和选项。

图层搜索功能：在 类型 框中有以下 6 种不同的搜索方式可供选择。类型：可以通过单击“像素图层”按钮、“调整图层”按钮、“文字图层”按钮 T、“形状图层”按钮和“智能对象”按钮来搜索需要的图层类型。名称：可以通过在右侧的框中输入图层名称来搜索图层。效果：通过图层应用的图层样式来搜索图层。模式：通过图层设定的混合模式来搜索图层。属性：通过图层的可见性、锁定、链接、混合和蒙版等属性来搜索图层。颜色：通过图层颜色来搜索图层。

图层的混合模式 正常 ：用于设置图层的混合模式，共包含 27 种混合模式。

不透明度：用于设置图层的不透明度。

填充：用于设置图层的填充百分比。

眼睛图标：用于显示或隐藏图层中。

锁链图标：表示图层与图层之间的链接关系。

图标 T：表示此图层为可编辑的文字层。

图标 fx：表示为图层添加了样式效果。

在“图层”控制面板的上方有 4 个工具图标，如图 5-53 所示。

锁定透明像素：用于锁定当前图层中的透明区域，使透明区域不能被编辑。

锁定图像像素：使当前图层和透明区域不能被编辑。

锁定位置：使当前图层不能被移动。

锁定全部：使当前图层或序列完全被锁定。

在“图层”控制面板的下方有 7 个工具按钮图标，如图 5-54 所示。

锁定：

图 5-53

图 5-54

链接图层：将选中图层进行链接，方便多个图层同时操作。

添加图层样式 fx：为当前图层添加图层样式效果。

添加图层蒙版：将在当前图层上创建一个蒙版。在图层蒙版中，黑色代表隐藏图像，白色代表显示图像。可以使用画笔等绘图工具绘制蒙版，还可以将蒙版转换成选区。

创建新的填充或调整图层：可对图层进行颜色填充和效果调整。

创建新组 ：用于新建一个文件夹，可在其中放入图层。

创建新图层 ：用于在当前图层的上方创建一个新图层。

删除图层 ：即垃圾桶，可以将不需要的图层拖到此处进行删除。

单击“图层”控制面板右上方的图标，弹出其命令菜单，如图 5-55 所示。

新建图层... Shift+Ctrl+N
复制 CSS
复制图层(D)...
删除图层
删除隐藏图层
新建组(G)...
从图层新建组(A)...
锁定组内的所有图层(L)...
转换为智能对象(M)
编辑内容
混合选项...
编辑调整...
创建剪贴蒙版(C) Alt+Ctrl+G
链接图层(K)
选择链接图层(S)
向下合并(E) Ctrl+E
合并可见图层(V) Shift+Ctrl+E
拼合图像(F)
动画选项
面板选项...
关闭
关闭选项卡组

图 5-55

5.3.2 新建与复制图层

应用新建图层命令可以创建新的图层，应用复制图层命令可以将已有的图层进行复制。

1. 新建图层

单击“图层”控制面板右上方的图标，弹出其命令菜单，选择“新建图层”命令，弹出“新建图层”对话框，如图 5-56 所示。

名称：用于设置新图层的名称，可以勾选“使用前一图层创建剪贴蒙版”复选框。

颜色：用于设置新图层的颜色。

模式：用于设置当前图层的混合模式。

不透明度：用于设置当前图层的不透明度。

单击“图层”控制面板下方的“创建新图层”按钮 ，可以创建一个新图层。按住 Alt 键的同时，单击“创建新图层”按钮 ，将弹出“新建图层”对话框。选择“图层 > 新建 > 图层”命令，弹出“新建图层”对话框。按 Shift+Ctrl+N 组合键，也可以弹出“新建图层”对话框。

2. 复制图层

单击“图层”控制面板右上方的图标，弹出其命令菜单，选择“复制图层”命令，弹出“复制图层”对话框，如图 5-57 所示。

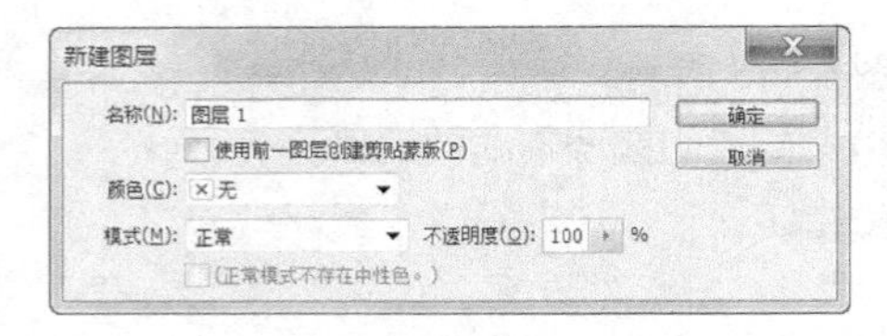

图 5-56

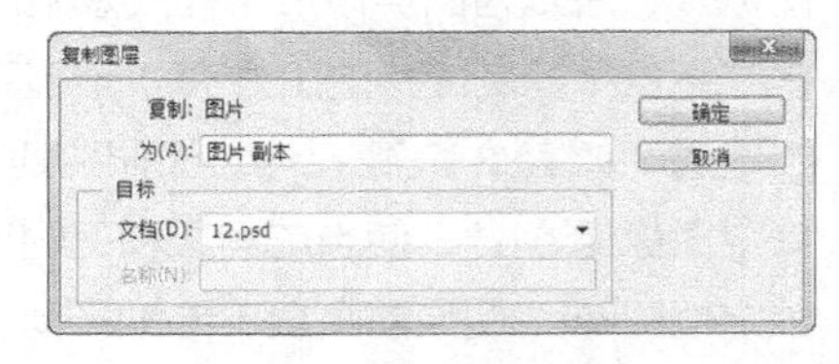

图 5-57

为：用于设置复制层的名称。

文档：用于设置复制层的文件来源。

将需要复制的图层拖曳到控制面板下方的“创建新图层”按钮 上，可以复制所选的图层。

选择“图层 > 复制图层”命令，弹出“复制图层”对话框。

打开目标图像和需要复制的图像。将图像中需要复制的图层直接拖曳到目标图像的图层中，图层复制完成。

5.3.3 合并与删除图层

在编辑图像的过程中，可以将图层进行合并，也可以将无用的图层删除。

1．合并图层

“向下合并”命令用于向下合并图层。单击“图层”控制面板右上方的图标，在弹出的菜单中选择“向下合并”命令，或按 Ctrl+E 组合键即可向下合并图层。

“合并可见图层”命令用于合并所有可见层。单击“图层”控制面板右上方的图标，在弹出的菜单中选择“合并可见图层”命令，或按 Shift+Ctrl+E 组合键即可合并可见图层。

“拼合图像”命令用于合并所有的图层。单击图层控制面板右上方的图标，在弹出的菜单中选择“拼合图像”命令即可合并所有图层。

2．删除图层

单击图层控制面板右上方的图标，弹出其命令菜单，选择“删除图层”命令，弹出提示对话框，如图 5-58 所示。

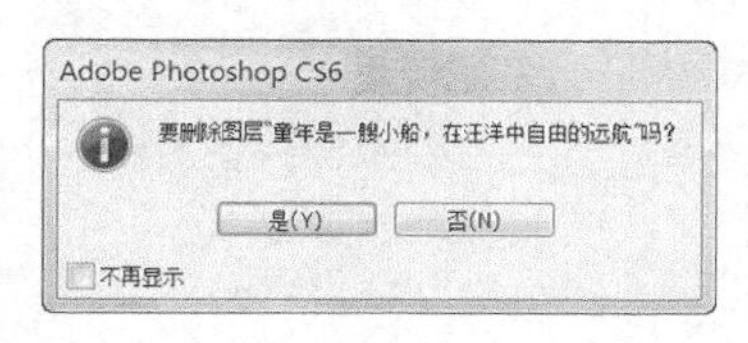

图 5-58

选中要删除的图层，单击“图层”控制面板下方的“删除图层”按钮，即可删除图层。或将需要删除的图层直接拖曳到“删除图层”按钮上进行删除。选择“图层 > 删除 > 图层”命令，也可删除图层。

5.3.4 显示与隐藏图层

单击“图层”控制面板中任意图层左侧的眼睛图标，可以隐藏或显示这个图层。

按住 Alt 键的同时，单击“图层”控制面板中的任意图层左侧的眼睛图标，此时图层控制面板中将只显示这个图层，其他图层被隐藏。

5.3.5 图层的不透明度

通过“图层”控制面板上方的“不透明度”选项和“填充”选项可以调节图层的不透明度。“不透明度”选项可以调节图层中的图像、图层样式和混合模式的不透明度；“填充”选项不能调节图层样式的不透明度。设置不同数值时图像产生的不同效果如图 5-59 所示。

图 5-59

5.3.6 图层组

当编辑多图层图像时，为了方便操作，可以将多个图层建立在一个图层组中。单击“图层”控制面板右上方的图标，在弹出的菜单中选择“新建组”命令，弹出“新建组”对话框，单击“确定”

按钮，新建一个图层组，如图 5-60 所示。选中要放置到组中的多个图层，如图 5-61 所示。将其向图层组中拖曳，选中的图层被放置在图层组中，如图 5-62 所示。

图 5-60

图 5-61

图 5-62

单击“图层”控制面板下方的“创建新组”按钮，可以新建图层组。选择“图层 > 新建 > 组 ”命令，也可新建图层组。还可选中要放置在图层组中的所有图层，按 Ctrl+G 组合键，自动生成新的图层组。

5.4 新建填充和调整图层

应用填充图层命令可以为图像填充纯色、渐变色或图案。应用调整图层命令可以对图像的色相/饱和度、曝光度等进行调整。

5.4.1 新建填充图层

当需要新建填充图层时，选择“图层 > 新建填充图层”命令，弹出的菜单中有 3 种填充图层的方式，如图 5-63 所示。选择其中的一种方式，弹出“新建图层”对话框，如图 5-64 所示。单击“确定”按钮，将根据选择的填充方式弹出不同的填充对话框。

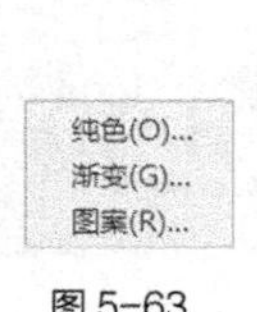

图 5-63

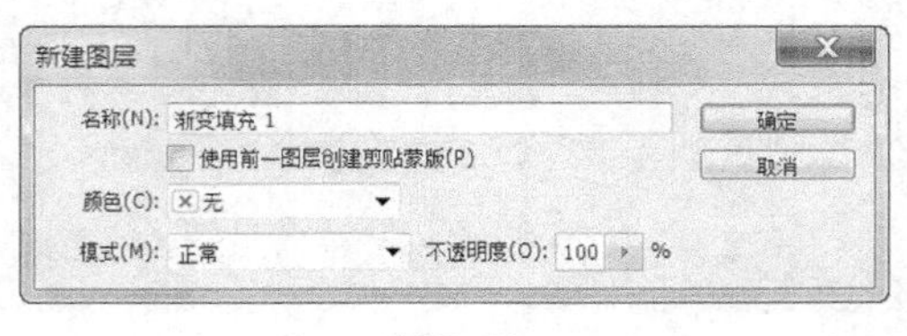

图 5-64

以“渐变填充”为例，弹出的对话框如图 5-65 所示。单击“确定”按钮，“图层”控制面板和图像的效果如图 5-66 和图 5-67 所示。

单击“图层”控制面板下方的“创建新的填充或调整图层”按钮，在弹出的菜单中选择需要的填充方式，也可新建填充图层。

图 5-65

图 5-66

图 5-67

5.4.2 调整图层

当需要对一个或多个图层进行色彩调整时，选择“图层 > 新建调整图层”命令，弹出的菜单中有多种调整图层的方式，如图 5-68 所示。选择其中的一种方式，将弹出“新建图层”对话框，如图 5-69 所示。

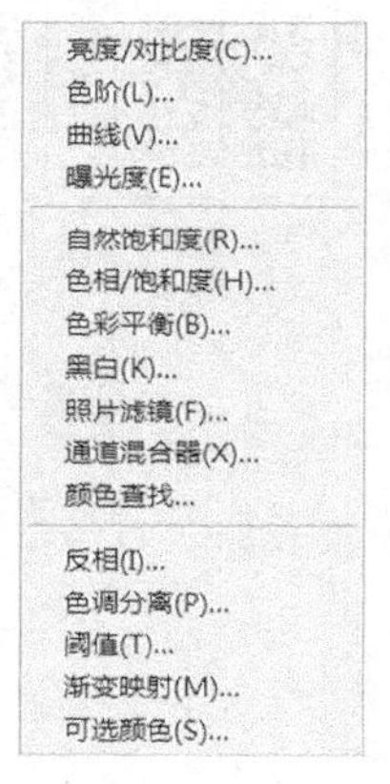

图 5-68

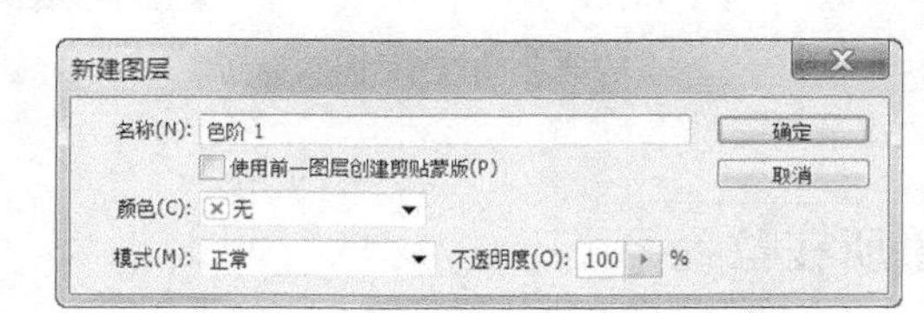

图 5-69

选择不同的调整方式，将弹出不同的调整对话框，以“色相/饱和度”为例，弹出的对话框如图 5-70 所示。单击“确定”按钮，“图层”控制面板和图像的效果如图 5-71 和图 5-72 所示。

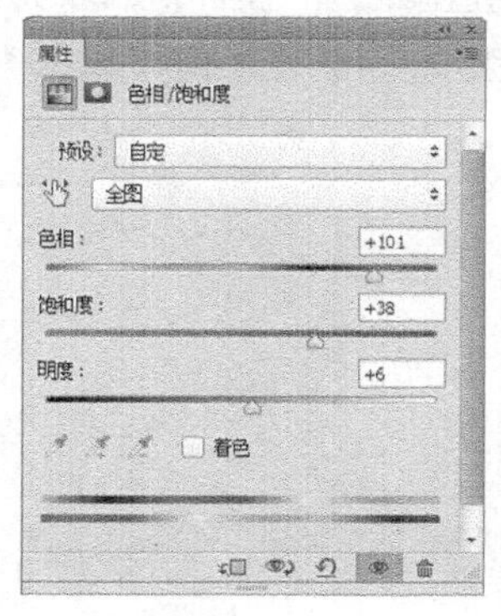

图 5-70

图 5-71

图 5-72

单击“图层”控制面板下方的“创建新的填充或调整图层”按钮 ，在弹出的菜单中选择需要的调整方式，也可新建调整图层。

5.4.3 课堂案例——制作生活壁画

案例学习目标

学习使用创建新的填充或调整图层快捷菜单下的命令调整图像颜色。

案例知识要点

使用“描边”命令，为图像添加描边边框效果；使用“色彩平衡”命令、“色阶”命令和“照片滤镜”命令，调整图像的颜色。效果如图 5-73 所示。

图 5-73

效果所在位置

云盘/Ch05/效果/制作生活壁画.psd。

制作方法

（1）按 Ctrl+O 组合键，打开云盘中的“Ch05 > 素材 > 制作生活壁画 > 01”文件，如图 5-74 所示。双击“背景”图层，在弹出的“新建图层”对话框中进行设置，设置如图 5-75 所示，单击“确定”按钮。在“图层”控制面板中将“背景”图层转换为“底图”图层。

图 5-74

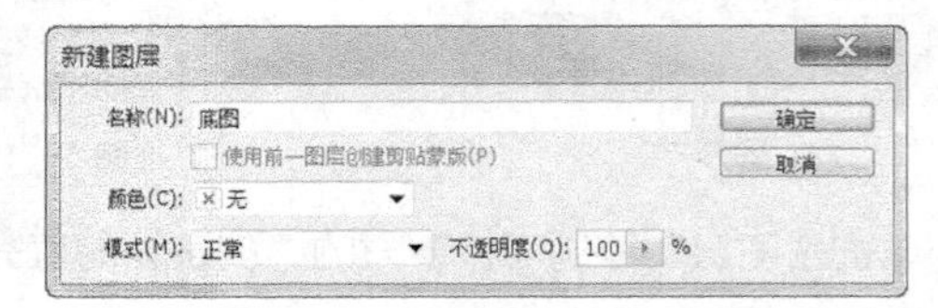

图 5-75

（2）单击“图层”控制面板下方的“添加图层样式”按钮 fx.，在弹出的菜单中选择“描边”命令，弹出“图层样式”对话框，将描边颜色设为白色，其他选项的设置如图 5-76 所示。单击“确定”按钮，效果如图 5-77 所示。

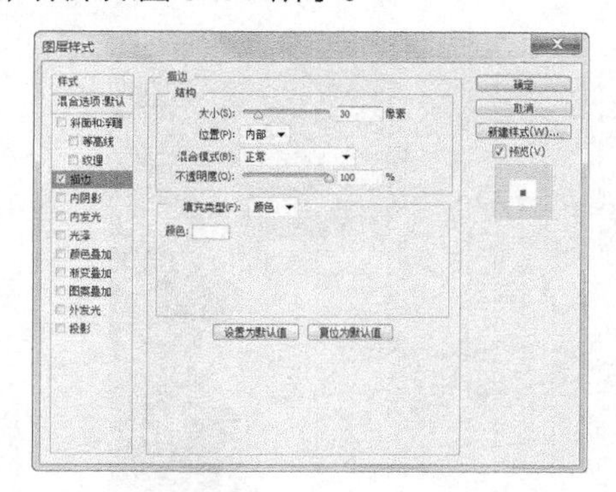

图 5-76

图 5-77

（3）单击“图层”控制面板下方的“创建新的填充或调整图层”按钮 ◐.，在弹出的菜单中选择“色彩平衡”命令，在“图层”控制面板中生成“色彩平衡 1”图层。同时在弹出的“色彩平衡”面板中进行设置，设置如图 5-78 所示，按 Enter 键确认，图像效果如图 5-79 所示。

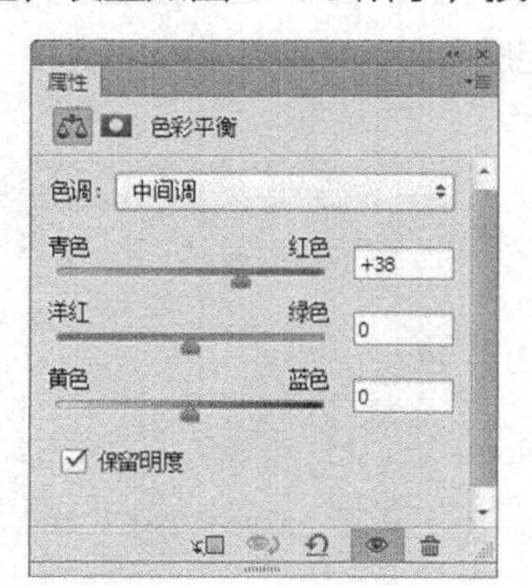

图 5-78

图 5-79

（4）单击“图层”控制面板下方的“创建新的填充或调整图层”按钮 ◐.，在弹出的菜单中选择“色阶”命令，在“图层”控制面板中生成“色阶 1”图层。同时在弹出的“色阶”面板中进行设置，设置如图 5-80 所示，按 Enter 键确认操作，图像效果如图 5-81 所示。

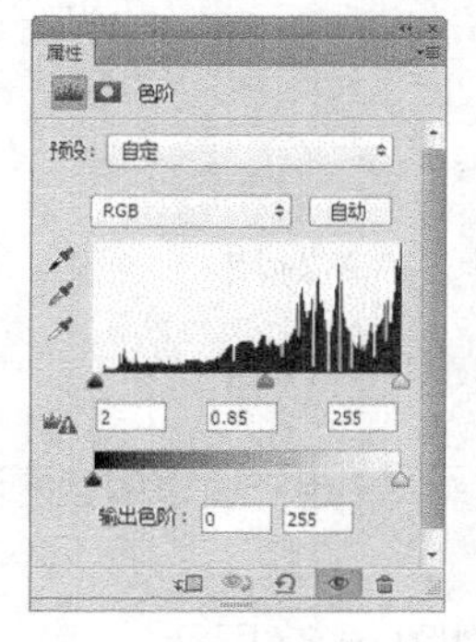

图 5-80

图 5-81

（5）单击“图层”控制面板下方的“创建新的填充或调整图层”按钮，在弹出的菜单中选择“照片滤镜”命令，在“图层”控制面板中生成“照片滤镜 1”图层。同时在弹出的“照片滤镜”面板中进行设置，设置如图 5-82 所示，按 Enter 键确认操作，图像效果如图 5-83 所示。

图 5-82

图 5-83

（6）将前景色设为白色。选择“直排文字”工具，在适当的位置分别输入需要的文字并选取文字，在属性栏中选择合适的字体并设置文字大小，效果如图 5-84 所示。在“图层”控制面板中分别生成新的文字图层，效果如图 5-85 所示。生活壁画制作完成。

图 5-84

图 5-85

5.5 图层的混合模式

图层的混合模式命令用于为图层添加不同的模式，使图像产生不同的效果。

5.5.1 设置图层的混合模式

在“图层”控制面板中，“设置图层的混合模式”选项 正常 用于设定图层的混合模式，它包含 27 种模式。

打开一幅图像，如图 5-86 所示，“图层”控制面板中的效果如图 5-87 所示。

图 5-86

图 5-87

在对“图层 1”图层应用不同的图层混合模式后，图像效果如图 5-88 所示。

正常 溶解 变暗

正片叠底 颜色加深 线性加深

深色 变亮 滤色

颜色减淡 线性减淡（添加） 浅色

图 5-88

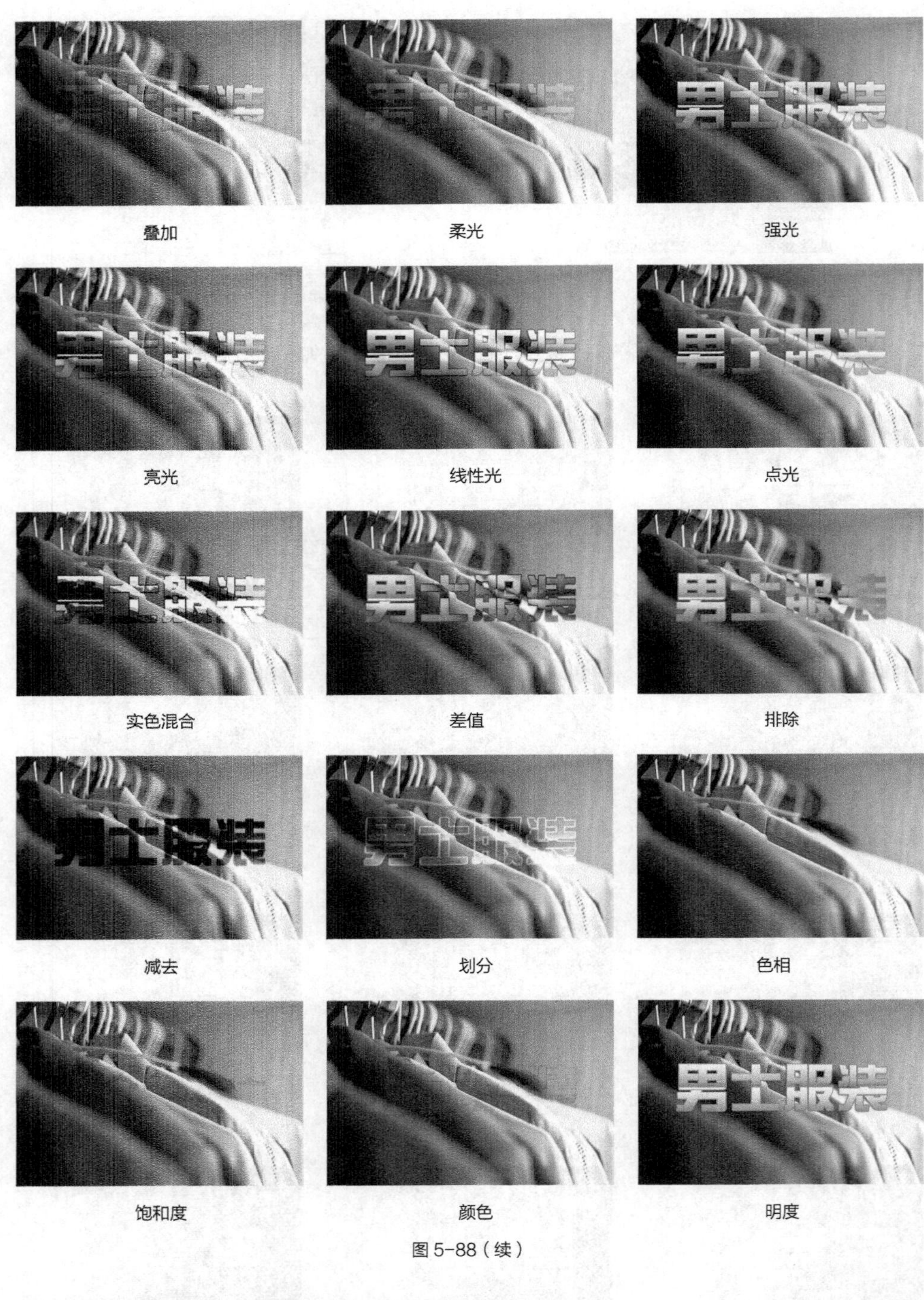

图 5-88（续）

5.5.2 课堂案例——制作海底世界宣传照

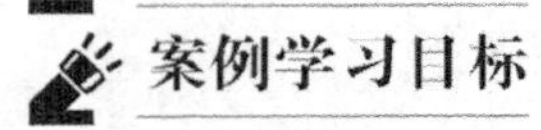

学习使用图层混合模式命令和图层蒙版命令编辑图像。

案例知识要点

使用“图层混合模式”命令，调整图像颜色；使用“添加图层蒙版”命令和“画笔”工具，编辑图像的显示区域。效果如图 5-89 所示。

图 5-89

效果所在位置

云盘/Ch05/效果/制作海底世界宣传照.psd。

制作方法

（1）按 Ctrl+O 组合键，打开云盘中的“Ch05 > 素材 > 制作海底世界宣传照 > 01”文件，如图 5-90 所示。将“背景”图层拖曳到控制面板下方的“创建新图层”按钮 上进行复制，生成新的图层“背景 副本”，如图 5-91 所示。在“图层”控制面板上方，将该图层的混合模式设为“强光”，效果如图 5-92 所示。

图 5-90

图 5-91

图 5-92

（2）单击“图层”控制面板下方的“添加图层蒙版”按钮，为“背景 副本”图层添加蒙版，如图 5-93 所示。将前景色设为黑色。选择“画笔”工具，在属性栏中单击“画笔”选项右侧的按钮，在弹出的“画笔”选择面板中选择需要的画笔形状，如图 5-94 所示。在图像窗口中拖曳鼠标擦除不需要的图像，效果如图 5-95 所示。海底世界宣传照制作完成。

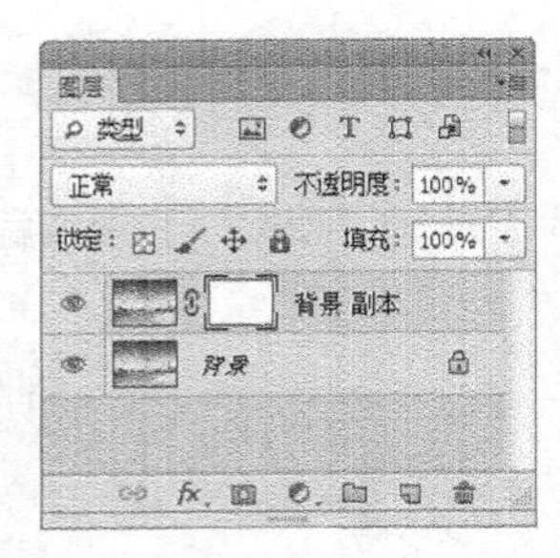

图 5-93

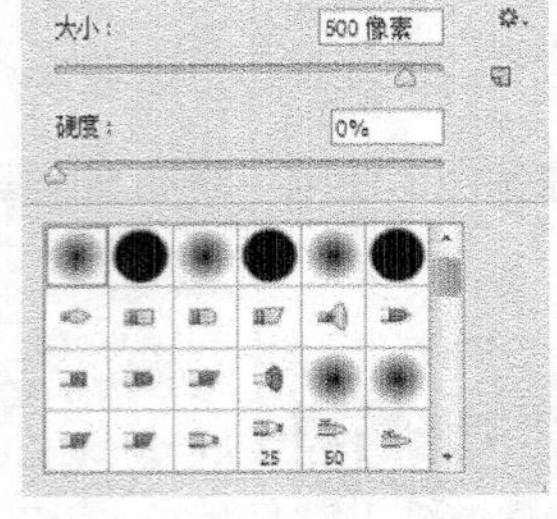

图 5-94

图 5-95

5.6 图层样式

Photoshop 提供了多种图层样式，可以为图像单独添加一种样式，还可为图像同时添加多种样式。应用图层样式命令可以为图像添加投影、外发光、斜面、浮雕等效果，制作特殊效果的文字和图形。

5.6.1 添加图层样式

单击“图层”控制面板下方的“添加图层样式”按钮 fx，在弹出的菜单中选择不同的图层样式命令，如图 5-96 所示。在对“图片”图层应用不同的图层样式后，效果如图 5-97 所示。

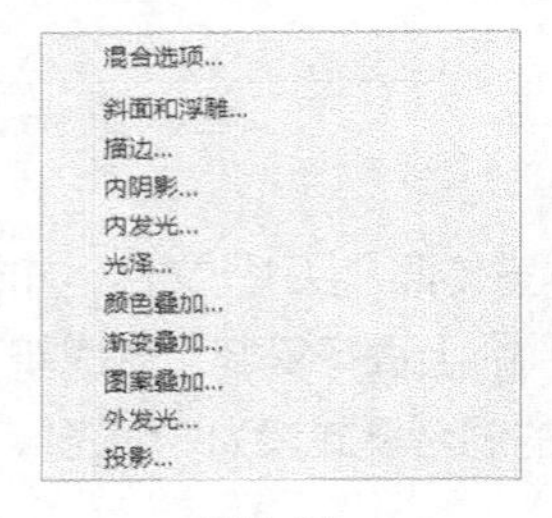

图 5-96

原效果

斜面和浮雕

描边

内阴影

内发光

光泽

颜色叠加

渐变叠加

图案叠加

外发光

投影

图 5-97

5.6.2 拷贝和粘贴图层样式

“拷贝图层样式”和“粘贴图层样式”命令是对多个图层应用相同的样式的快捷方式。用鼠标右键单击要拷贝样式的图层，在弹出的菜单中选择“拷贝图层样式”命令，再右键单击要粘贴样式的图层，单击鼠标右键，在弹出的菜单中选择“粘贴图层样式”命令即可。

5.6.3 清除图层样式

当对图像所应用的样式不满意时，可以将样式进行清除。选中要清除样式的图层，单击“样式”控制面板下方的“清除样式”按钮，即可将图像中添加的样式清除。

5.6.4 课堂案例——制作透明文字效果

案例学习目标

学习使用添加图层样式命令制作透明文字效果。

案例知识要点

使用“添加图层样式”命令，制作透明文字效果；使用“自定形状”工具，绘制图形。效果如图 5-98 所示。

图 5-98

效果所在位置

云盘/Ch05/效果/制作透明文字效果.psd。

制作方法

（1）按 Ctrl + O 组合键，打开云盘中的“Ch05 > 素材 > 制作透明文字效果 > 01”文件，如图 5-99 所示。

（2）将前景色设为黑色。选择“横排文字”工具 T，在适当的位置分别输入需要的文字并选取文字，在属性栏中分别选择合适的字体并设置大小，效果如图 5-100 所示。在“图层”控制面板中生成新的文字图层。

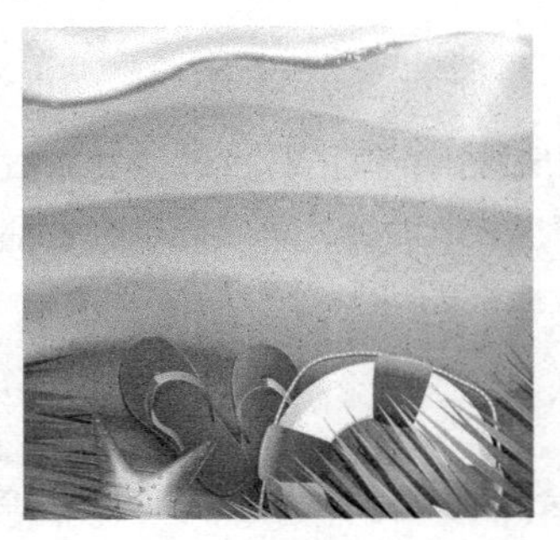

图 5-99

图 5-100

（3）选中“SUMMER”文字图层，单击“图层”控制面板下方的“添加图层样式”按钮 fx.，在弹出的菜单中选择“斜面和浮雕”命令，弹出“图层样式”对话框，选项的设置如图 5-101 所示。选择对话框左侧的“等高线”选项，切换到相应的控制面板，单击“等高线”选项，弹出“等高线编辑器”对话框，在等高线上单击添加两个控制点，分别将“输入”“输出”选项设为“26”“30”，如图 5-102 所示。单击“确定”按钮，返回到“等高线”控制面板中，其他选项的设置如图 5-103 所示。选择“内阴影”选项，切换到相应的对话框中进行设置，设置如图 5-104 所示。

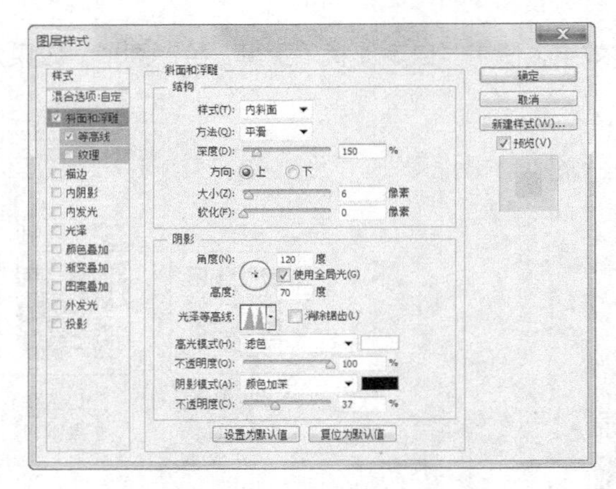

图 5-101

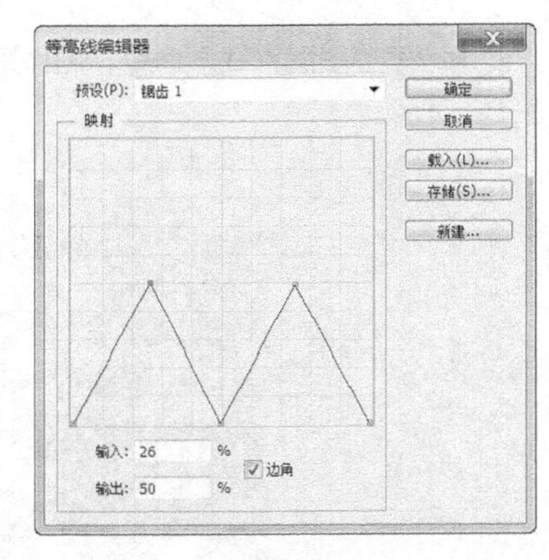

图 5-102

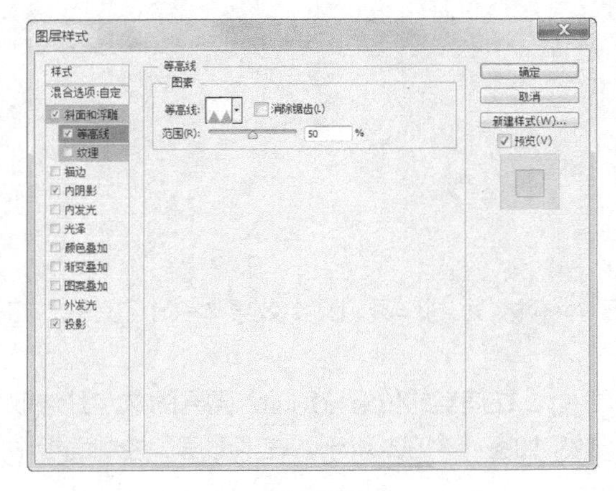

图 5-103

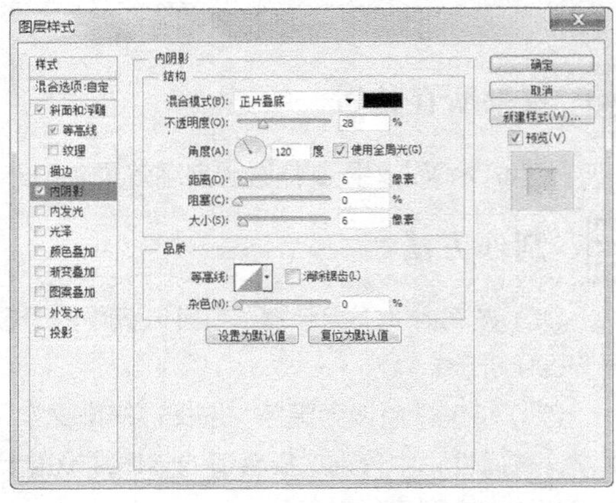

图 5-104

（4）选择“投影”选项，切换到相应的对话框中进行设置，设置如图 5-105 所示，单击“确定”按钮，效果如图 5-106 所示。

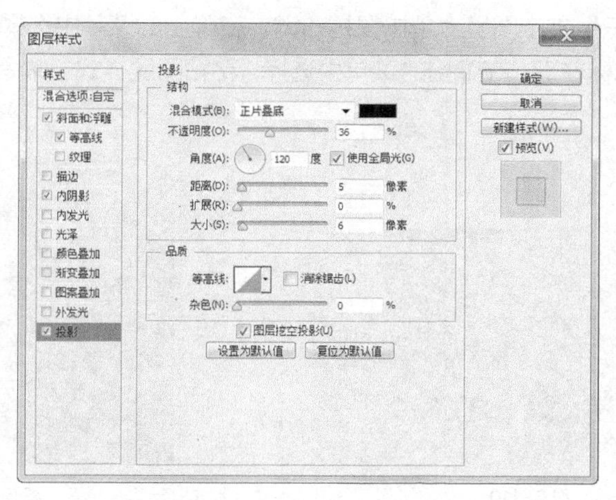

图 5-105

（5）在“SUMMER”文字图层上单击鼠标右键，在弹出的菜单中选择“拷贝图层样式”命令。分别在“PARADISE”和“Welcome”图层上单击鼠标右键，在弹出的菜单中选择“粘贴图层样式”命令，效果如图 5-107 所示。

图 5-106

图 5-107

（6）选择“自定义形状”工具，单击“形状”选项右侧的按钮，弹出形状面板，单击右上方的按钮，在弹出的菜单中选择“形状”命令，弹出提示对话框，单击“确定”按钮。在“形状”面板中选择需要的形状，如图 5-108 所示。在属性栏的“选择工具模式”选项中选择“像素”，按住 Shift 键的同时在图像窗口绘制所选形状，效果如图 5-109 所示。

图 5-108

图 5-109

（7）按住 Alt 键的同时拖曳星形到适当的位置，复制图形，并调整其大小，效果如图 5-110 所示。在“图层”控制面板中生成新的图层副本。

（8）在“图层”控制面板中，按住 Ctrl 键的同时选择“形状 1”和“形状 1 副本 6”图层。按 Ctrl+E 组合键，合并图层并将其命名为“星星”。

（9）在“SUMMER”文字图层上单击鼠标右键，在弹出的菜单中选择“拷贝图层样式”命令。在“星星”图层上单击鼠标右键，在弹出的菜单中选择“粘贴图层样式”命令，效果如图 5-111 所示。透明文字效果制作完成。

图 5-110

图 5-111

5.7 图层蒙版

在编辑图像时可以为某一图层或多个图层添加蒙版，并对添加的蒙版进行编辑、隐藏、链接、删除等操作。

5.7.1 添加图层蒙版

单击“图层”控制面板下方的“添加图层蒙版”按钮 ，可以创建一个图层蒙版，如图 5-112 所示。按住 Alt 键的同时单击“图层”控制面板下方的“添加图层蒙版”按钮 ，可以创建一个遮盖全部图层的蒙版，如图 5-113 所示。

选择“图层 > 图层蒙版 > 显示全部”命令，“图层”面板效果如图 5-112 所示。选择“图层 > 图层蒙版 > 隐藏全部”命令，“图层”面板效果如图 5-113 所示。

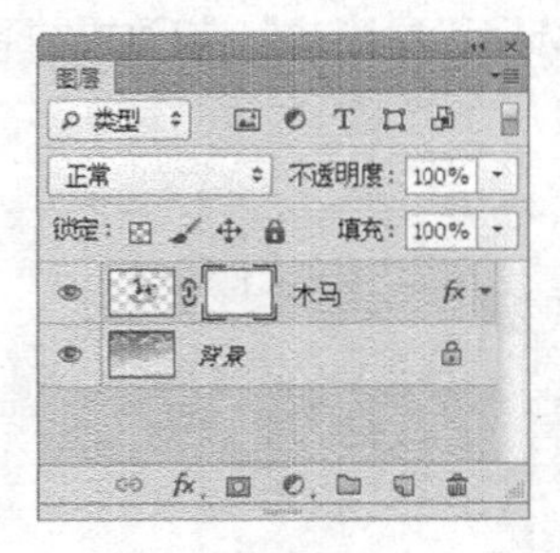

图 5-112

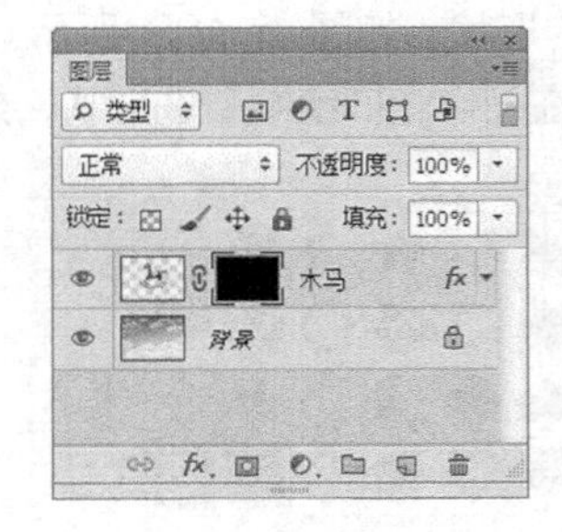

图 5-113

5.7.2 编辑图层蒙版

打开图像，“图层”控制面板和图像效果如图 5-114、图 5-115 所示。单击“图层”控制面板下方的“添加图层蒙版”按钮 ，为图层创建蒙版，如图 5-116 所示。

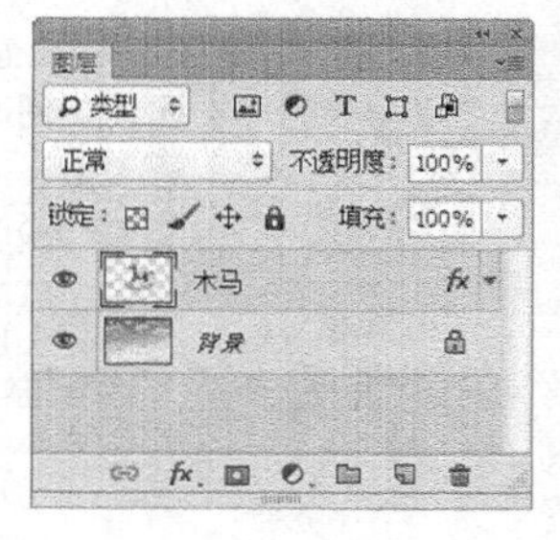

图 5-114

图 5-115

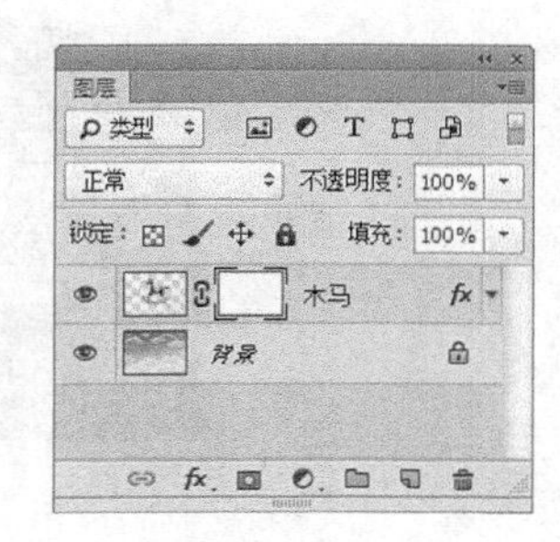

图 5-116

选择“画笔”工具 ，将前景色设置为黑色，“画笔”工具属性栏的一部分如图 5-117 所示。在图层的蒙版中按所需的效果进行涂抹，图像效果如图 5-118 所示。

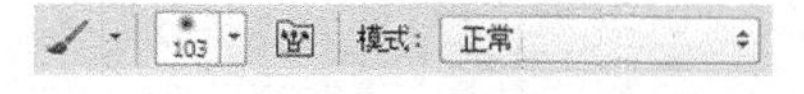

图 5-117

图 5-118

在“图层”控制面板中，图层的蒙版效果如图 5-119 所示。选择“通道”控制面板，控制面板中显示出图层的蒙版通道，如图 5-120 所示。

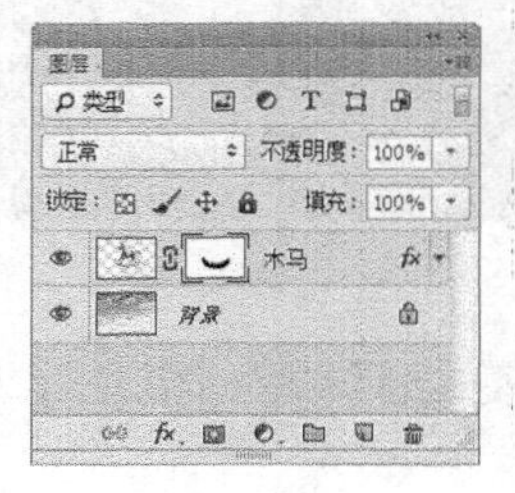

图 5-119

图 5-120

5.7.3 课堂案例——制作合成风景特效

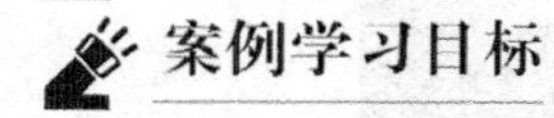

案例学习目标

学习使用添加图层蒙版命令制作图像颜色的局部遮罩效果。

案例知识要点

使用“混合模式”命令，制作图像效果；使用“添加蒙版”命令和“画笔”工具，制作局部颜色遮罩效果。效果如图 5-121 所示。

图 5-121

效果所在位置

云盘/Ch05/效果/制作合成风景特效.psd。

制作方法

（1）按 Ctrl+O 组合键，打开云盘中的“Ch05 > 素材 > 制作合成风景特效 > 01”“Ch05 > 素材 > 制作合成风景特效 > 02”文件，如图 5-122 和图 5-123 所示。选择“移动”工具，将 02 图片拖曳到 01 图像窗口中适当的位置，并调整其大小。在“图层”控制面板中生成新的图层并将其命名为“图片”。

图 5-122

图 5-123

（2）在“图层”控制面板上方，将“图片”图层的混合模式选项设为“滤色”，如图 5-124 所示，图像窗口中的效果如图 5-125 所示。

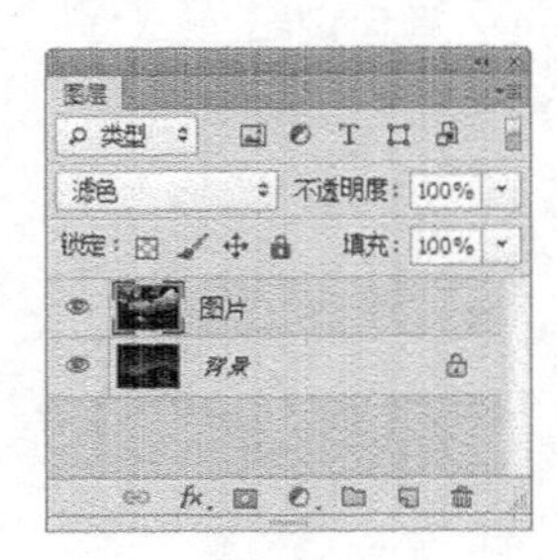

图 5-124

图 5-125

（3）单击“图层”控制面板下方的“添加图层蒙版”按钮，为“图片”图层添加蒙版，如图 5-126 所示。将前景色设为黑色。选择“画笔”工具，在属性栏中单击“画笔”选项右侧的按钮▾，在弹出的面板中选择需要的画笔形状，如图 5-127 所示，将“不透明度”选项设为 62%、“流量”选项设为 56%，在图像窗口中拖曳鼠标擦除不需要的图像，效果如图 5-128 所示。

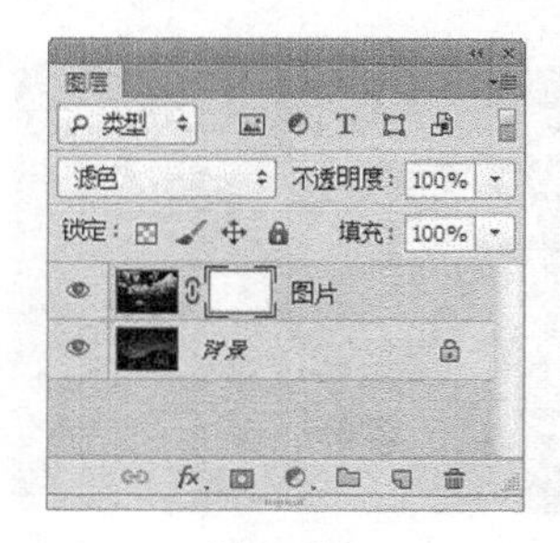

图 5-126

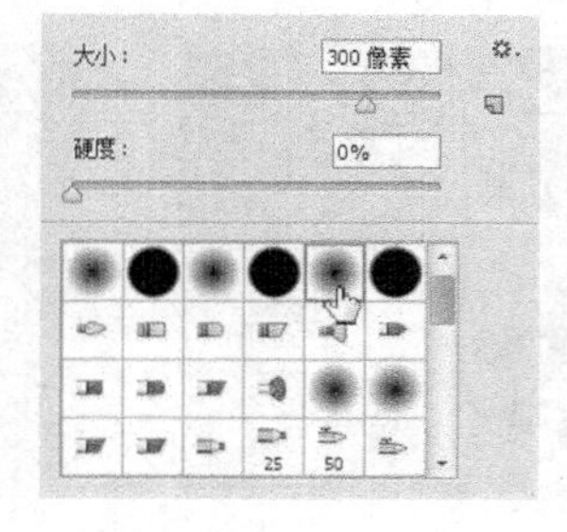

图 5-127

图 5-128

（4）单击“图层”控制面板下方的“创建新的填充或调整图层”按钮 ◐.，在弹出的菜单中选择“色阶”命令，在“图层”控制面板中生成“色阶 1”图层，同时在弹出的“色阶”面板中进行设置，设置如图 5-129 所示。按 Enter 键确认操作，效果如图 5-130 所示。合成风景特效制作完成。

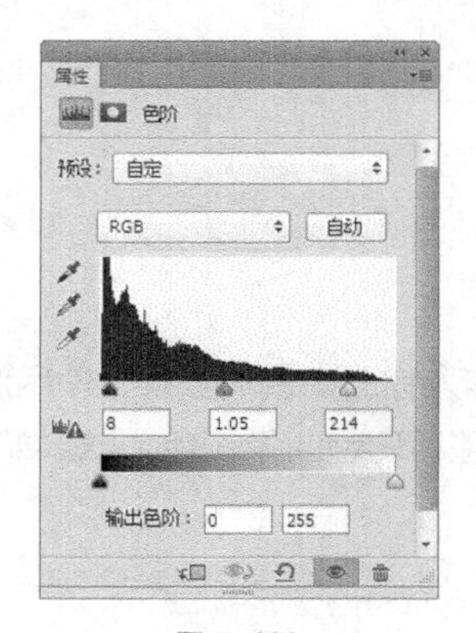

图 5-129

图 5-130

5.8 剪贴蒙版

剪贴蒙版是使用某个图层的内容来遮盖其上方的图层，遮盖效果由基底图层决定。

打开一幅图像，如图 5-131 所示，“图层”控制面板中的效果如图 5-132 所示。按住 Alt 键的同时将鼠标指针放置到“风景”和“范围”图层的中间位置，鼠标指针变为 ↲□，如图 5-133 所示。

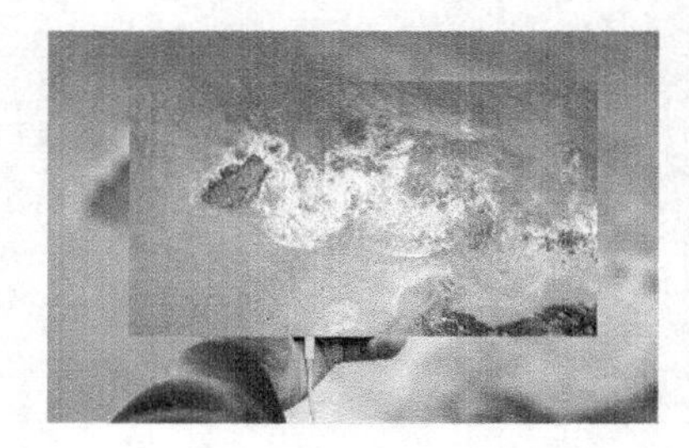

图 5-131

图 5-132

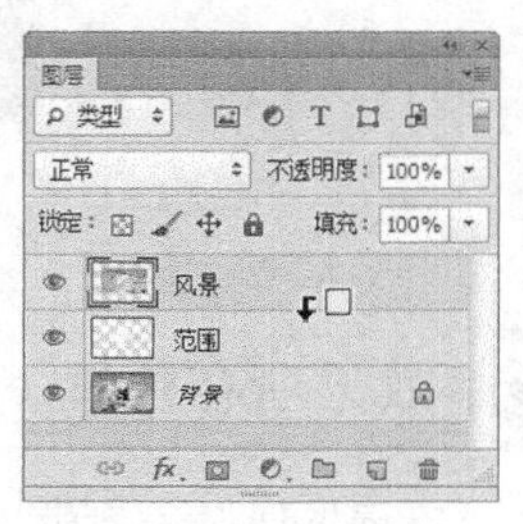

图 5-133

单击该位置，制作图层的剪贴蒙版，如图 5-134 所示，图像窗口中的效果如图 5-135 所示。用“移动”工具 移动“风景”图层中的图像，效果如图 5-136 所示。

图 5-134

图 5-135

图 5-136

如果要取消剪贴蒙版，可以选中剪贴蒙版组中上方的图层，选择“图层 > 释放剪贴蒙版”命令或按 Alt+Ctrl+G 组合键即可删除。

课堂练习——制作烟雾效果

练习知识要点

使用混合颜色带、“画笔”工具和“图层蒙版”命令，制作人物图像合成效果；使用混合颜色带抠出烟雾；使用“色相/饱和度”和“亮度/对比度”命令，调整层调整图像颜色。效果如图 5-137 所示。

图 5-137

效果所在位置

云盘/Ch05/效果/制作烟雾效果.psd。

课后习题——制作霓虹灯字

习题知识要点

使用“投影”“内发光”和“外发光”图层样式，制作霓虹灯字效果，效果如图 5-138 所示。

图 5-138

扫码观看
本案例视频

效果所在位置

云盘/Ch05/效果/制作霓虹灯字.psd。

06

第6章 通道与滤镜

本章主要介绍通道与滤镜的使用方法。读者通过对本章的学习，可掌握通道的基本操作、通道蒙版的创建和使用方法，以及滤镜功能的使用技巧等，以便能快速、准确地创作出生动精彩的图像。

课堂学习目标

- 掌握通道的操作方法和技巧
- 了解运用通道蒙版编辑图像
- 了解滤镜库的功能
- 掌握滤镜的应用方法
- 掌握滤镜的使用技巧

6.1 通道的操作

应用通道控制面板可以对通道进行创建、复制、删除等操作。

6.1.1 通道控制面板

通道控制面板可以管理所有的通道并对通道进行编辑。选择“窗口 > 通道”命令，弹出“通道”控制面板，如图 6-1 所示。

在“通道”控制面板的右上方有 2 个系统按钮，分别是“折叠为图标”按钮和“关闭”按钮。单击“折叠为图标”按钮可以将“通道”控制面板折叠，只显示图标。单击“关闭”按钮可以将“通道”控制面板关闭。

在“通道”控制面板中，放置区用于存放当前图像中存在的所有通道。在通道放置区中，如果选中的只是其中的一个通道，则只有这个通道处于选中状态，通道上将出现一个深色条。如果想选中多个通道，可以按住 Shift 键再单击其他通道。通道左侧的眼睛图标用于显示或隐藏颜色通道。

在“通道”控制面板的底部有 4 个工具按钮，如图 6-2 所示。

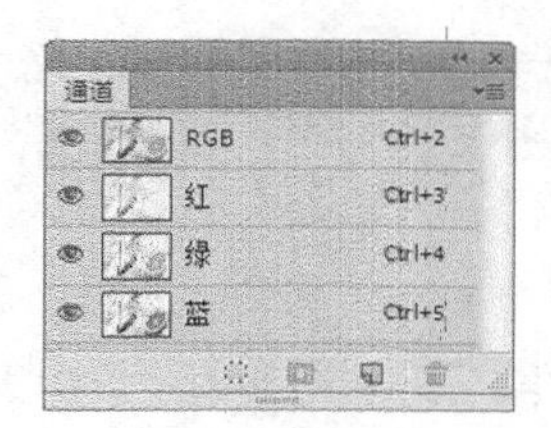

图 6-1

图 6-2

将通道作为选区载入：用于将通道作为选区调出。

将选区存储为通道：用于将选区存入通道中。

创建新通道：用于创建或复制通道。

删除当前通道：用于删除图像中的通道。

6.1.2 创建新通道

在编辑图像的过程中，可以创建新的通道。

单击“通道”控制面板右上方的图标，弹出其命令菜单，选择“新建通道”命令，弹出“新建通道”对话框，如图 6-3 所示。

名称：用于设置当前通道的名称。

色彩指示：用于选择区域方式。

颜色：用于设置当前通道的颜色。

不透明度：用于设置当前通道的不透明度。

单击“确定”按钮，“通道”控制面板中将创建一个新通道，即“Alpha 1”，如图 6-4 所示。

单击“通道”控制面板下方的“创建新通道”按钮，也可以创建一个新通道。

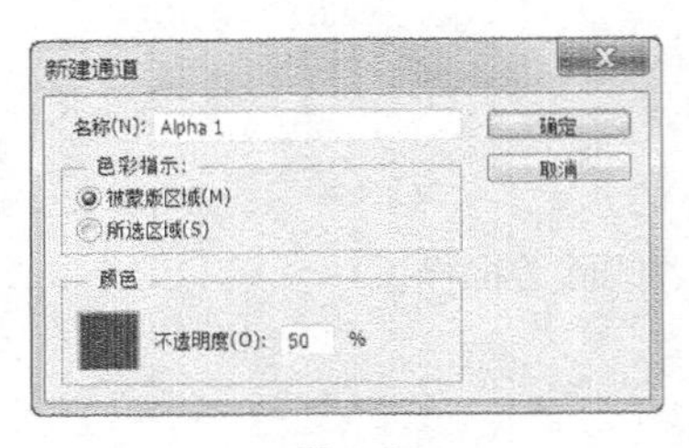

图6-3

图6-4

6.1.3 复制通道

复制通道命令用于复制现有的通道，以产生相同属性的多个通道。

单击“通道”控制面板右上方的图标，弹出其命令菜单，选择“复制通道”命令，弹出“复制通道”对话框，如图6-5所示。

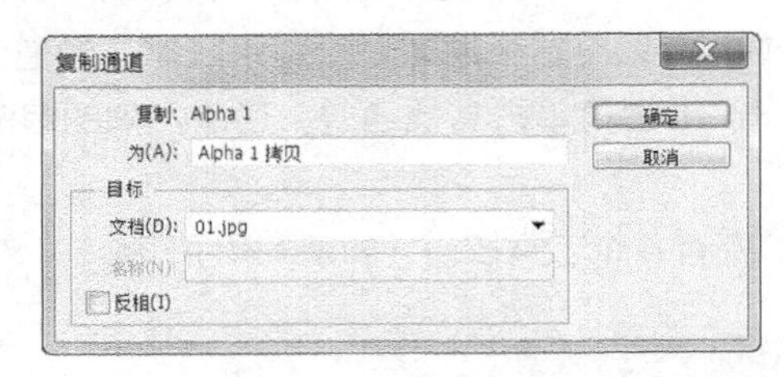

图6-5

为：用于设置复制出的通道的名称。

文档：用于设置复制通道的文件来源。

将“通道”控制面板中需要复制的通道拖曳到下方的“创建新通道”按钮上，即可复制一个新的通道。

6.1.4 删除通道

不用的或废弃的通道可以将其删除。

单击“通道”控制面板右上方的图标，弹出其命令菜单，选择“删除通道”命令，即可将所选通道删除。

单击“通道”控制面板下方的“删除当前通道”按钮，弹出提示对话框，如图6-6所示，单击“是”按钮，也可将通道删除。还可将需要删除的通道直接拖曳到“删除当前通道”按钮上进行删除。

图6-6

6.1.5 课堂案例——使用通道更换照片背景

案例学习目标

学习使用通道面板抠出人物图像。

案例知识要点

使用“通道”控制面板、“反相”命令和“画笔”工具，抠出人物图像；使用“渐变映射”命令，调整图像的颜色。效果如图 6-7 所示。

图 6-7

效果所在位置

云盘/Ch06/效果/使用通道更换照片背景.psd。

制作方法

（1）按 Ctrl+O 组合键，打开云盘中的“Ch06 > 素材 > 使用通道更换照片背景 > 01”文件，如图 6-8 所示。

（2）单击“图层”控制面板下方的“创建新的填充或调整图层”按钮，在弹出的菜单中选择“渐变映射”命令，在“图层”控制面板中生成“渐变映射 1”图层。同时弹出“渐变映射”面板，单击面板中的“点按可编辑渐变”按钮，弹出“渐变编辑器”对话框，在“位置”选项中分别输入 0、31、60、80、100 这 5 个位置点，分别设置 5 个位置点颜色的 RGB 值为 0（250、246、183）、31（211、232、209）、60（166、218、230）、80（121、188、211）和 100（81、159、187），如图 6-9 所示。单击“确定”按钮，效果如图 6-10 所示。

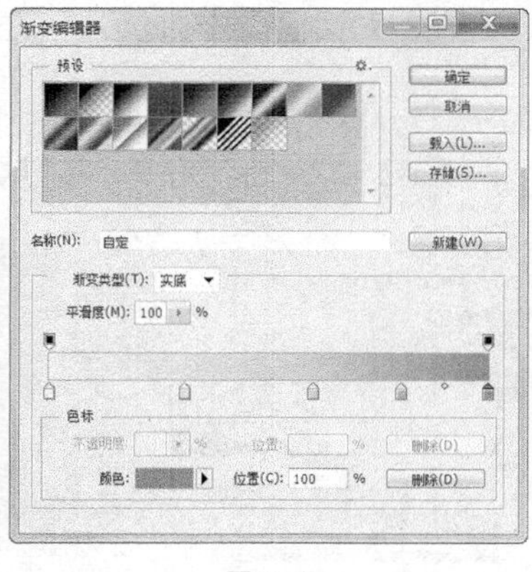

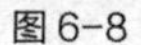

图 6-8　图 6-9　图 6-10

（3）按 Ctrl+O 组合键，打开云盘中的“Ch06 > 素材 > 使用通道更换照片背景 > 02”文件，如图 6-11 所示。

（4）选择“通道”控制面板，选中“绿”通道，将其拖曳到“通道”控制面板下方的“创建新通道”按钮上进行复制，生成新的通道“绿 副本”，如图 6-12 所示，效果如图 6-13 所示。

图 6-11

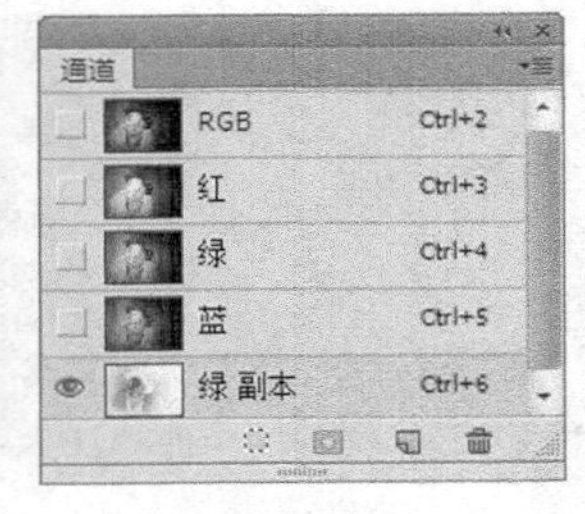

图 6-12

图 6-13

（5）按 Ctrl+L 组合键，弹出“色阶”对话框，选项的设置如图 6-14 所示。单击“确定”按钮，效果如图 6-15 所示。

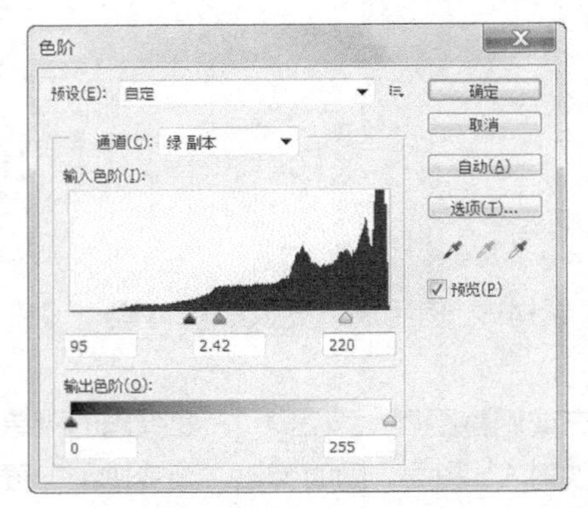

图 6-14

图 6-15

（6）将前景色设为黑色。选择“画笔”工具，在属性栏中单击“画笔”选项右侧的按钮，在弹出的面板中选择需要的画笔形状，根据需要调整画笔大小，将人物全部涂抹为黑色，效果如图 6-16 所示。

（7）按 Ctrl+L 组合键，弹出“色阶”对话框，选项的设置如图 6-17 所示。单击“确定”按钮，效果如图 6-18 所示。

图 6-16

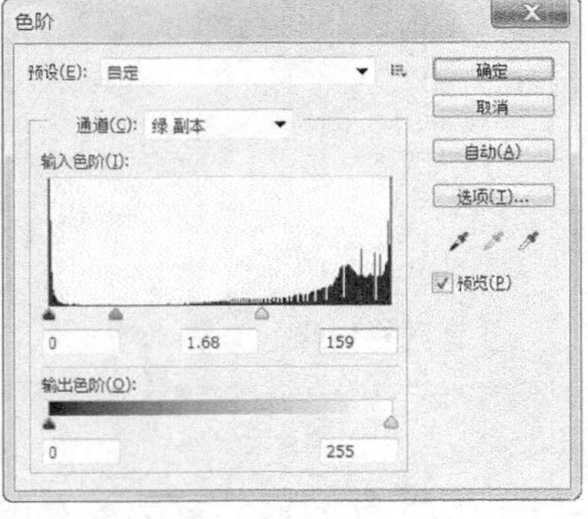

图 6-17

图 6-18

（8）按住 Ctrl 键的同时单击“绿 副本”的通道缩览图，图像周围生成选区，如图 6-19 所示。按 Ctrl+Shift+I 组合键，将选区反选，如图 6-20 所示。

图6-19

图6-20

（9）选中“RGB”通道，选择“图层”控制面板。按Ctrl+J组合键，复制“背景”图层中选区内的人物，生成新的图层，如图6-21所示。选择“移动”工具，将选区中的图像拖曳到01图像窗口中的适当位置，效果如图6-22所示。在“图层”控制面板中生成新的图层并将其命名为“人物图片”。

图6-21

图6-22

（10）将前景色设为白色。选择“横排文字”工具，在适当的位置分别输入需要的文字并选取文字，在属性栏中分别选择合适的字体并设置文字大小，效果如图6-23所示。在“图层”控制面板中分别生成了新的文字图层，如图6-24所示。使用通道更换照片背景制作完成。

图6-23

图6-24

6.2 通道蒙版

在通道中可以快速创建蒙版，还可以存储蒙版。

6.2.1 快速蒙版的制作

选择快速蒙版命令，可以快速地进入蒙版编辑状态。打开一幅图像，如图6-25所示。选择“魔棒”工具，在图像窗口中单击图像生成选区，如图 6-26 所示。

图 6-25

图 6-26

单击工具箱下方的“以快速蒙版模式编辑”按钮，进入蒙版状态，选区暂时消失，图像的未选择区域变为红色，如图 6-27 所示。“通道”控制面板中将自动生成快速蒙版，如图 6-28 所示。快速蒙版图像如图 6-29 所示。

图 6-27

图 6-28

图 6-29

提示 系统预设蒙版颜色为半透明的红色。

选择“画笔”工具，在属性栏中进行设置，设置如图 6-30 所示。将不需要的区域涂抹为黑色，图像效果和“通道”控制面板中的快速蒙版如图 6-31 和图 6-32 所示。

图 6-30

图 6-31

图 6-32

6.2.2 在 Alpha 通道中存储蒙版

可以将编辑好的蒙版存储到 Alpha 通道中。

用选区工具选中心形，生成选区，效果如图 6-33 所示。选择“选择 > 存储选区”命令，弹出“存储选区”对话框，按图 6-34 所示进行设置，单击“确定”按钮，建立通道蒙版“心”。或单击“通道”控制面板中的“将选区存储为通道”按钮，建立通道蒙版“Alpha 1”，“通道”控制面板及图像效果如图 6-35 和图 6-36 所示。

图 6-33

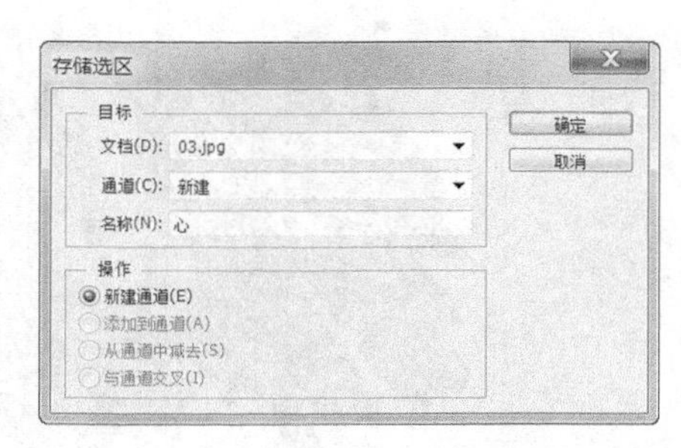

图 6-34

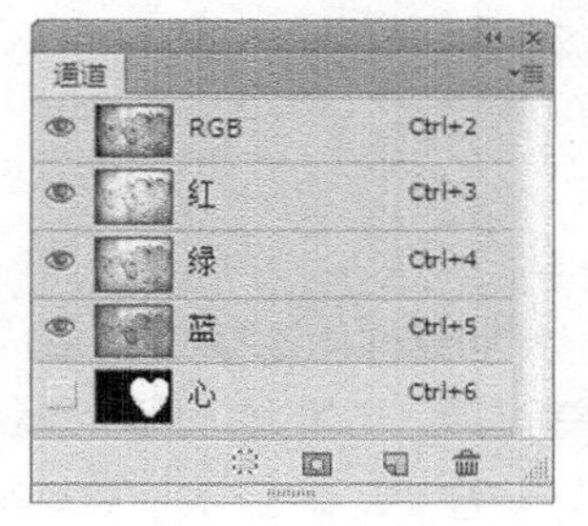

图 6-35

图 6-36

将图像保存，再次打开图像，选择“选择 > 载入选区”命令，弹出“载入选区”对话框，按图 6-37 所示进行设置，单击“确定”按钮，将“心”通道的选区载入。或单击“通道”控制面板中的“将通道作为选区载入”按钮，将“心”通道作为选区载入，效果如图 6-38 所示。

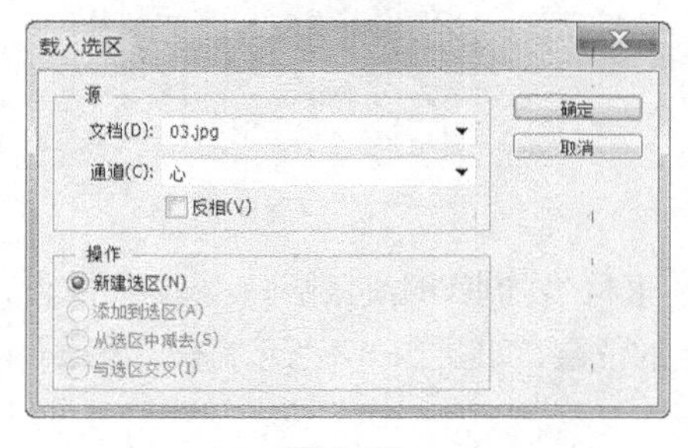

图 6-37

图 6-38

6.2.3 课堂案例——制作时尚蒙版画

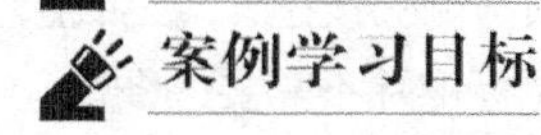

案例学习目标

学习使用快速蒙版按钮和画笔工具抠出人物图片并更换背景。

案例知识要点

使用“快速蒙版”命令、“画笔”工具和“反向”命令，制作图像画框；使用“横排文字”工具和“字符”面板，添加文字。效果如图 6-39 所示。

图 6-39

效果所在位置

云盘/Ch06/效果/制作时尚蒙版画.psd。

（1）按 Ctrl+O 组合键，打开云盘中的“Ch06 > 素材 > 制作时尚蒙版画 > 01”文件，如图 6-40 所示。将“背景”图层拖曳到控制面板下方的“创建新图层”按钮上进行复制，生成新的图层“背景 副本”，如图 6-41 所示。

图 6-40

图 6-41

（2）按 Ctrl+O 组合键，打开云盘中的“Ch06 > 素材 > 制作时尚蒙版画 > 02”文件。选择“移动”工具，将 02 图像拖曳到 01 图像窗口中适当的位置，如图 6-42 所示。在“图层”控制面板中生成新的图层并将其命名为“纹理”。

（3）在“图层”控制面板上方，将“纹理”图层的混合模式选项设为“正片叠底”，如图 6-43 所示，图像效果如图 6-44 所示。

（4）单击“图层”控制面板下方的“添加图层蒙版”按钮，为图层添加蒙版，如图 6-45 所示。将前景色设为黑色。选择“画笔”工具，在属性栏中单击“画笔”选项右侧的按钮，在弹出的下拉列表中选择需要的画笔形状，设置如图 6-46 所示。在图像窗口中拖曳鼠标擦除不需要的图像，效果如图 6-47 所示。

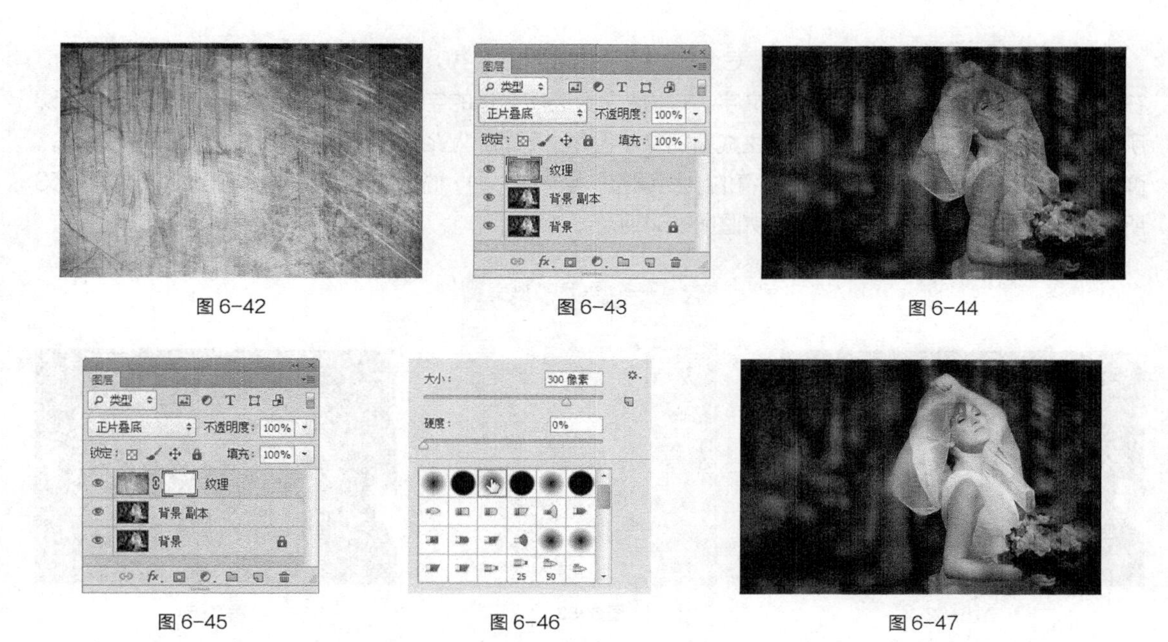

图 6-42　　图 6-43　　图 6-44

图 6-45　　图 6-46　　图 6-47

（5）新建图层并将其命名为“画笔”，填充为白色。单击工具箱下方的“以快速蒙版模式编辑”按钮，进入蒙版状态。选择“画笔”工具，在属性栏中单击“画笔”选项右侧的按钮，弹出“画笔”选择面板，单击面板右上方的按钮，在弹出的菜单中选择“粗画笔”选项，弹出提示对话框，单击“追加”按钮。在画笔选择面板中选择需要的画笔形状，如图 6-48 所示。在图像窗口中拖曳鼠标绘制图像，效果如图 6-49 所示。

图 6-48　　图 6-49

（6）单击工具箱下方的“以标准模式编辑”按钮，恢复到标准编辑状态，图像窗口中生成选区，如图 6-50 所示。按 Shift+Ctrl+I 组合键将选区反选。按 Delete 键删除选区中的图像。按 Ctrl+D 组合键取消选区，效果如图 6-51 所示。

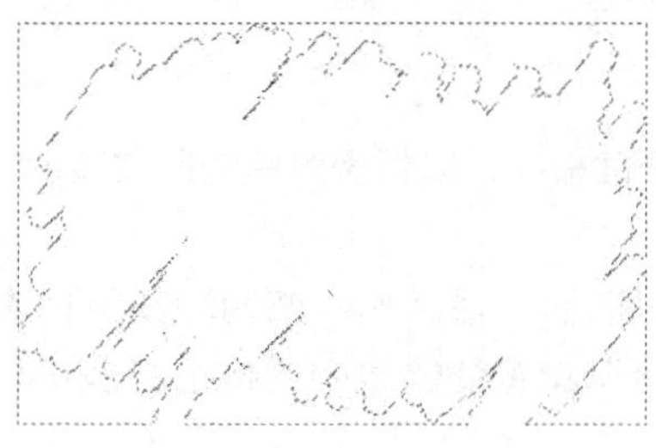

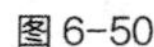

图 6-50　　图 6-51

（7）将前景色设为橙色（其R、G、B的值分别为245、210、152）。选择“横排文字”工具T，在适当的位置分别输入文字并选取文字，在属性栏中选择合适的字体并设置文字大小，效果如图6-52所示。在“图层”控制面板中分别生成新的文字图层。选取“Wedding”文字。按Ctrl+T组合键，弹出“字符”面板，将“设置所选字符的字距调整”VA 0 选项的数值设置为“96”，如图6-53所示。按Enter键确认操作，效果如图6-54所示。

图6-52

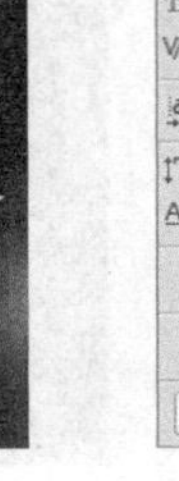

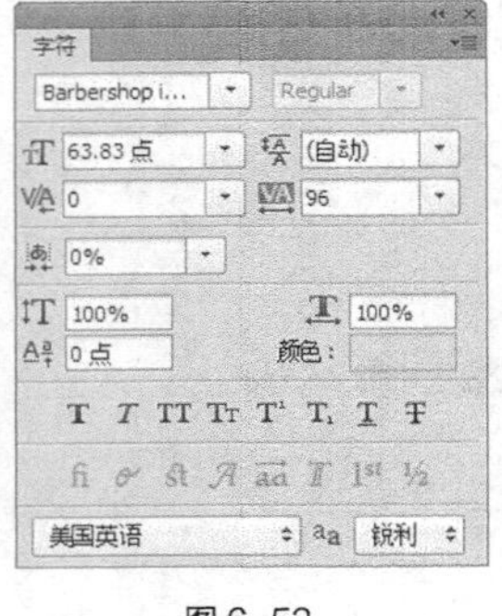

图6-53

图6-54

（8）选取“Being the most……”文字。在“字符”面板中，将“设置行距”(自动) 选项的数值设置为“10.8点”，“设置所选字符的字距调整”VA 0 选项的数值设置为“96”，单击“仿斜体”按钮T，如图6-55所示。按Enter键确认操作，效果如图6-56所示。时尚蒙版画制作完成，效果如图6-57所示。

图6-55

图6-56

图6-57

6.3 滤镜库的功能

Photoshop CS6的滤镜库将常用滤镜组组合在一个面板中，以折叠菜单的方式显示，并为每一个滤镜提供了直观的预览效果。

选择“滤镜 > 滤镜库”命令，弹出“滤镜库”对话框，对话框中部为滤镜组列表，每个滤镜组下面包含了多个特色滤镜。单击需要的滤镜组，可以浏览滤镜组中的各个滤镜和其相应的滤镜效果。

在“滤镜库”对话框中可以创建多个效果图层，每个图层可以应用不同的滤镜，使图像产生多个滤镜叠加后的效果。

为图像添加“喷色描边”滤镜，如图 6-58 所示。单击“新建效果图层”按钮，生成新的效果图层，如图 6-59 所示。为图像添加“阴影线”滤镜，两个滤镜叠加后的效果如图 6-60 所示。

图 6-58

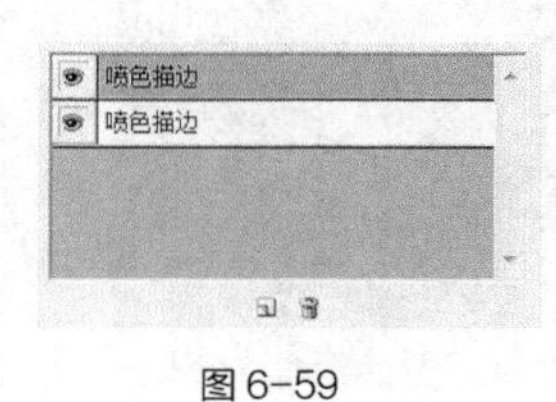

图 6-59

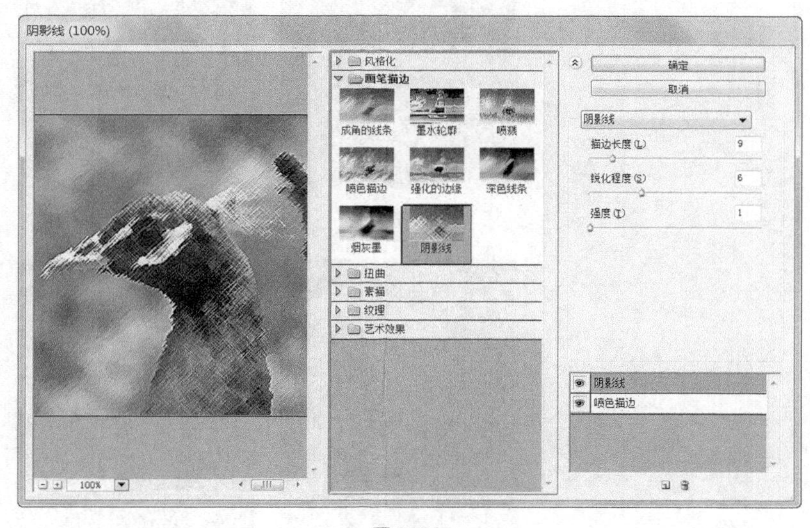

图 6-60

6.4 滤镜应用

Photoshop CS6 的滤镜菜单下提供了多种滤镜，选择这些滤镜命令，可以制作出奇妙的图像效果。单击“滤镜”菜单，弹出图 6-61 所示的下拉菜单。

Photoshop CS6 滤镜菜单被分为 6 部分，并用横线划分开。

第 1 部分为“上次滤境操作”，没有使用滤镜时，此命令为灰色，不可选择。使用任意一种滤镜后，当需要重复使用这种滤镜时，只要直接选择“上次滤镜操作”命令或按 Ctrl+F 组合键，即可重复使用。

第 2 部分为“转换为智能滤镜”，智能滤镜可随时进行修改操作。

第 3 部分为“滤镜库”及 6 种 Photoshop CS6 滤镜，每个滤镜的功能都十分强大。

第 4 部分为 9 种 Photoshop CS6 滤镜组，每个滤镜组中都包含多个子滤镜。

第 5 部分为“Digimarc”滤镜。

第 6 部分为“浏览联机滤镜”。

上次滤镜操作(F)	Ctrl+F
转换为智能滤镜(S)	
滤镜库(G)...	
自适应广角(A)...	Alt+Shift+Ctrl+A
Camera Raw 滤镜(C)...	Shift+Ctrl+A
镜头校正(R)...	Shift+Ctrl+R
液化(L)...	Shift+Ctrl+X
油画(O)...	
消失点(V)...	Alt+Ctrl+V
风格化	▸
模糊	▸
扭曲	▸
锐化	▸
视频	▸
像素化	▸
渲染	▸
杂色	▸
其它	▸
Digimarc	▸
浏览联机滤镜...	

图 6-61

6.4.1 杂色滤镜

杂色滤镜可以混合干扰，并制作出着色像素图案的纹理。杂色滤镜的子菜单如图 6-62 所示。应用不同的杂色滤镜制作出的效果如图 6-63 所示。

减少杂色...
蒙尘与划痕...
去斑
添加杂色...
中间值...

图 6-62

图 6-63

6.4.2 渲染滤镜

渲染滤镜可以使图像中产生照明的效果，也可以产生不同的光源效果和夜景效果。渲染滤镜子菜单如图 6-64 所示。应用不同的渲染滤镜制作出的效果如图 6-65 所示。

分层云彩
光照效果...
镜头光晕...
纤维...
云彩

图 6-64

图 6-65

6.4.3 课堂案例——制作怀旧照片

案例学习目标

学习使用添加杂色命令为图像添加杂色。

案例知识要点

使用“去色”命令，将图像变为黑白效果；使用“亮度/对比度”命令，调整图像的亮度；使用“添加杂色”命令，为图像添加杂色滤镜；使用“纯色填充”命令，制作怀旧色调。效果如图 6-66 所示。

图 6-66

效果所在位置

云盘/Ch06/效果/制作怀旧照片.psd。

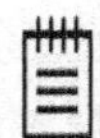

制作方法

（1）按 Ctrl+O 组合键，打开云盘中的“Ch06 > 素材 > 制作怀旧照片 > 01”文件，如图 6-67 所示。

（2）将“背景”图层拖曳到“图层”控制面板下方的“创建新图层”按钮 上进行复制，生成新图层“背景 副本”。选择“图像 > 调整 > 去色”命令，去除图像颜色，效果如图 6-68 所示。

图 6-67

图 6-68

（3）选择“图像 > 调整 > 亮度/对比度”命令，在弹出的对话框中进行设置，设置如图 6-69 所示。单击“确定”按钮，效果如图 6-70 所示。

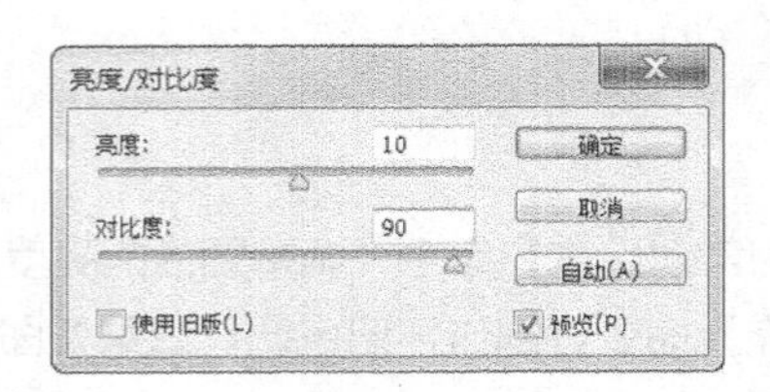

图 6-69

图 6-70

（4）选择“滤镜 > 杂色 > 添加杂色”命令，在弹出的对话框中进行设置，设置如图 6-71 所示。单击“确定”按钮，效果如图 6-72 所示。

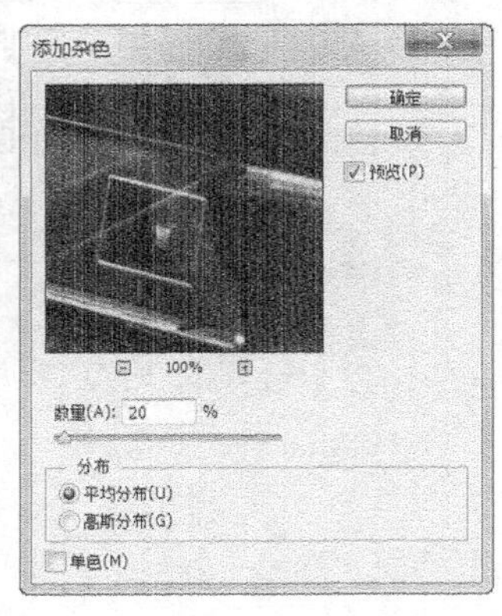

图 6-71

图 6-72

（5）单击“图层”控制面板下方的“创建新的填充或调整图层”按钮 ，在弹出的菜单中选择“纯色”命令，在“图层”控制面板中生成“颜色填充 1”图层。同时弹出“颜色填充”对话框，设置如图 6-73 所示，单击“确定”按钮。在“图层”控制面板上方，将“颜色填充 1”图层的混合模式选项设为“颜色”，如图 6-74 所示，图像效果如图 6-75 所示。

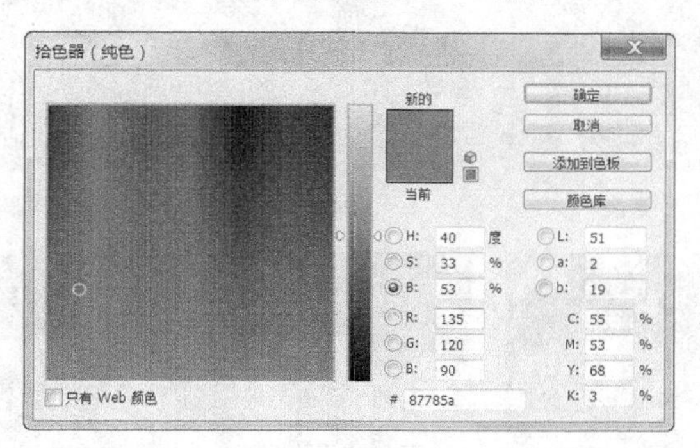

图 6-73

图 6-74　　图 6-75

（6）按 Ctrl + O 组合键，打开云盘中的“Ch06 > 素材 > 制作怀旧照片 > 02”文件，选择“移动”工具 ，将 02 图片拖曳到 01 图像窗口中适当的位置，并调整其大小，效果如图 6-76 所示。在“图层”控制面板中生成新的图层并将其命名为“划痕”。

（7）在“图层”控制面板上方，将“划痕”图层的混合模式选项设为“滤色”，如图 6-77 所示，图像效果如图 6-78 所示。怀旧照片制作完成。

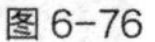

图 6-76　　图 6-77　　图 6-78

6.4.4 像素化滤镜

像素化滤镜可以用于将图像分块或将图像平面化。像素化滤镜的子菜单如图 6-79 所示。应用不同的像素化滤镜制作出的效果如图 6-80 所示。

图 6-79 图 6-80

6.4.5 锐化滤镜

锐化滤镜可以通过生成更大的对比度来使图像清晰化和增强图像的轮廓。此组滤镜可减少图像修改后产生的模糊效果。锐化滤镜的子菜单如图 6-81 所示。应用不同的锐化滤镜制作的图像效果如图 6-82 所示。

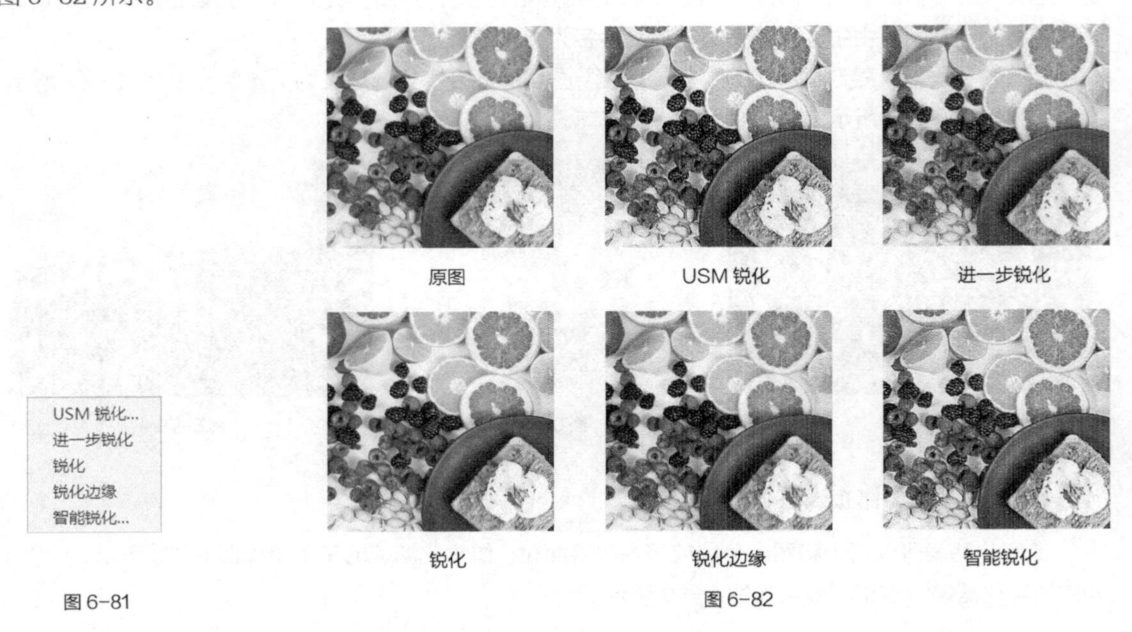

图 6-81 图 6-82

6.4.6 扭曲滤镜

扭曲滤镜可以生成一组从波纹到扭曲图像的变形效果。扭曲滤镜的子菜单如图 6-83 所示。应用不同的扭曲滤镜制作出的效果如图 6-84 所示。

图 6-83　　图 6-84

6.4.7 课堂案例——制作舞蹈宣传单

案例学习目标

学习使用滤镜菜单下的命令制作褶皱效果。

案例知识要点

使用“分层云彩”滤镜、“浮雕”滤镜和“高斯模糊”滤镜命令，制作褶皱效果；使用“滤镜库”命令，制作图像纹理效果。效果如图 6-85 所示。

图 6-85

效果所在位置

云盘/Ch06/效果/制作舞蹈宣传单.psd。

制作方法

（1）按 Ctrl+N 组合键，弹出“新建”对话框，将“宽度”选项设为“15 厘米”，“高度”选项设为“22.5 厘米”，“分辨率”设为“300 像素/英寸”，“颜色模式”设为“RGB”，“背景内容”设为“白色”，单击“确定”按钮，新建一个文件。

（2）按 D 键恢复默认的前景色和背景色。选择“滤镜 > 渲染 > 分层云彩”命令，效果如图 6-86 所示。按 Ctrl+F 组合键并重复上一步操作，效果如图 6-87 所示。

（3）选择“滤镜 > 风格化 > 浮雕效果”命令，在弹出的对话框中进行设置，设置如图 6-88 所示。单击“确定”按钮，效果如图 6-89 所示。

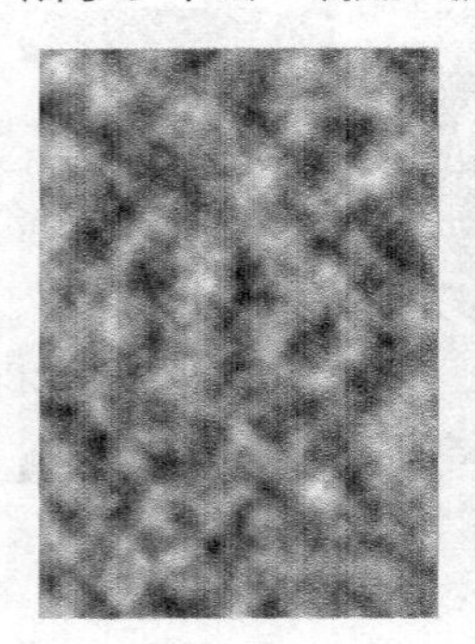

图 6-86

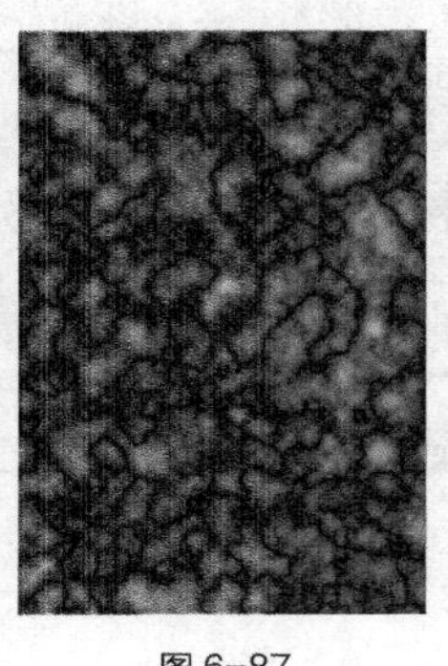

图 6-87

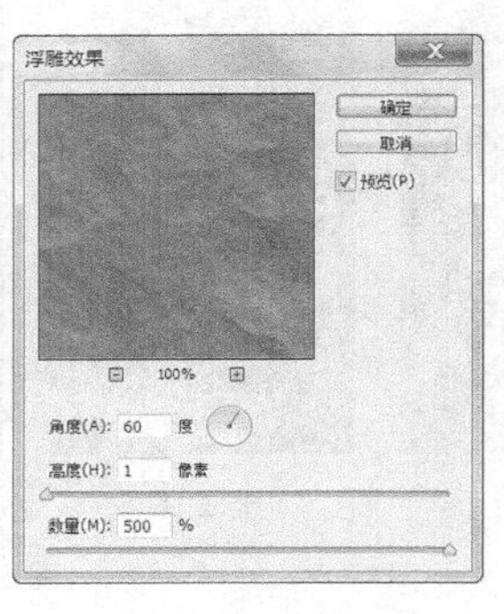

图 6-88

图 6-89

（4）选择“滤镜 > 模糊 > 高斯模糊”命令，在弹出的对话框中进行设置，设置如图 6-90 所示。单击“确定”按钮，效果如图 6-91 所示。

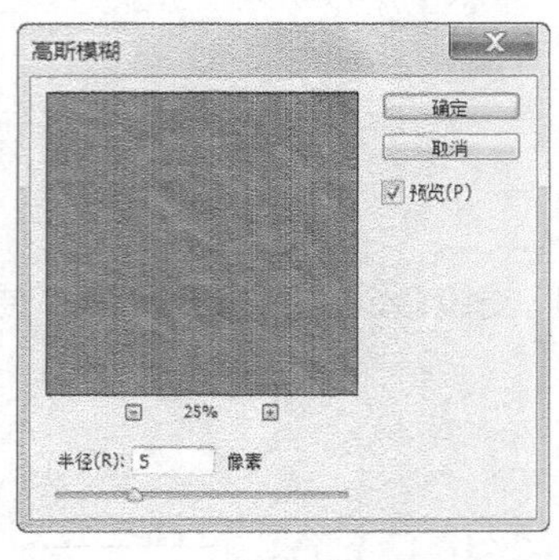

图 6-90

图 6-91

（5）按 Ctrl + O 组合键，打开云盘中的“Ch06 > 素材 > 制作舞蹈宣传单 > 01”文件，选择“移动”工具，将图片拖曳到图像窗口中适当的位置，效果如图 6-92 所示。在“图层”控制面板中生成新图层并将其命名为“人物图片”。

（6）在“图层”控制面板上方，将“人物图片”图层的混合模式选项设为“叠加”，如图 6-93 所示，效果如图 6-94 所示。

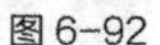
图6-92

图6-93

图6-94

（7）选择“滤镜 > 滤镜库”命令，在弹出的对话框中进行设置，设置如图6-95所示。单击“确定”按钮，效果如图6-96所示。

图6-95

图6-96

（8）单击“图层”控制面板下方的“创建新的填充或调整图层”按钮，在弹出的菜单中选择“色彩平衡”命令，在“图层”控制面板中生成“色彩平衡1”图层。同时在弹出的“色彩平衡”面板中进行设置，设置如图6-97所示，按Enter键确认操作，效果如图6-98所示。

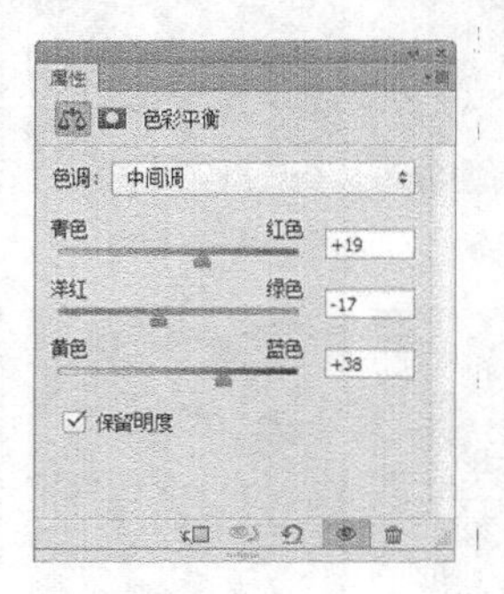

图6-97

图6-98

（9）按Ctrl+O组合键，打开云盘中的“Ch06 > 素材 > 制作舞蹈宣传单 > 02”文件，选择“移动”工具，将02图片拖曳到01图像窗口中适当的位置，效果如图6-99所示。在“图层”控制面板中生成新图层并将其命名为“舞”。

（10）在“图层”控制面板上方，将“舞”图层的混合模式选项设为“柔光”，如图 6-100 所示，效果如图 6-101 所示。舞蹈宣传单制作完成，效果如图 6-102 所示。

图 6-99

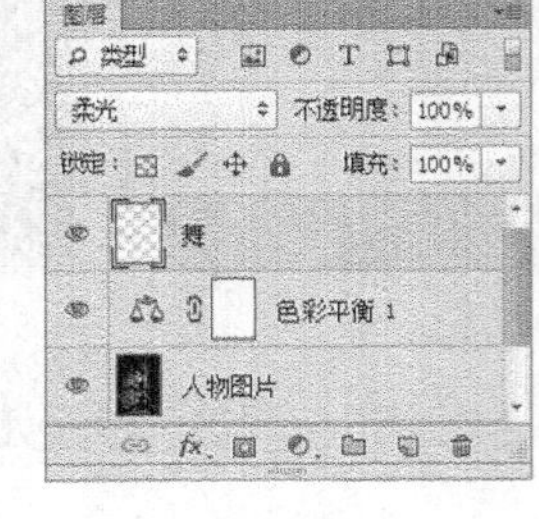

图 6-100

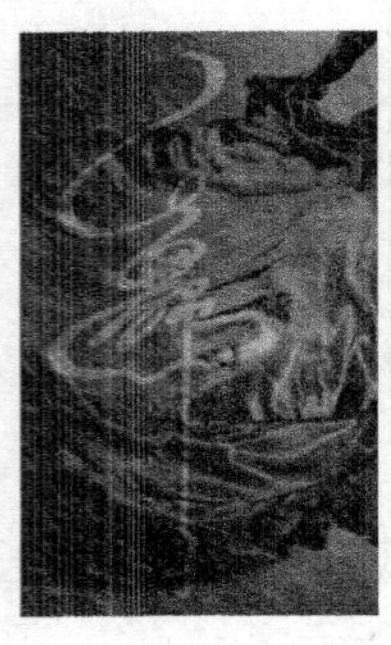

图 6-101

图 6-102

6.4.8 模糊滤镜

模糊滤镜可以使图像中过于清晰或对比度过于强烈的区域产生模糊效果。此外，模糊滤镜还可以用于制作柔和阴影。模糊效果滤镜的子菜单如图 6-103 所示。应用不同的模糊滤镜制作出的效果如图 6-104 所示。

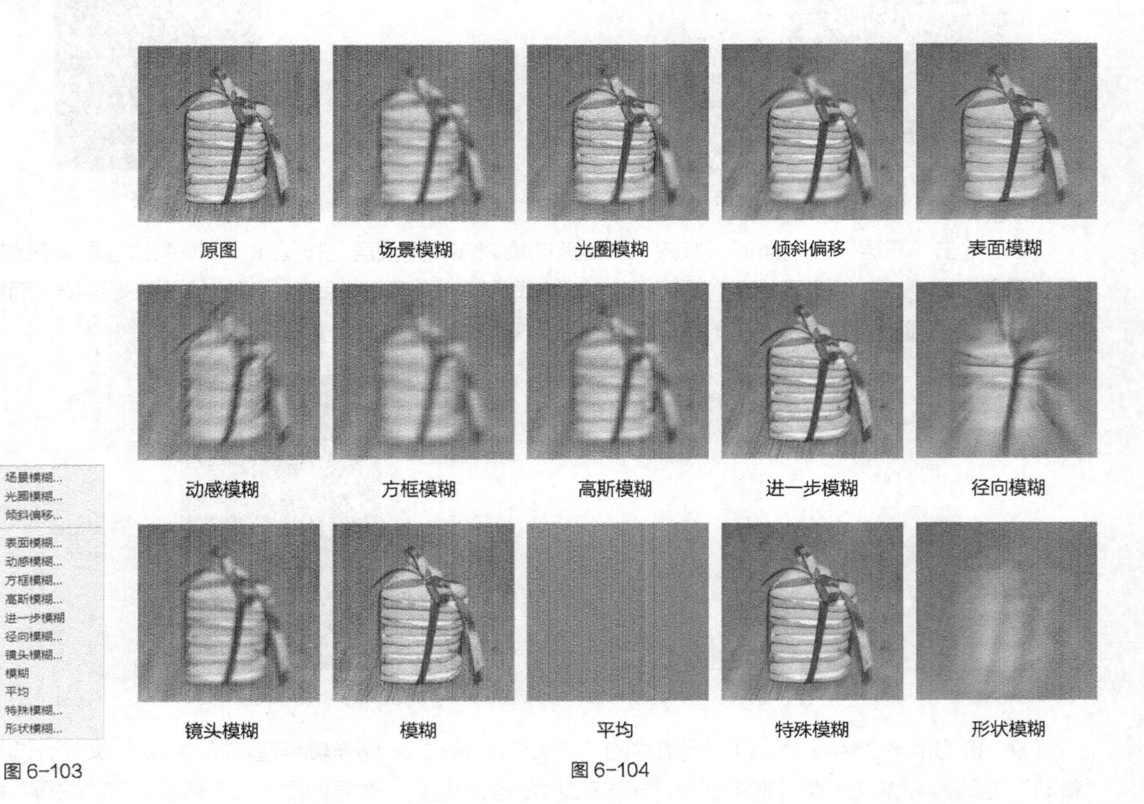

图 6-103　　图 6-104

6.4.9 风格化滤镜

风格化滤镜可以产生印象派及其他风格画派作品的效果，是完全模拟真实艺术手法进行创作的。风格化滤镜的子菜单如图 6–105 所示。应用不同的风格化滤镜制作出的效果如图 6–106 所示。

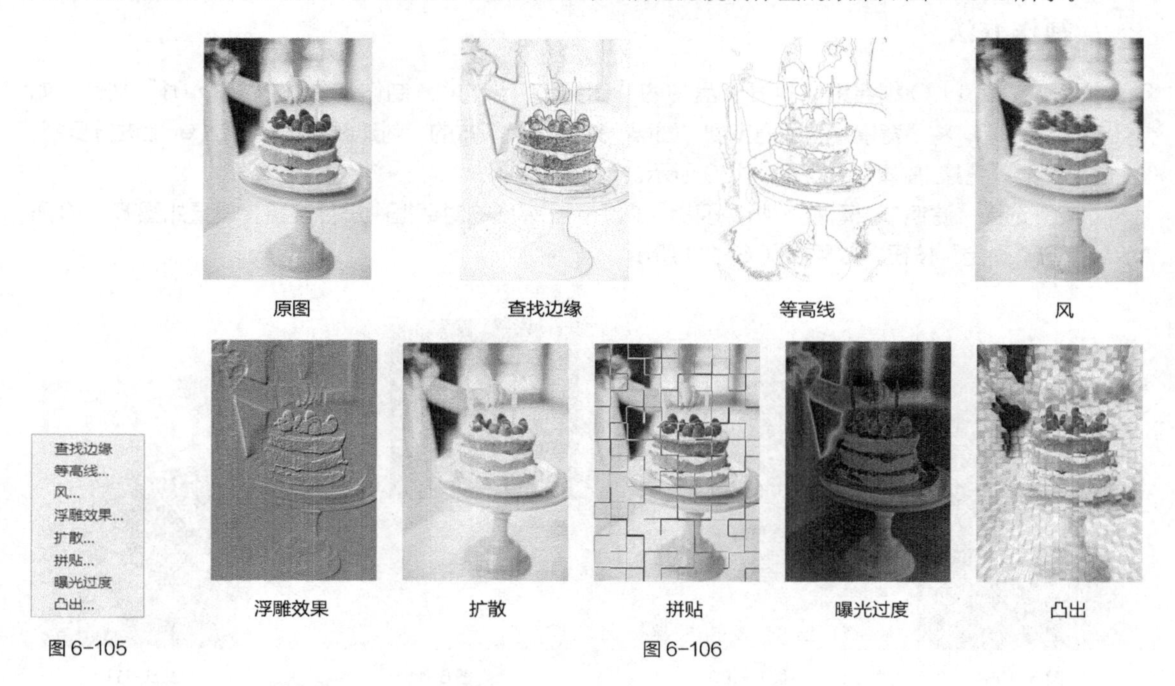

图 6–105

图 6–106

6.4.10 课堂案例——制作水彩画效果

案例学习目标

学习使用滤镜库中的滤镜命令制作水彩画效果。

案例知识要点

使用“特殊模糊”滤镜命令，调整图像清晰度；使用“绘画涂抹”滤镜命令，制作图像效果，使用“调色刀”滤镜命令，制作图像效果。效果如图 6–107 所示。

图 6–107

效果所在位置

云盘/Ch06/效果/制作水彩画效果.psd。

制作方法

（1）按 Ctrl＋O 组合键，打开云盘中的“Ch06 > 素材 > 制作水彩画效果 > 01”文件，如图 6-108 所示。将“背景”图层拖曳到“图层”控制面板下方的“创建新图层”按钮上进行复制，生成新图层“背景 副本”，如图 6-109 所示。

（2）选择“滤镜 > 模糊 > 特殊模糊”命令，在弹出的对话框中进行设置，设置如图 6-110 所示。单击“确定”按钮，效果如图 6-111 所示。

图 6-108

图 6-109

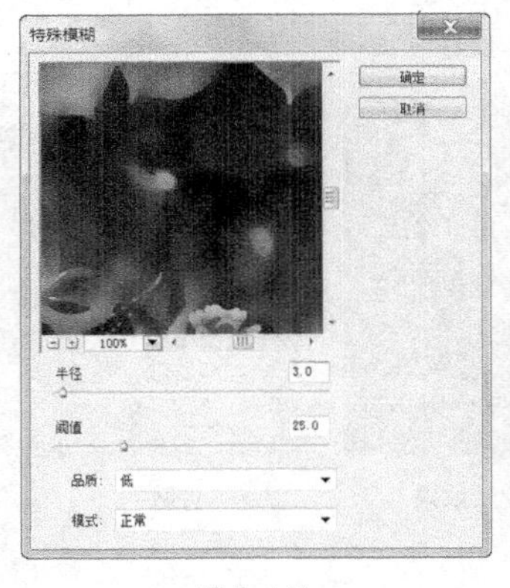

图 6-110

图 6-111

（3）将“背景 副本”图层拖曳到“图层”控制面板下方的“创建新图层”按钮上进行复制，生成新图层“背景 副本 2”。选择“滤镜 > 滤镜库”命令，在弹出的对话框中进行设置，设置如图 6-112 所示。单击“确定”按钮，效果如图 6-113 所示。

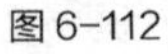

图 6-112

图 6-113

（4）在“图层”控制面板上方，将“背景 副本 2”图层的混合模式选项设为“柔光”，如图 6-114 所示，图像效果如图 6-115 所示。

图 6-114

图 6-115

（5）将“背景 副本 2”图层拖曳到“图层”控制面板下方的“创建新图层”按钮 上进行复制，生成新图层“背景 副本 3”。选择“滤镜 > 滤镜库”命令，在弹出的对话框中单击“新建效果图层”按钮 ，生成新的效果图层，为图像添加“调色刀”滤镜，如图 6-116 所示。单击“确定”按钮，两个滤镜叠加后的效果如图 6-117 所示。

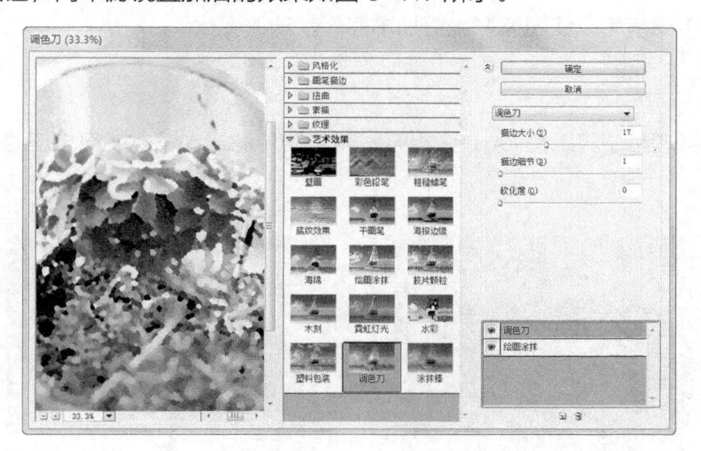

图 6-116

图 6-117

（6）在“图层”控制面板上方，将“背景 副本 3”图层的混合模式选项设为“柔光”，如图 6-118 所示，图像效果如图 6-119 所示。

图 6-118

图 6-119

（7）将前景色设为绿色（其 R、G、B 的值分别为 26、82、32）。选择“横排文字”工具 ，在适当的位置输入需要的文字并选取文字，在属性栏中选择合适的字体并设置文字大小，效果如图 6-120 所示。在“图层”控制面板中生成新的文字图层，如图 6-121 所示。水彩画效果制作完成。

图 6-120

图 6-121

6.5 滤镜使用技巧

重复使用滤镜、对局部图像使用滤镜可以使图像产生更加丰富、生动的变化。

6.5.1 重复使用滤镜

如果在使用一次滤镜后，效果不理想，可以按 Ctrl+F 组合键重复使用滤镜。重复使用挤压滤镜的不同效果如图 6-122 所示。

图 6-122

6.5.2 对图像局部使用滤镜

对图像局部使用滤镜，是常用的处理图像的方法。在要应用的图像上绘制选区，如图 6-123 所示。对选区中的图像使用挤压滤镜，效果如图 6-124 所示。如果对选区进行羽化后再使用滤镜，就可以得到与原图融为一体的效果。在“羽化选区”对话框中设置羽化半径，如图 6-125 所示。对选区进行羽化后再使用滤镜得到的效果如图 6-126 所示。

图 6-123

图 6-124

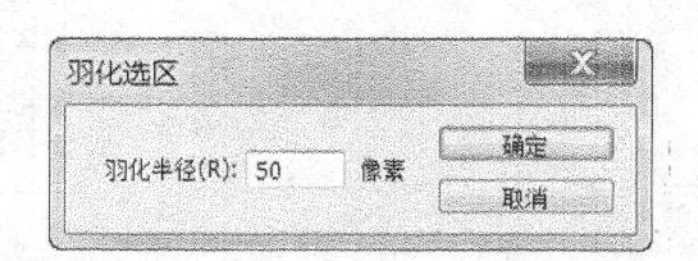

图 6-125

图 6-126

课堂练习——制作照片特效

练习知识要点

使用“通道”控制面板、“反相”命令和“色阶”命令，抠出人物头发；使用“渐变叠加”图层样式，调整人物颜色；使用“矩形选框”工具、“定义图案”命令和“图案填充调整”层，制作纹理效果；使用“渐变”工具、图层混合模式和“高斯模糊”滤镜命令制作彩色；使用“横排文字”工具，添加文字。效果如图 6-127 所示。

图 6-127

效果所在位置

云盘/Ch06/效果/制作照片特效.psd。

课后习题——制作漂浮的水果

习题知识要点

使用“图层蒙版”命令、“画笔”工具和“高斯模糊”滤镜命令，制作水果与海面的融合效果；使用“波纹”滤镜命令、“亮度/对比度”命令和“画笔”工具，制作水果阴影；使用“横排文字”工具和“字符”面板，添加需要的文字。效果如图 6-128 所示。

图 6-128

效果所在位置

云盘/Ch06/效果/制作漂浮的水果.psd。

07 第7章 插画设计

现代插画设计发展迅速，已经被广泛应用于杂志、报刊、广告、包装和纺织品等领域。使用 Photoshop CS6 绘制的插画简洁、独特、新颖，已经成为流行的插画表现形式。本章以多个主题的插画为例，讲解插画的设计方法和制作技巧。

课堂学习目标

- 了解插画的应用领域
- 了解插画的分类
- 了解插画的风格特点
- 掌握插画的绘制思路和过程
- 掌握插画的设计方法和制作技巧

7.1 插画设计概述

插画，就是用来说明一段文字的图画。在广告、杂志、说明书、海报、书籍、包装等平面作品中，凡是用作“解释说明”的图画都可以称为插画。

7.1.1 插画的应用领域

国外市场的商业插画包括出版物插画、卡通吉祥物插画、影视与游戏美术设计插画和广告插画4种形式。在中国，插画已经用于平面设计、电子媒体、商业场馆、公众机构、商品包装、影视海报、企业广告，甚至T恤、日记本和贺年片中。

7.1.2 插画的分类

插画的种类繁多，可以分为商业广告类插画、海报招贴类插画、儿童读物类插画、艺术创作类插画、风格类插画等，如图7-1所示。

商业广告类插画

海报招贴类插画

儿童读物类插画

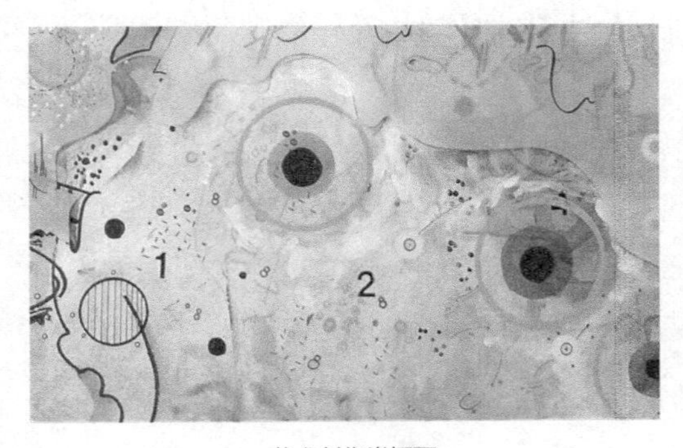

艺术创作类插画

风格类插画

图7-1

7.1.3 插画的风格特点

插画的风格和表现形式多样，有抽象手法、写实手法，有黑白的、彩色的，运用材料的，照片的，电脑制作的，等等。现代插画运用到的技术手段越来越丰富。

7.2 绘制潮流女孩插画

7.2.1 案例分析

本例是为时尚杂志制作插画，插画主要表现女孩青春活泼的状态，要符合时尚的需求与定位，并且要表现出杂志的个性与特色。

在设计思路上，使用黑白色的女孩作为画面的主体形象，给人简洁清爽的印象；下方的黑白色城市楼房剪影与画面主体相呼应，突出画面的时尚感；紫色与黄色的背景图案搭配得当，起到衬托的作用；上方可爱的字体设计使画面更加青春活泼；整个画面充满个性，符合时尚杂志的定位。

本例将使用“矩形”工具、“图层”控制面板和“钢笔”工具制作插画背景；使用“钢笔”工具，绘制人物图形；使用路径转化为选区组合键和填充组合键，为人体各部分填充相应的颜色；使用“横排文字”工具和“添加图层样式”按钮等，为文字添加特殊效果。

7.2.2 案例设计

本案例设计流程如图 7-2 所示。

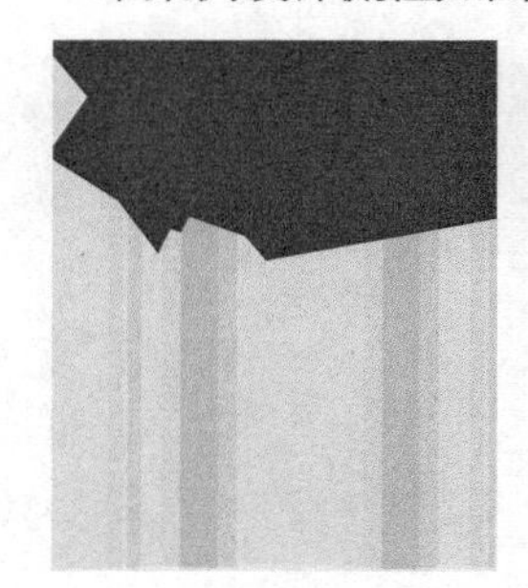
绘制背景效果

绘制插画人物

绘制楼房剪影

最终效果

图 7-2

7.2.3 案例制作

1. 绘制背景效果

（1）按 Ctrl+N 组合键，弹出“新建”对话框，将“宽度”选项设为“8 厘米”，“高度”选项设为“10 厘米”，“分辨率”设为“300 像素/英寸”，“颜色模式”设为“RGB”，“背景内容”设为“白色”，单击“确定”按钮，新建一个文件。将前景色设为黄色（其 R、G、B 的值分别为 255、228、0）。按 Alt+Delete 组合键，用前景色填充“背景”图层，效果如图 7-3 所示。

扫码观看
本案例视频 1

（2）新建图层并将其命名为“矩形 1”。将前景色设为橙色（其 R、G、B 的值分别为 255、172、0）。选择“矩形”工具，在属性栏的“选择工具模式”选项中选择“像素”，在图像窗口中绘制一个矩形，效果如图 7-4 所示。

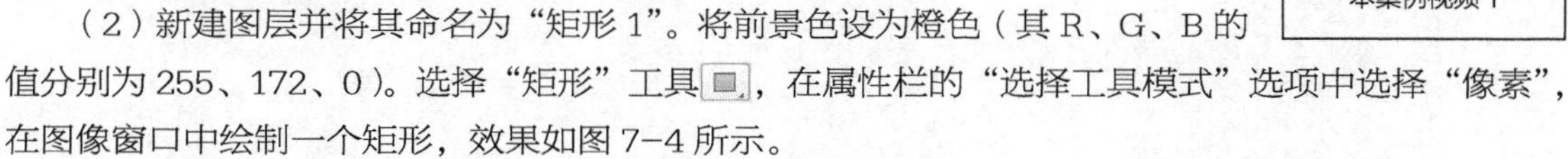

（3）选择“移动”工具，按住 Alt+Shift 组合键的同时，水平向右拖曳矩形到适当的位置，复制矩形，效果如图 7-5 所示。

图 7-3　　图 7-4　　图 7-5

（4）新建图层并将其命名为“矩形 2”。选择“矩形”工具，在图像窗口中绘制一个矩形，效果如图 7-6 所示。

（5）选择“移动”工具，按住 Alt+Shift 组合键的同时，水平向右拖曳矩形到适当的位置，复制矩形，效果如图 7-7 所示。

（6）在“图层”控制面板中，按住 Shift 键的同时，选择“矩形 2 副本”和“矩形 1”之间的所有图层。按 Ctrl+E 组合键，合并图层并将其命名为“竖条”。

（7）在“图层”控制面板上方，将“竖条”图层的混合模式选项设为“颜色加深”，如图 7-8 所示，效果如图 7-9 所示。

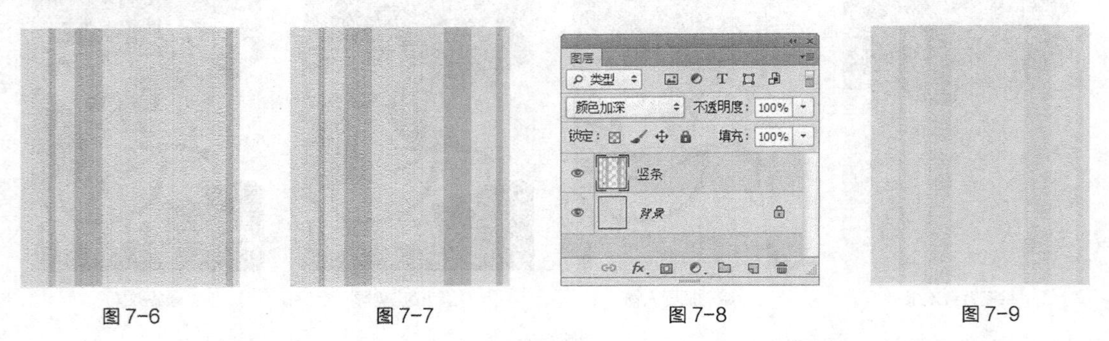

图 7-6　　图 7-7　　图 7-8　　图 7-9

（8）选择“移动”工具，按住 Alt+Shift 组合键的同时，拖曳“竖条”到适当的位置，复制图形，效果如图 7-10 所示。

（9）在“图层”控制面板上方，将“竖条 副本”图层的混合模式选项设为“正常”，“不透明度”选项设为“50%”，并将“竖条 副本”图层拖曳到“竖条”图层的下方，如图 7-11 所示。图像效果如图 7-12 所示。

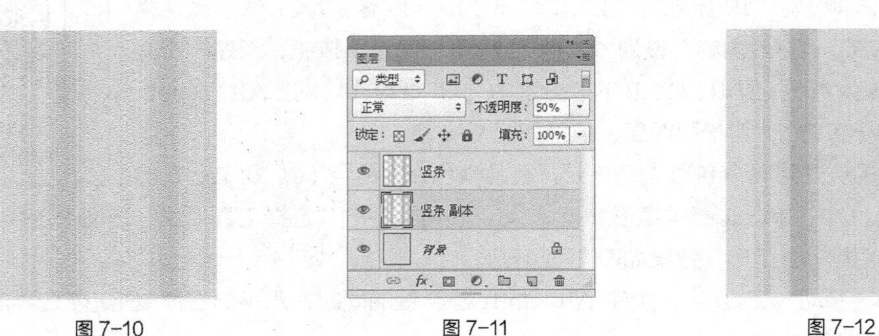

图 7-10　　图 7-11　　图 7-12

（10）选中“竖条”图层。新建图层并将其命名为“紫色块”。将前景色设为紫色（其 R、G、B 的值分别为 121、0、95）。选择“钢笔”工具，在属性栏的“选择工具模式”选项中选择“路径”，在图像窗口绘制一个闭合路径，按 Ctrl+Enter 组合键，将路径转换为选区，如图 7-13 所示。按 Alt+Delete 组合键，用前景色填充选区。按 Ctrl+D 组合键，取消选区，效果如图 7-14 所示。

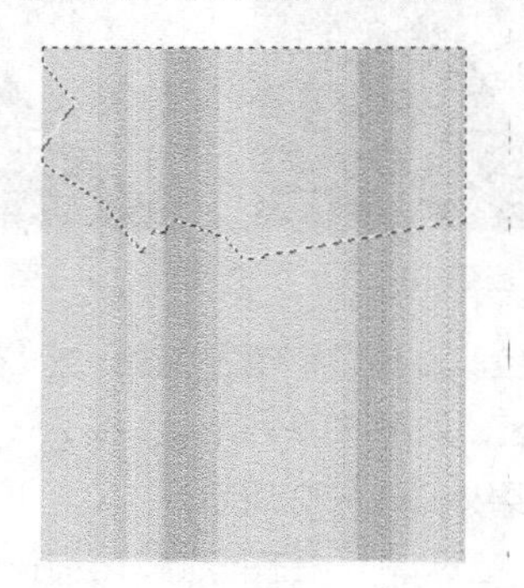
图 7-13

图 7-14

（11）单击“图层”控制面板下方的“添加图层样式”按钮，在弹出的菜单中选择“内阴影”命令，弹出对话框，将阴影颜色设为深紫色（其 R、G、B 的值分别为 128、0、102），其他选项的设置如图 7-15 所示。单击“确定”按钮，效果如图 7-16 所示。

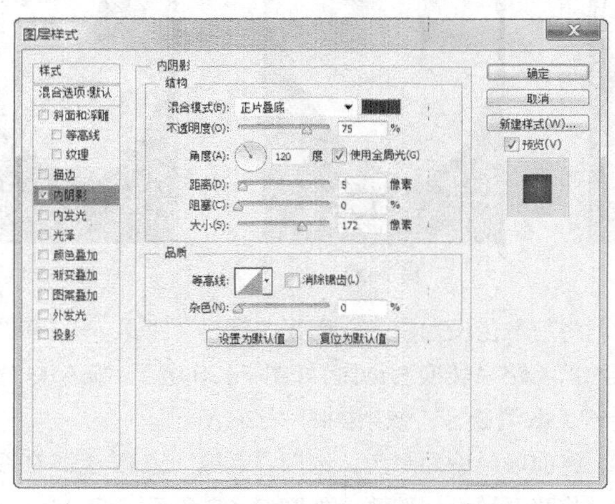

图 7-15

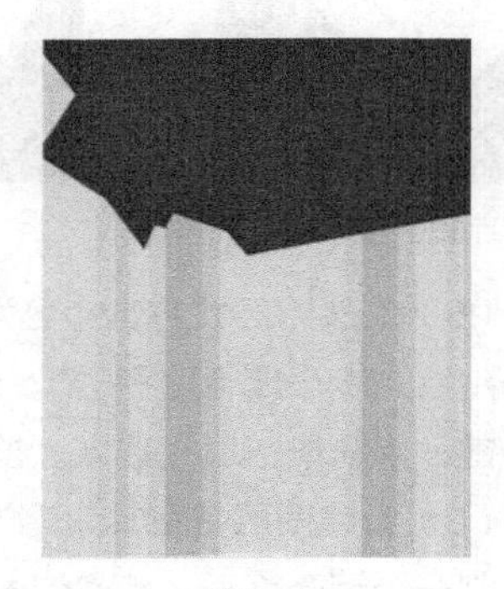
图 7-16

2. 绘制插画人物

（1）新建图层并将其命名为“头发”。将前景色设为黑色。选择“钢笔”工具，在图像窗口绘制一个闭合路径。按 Ctrl+Enter 组合键，将路径转换为选区，如图 7-17 所示。按 Alt+Delete 组合键，用前景色填充选区。按 Ctrl+D 组合键，取消选区，效果如图 7-18 所示。

扫码观看
本案例视频 2

（2）新建图层并将其命名为“脸部”。将前景色设为白色。选择“钢笔”工具，在图像窗口绘制一个闭合路径。按 Ctrl+Enter 组合键，将路径转换为选区，如图 7-19 所示。按 Alt+Delete 组合键，用前景色填充选区。按 Ctrl+D 组合键，取消选区，效果如图 7-20 所示。

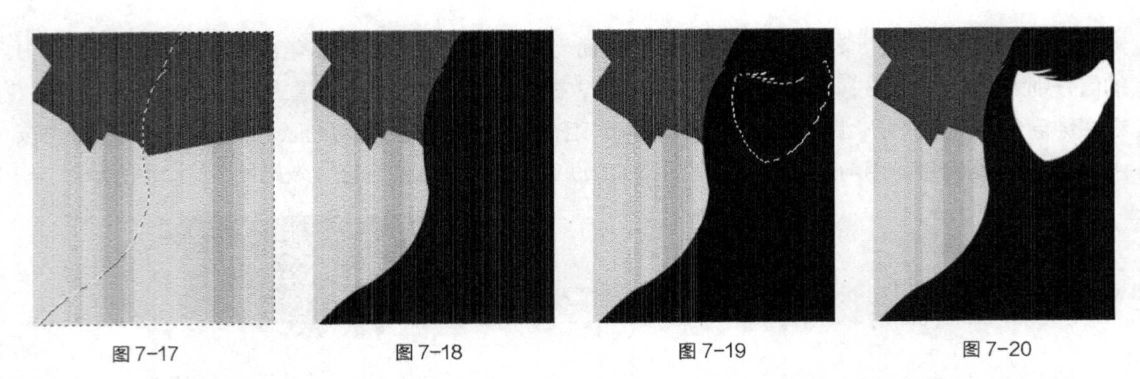

图7-17 图7-18 图7-19 图7-20

（3）新建图层并将其命名为“发丝”。将前景色设为黑色。选择“钢笔”工具，在图像窗口绘制一个闭合路径。按Ctrl+Enter组合键，将路径转换为选区，如图7-21所示。按Alt+Delete组合键，用前景色填充选区。按Ctrl+D组合键，取消选区，效果如图7-22所示。

（4）新建图层并将其命名为“左眼睛1”。选择“钢笔”工具，在图像窗口绘制一个闭合路径。按Ctrl+Enter组合键，将路径转换为选区，如图7-23所示。按Alt+Delete组合键，用前景色填充选区。按Ctrl+D组合键，取消选区，效果如图7-24所示。

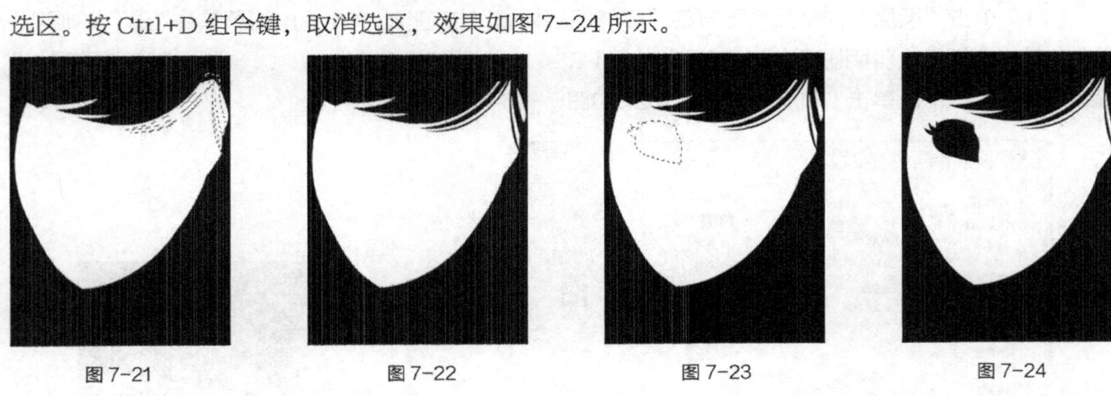

图7-21 图7-22 图7-23 图7-24

（5）新建图层并将其命名为“左眼睛2”。将前景色设为白色。选择“钢笔”工具，在图像窗口分别绘制3个闭合路径。按Ctrl+Enter组合键，将路径转换为选区，如图7-25所示。按Alt+Delete组合键，用前景色填充选区。按Ctrl+D组合键，取消选区，效果如图7-26所示。

（6）新建图层并将其命名为“右眼睛1”。将前景色设为黑色。选择“钢笔”工具，在图像窗口绘制一个闭合路径。按Ctrl+Enter组合键，将路径转换为选区，如图7-27所示。按Alt+Delete组合键，用前景色填充选区。按Ctrl+D组合键，取消选区，效果如图7-28所示。

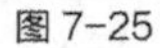

图7-25 图7-26 图7-27 图7-28

（7）新建图层并将其命名为“右眼睛 2”。将前景色设为白色。选择“钢笔”工具，在图像窗口分别绘制 3 个闭合路径。按 Ctrl+Enter 组合键，将路径转换为选区，如图 7-29 所示。按 Alt+Delete 组合键，用前景色填充选区。按 Ctrl+D 组合键，取消选区，效果如图 7-30 所示。

（8）新建图层并将其命名为“眉毛”。将前景色设为黑色。选择“钢笔”工具，在图像窗口绘制一个闭合路径。按 Ctrl+Enter 组合键，将路径转换为选区，如图 7-31 所示。按 Alt+Delete 组合键，用前景色填充选区。按 Ctrl+D 组合键，取消选区，效果如图 7-32 所示。

图 7-29

图 7-30

图 7-31

图 7-32

（9）新建图层并将其命名为“鼻子”。选择“钢笔”工具，在图像窗口绘制两个闭合路径。按 Ctrl+Enter 组合键，将路径转换为选区，如图 7-33 所示。按 Alt+Delete 组合键，用前景色填充选区。按 Ctrl+D 组合键，取消选区，效果如图 7-34 所示。

图 7-33

图 7-34

（10）新建图层并将其命名为“嘴 1”。选择“钢笔”工具，在图像窗口绘制一个闭合路径。按 Ctrl+Enter 组合键，将路径转换为选区，如图 7-35 所示。按 Alt+Delete 组合键，用前景色填充选区。按 Ctrl+D 组合键，取消选区，效果如图 7-36 所示。

（11）新建图层并将其命名为“嘴 2”。将前景色设为白色。选择“钢笔”工具，在图像窗口绘制一个闭合路径。按 Ctrl+Enter 组合键，将路径转换为选区，如图 7-37 所示。按 Alt+Delete 组合键，用前景色填充选区。按 Ctrl+D 组合键，取消选区，效果如图 7-38 所示。

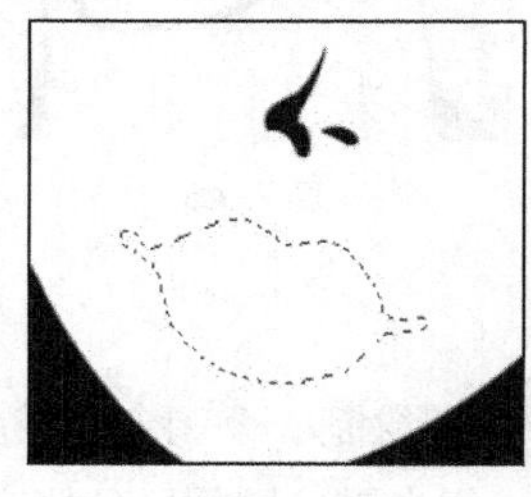
图 7-35

图 7-36

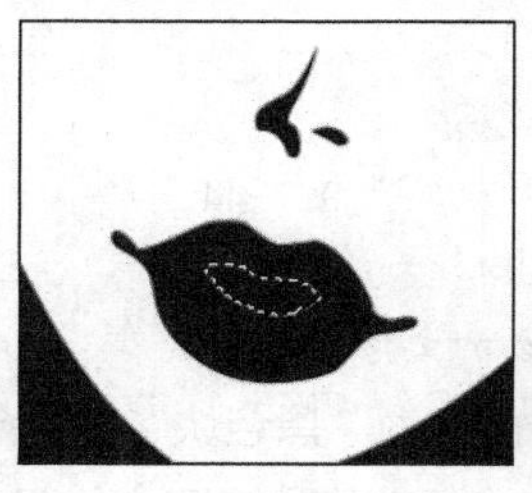
图 7-37

图 7-38

（12）在“图层”控制面板中，按住 Shift 键的同时，选择“嘴 2”图层和“嘴 1”图层。按 Ctrl+E 组合键，合并图层并将其命名为“嘴巴”。

（13）新建图层并将其命名为“左耳朵和耳坠”。选择“钢笔”工具，在图像窗口中分别绘制多个闭合路径。按 Ctrl+Enter 组合键，将路径转换为选区，如图 7–39 所示。按 Alt+Delete 组合键，用前景色填充选区。按 Ctrl+D 组合键，取消选区，效果如图 7–40 所示。

（14）新建图层并将其命名为“右耳朵和耳坠”。选择“钢笔”工具，在图像窗口中分别绘制多个闭合路径。按 Ctrl+Enter 组合键，将路径转换为选区，如图 7–41 所示。按 Alt+Delete 组合键，用前景色填充选区。按 Ctrl+D 组合键，取消选区，效果如图 7–42 所示。

图 7–39

图 7–40

图 7–41

图 7–42

（15）新建图层并将其命名为“身体”。选择“钢笔”工具，在图像窗口绘制一个闭合路径。按 Ctrl+Enter 组合键，将路径转换为选区，如图 7–43 所示。按 Alt+Delete 组合键，用前景色填充选区。按 Ctrl+D 组合键，取消选区，效果如图 7–44 所示。

（16）新建图层并将其命名为“线条”。将前景色设为黑色。选择“钢笔”工具，在图像窗口中分别绘制多个闭合路径。按 Ctrl+Enter 组合键，将路径转换为选区，如图 7–45 所示。按 Alt+Delete 组合键，用前景色填充选区。按 Ctrl+D 组合键，取消选区，效果如图 7–46 所示。

图 7–43　　图 7–44

图 7–45

图 7–46

3. 绘制楼房剪影并添加文字

（1）新建图层并将其命名为“黑色块”。选择“钢笔”工具，在图像窗口绘制一个闭合路径。按 Ctrl+Enter 组合键，将路径转换为选区，如图 7–47 所示。按 Alt+Delete 组合键，用前景色填充选区。按 Ctrl+D 组合键，取消选区，效果如图 7-48 所示。

（2）单击“图层”控制面板下方的“创建新组”按钮，生成新的图层组并将其命名为“文字”，如图 7-49 所示。将前景色设为深紫色（其 R、G、B 的值分别为 65、0、50）。选择“横排文字”工具T，在适当的位置输入需要的文字并选取文字，在属性栏中选择合适的字体并设置文字大小，效果如图 7-50 所示，在“图层”控制面板中生成新的文字图层。

图 7-47

图 7-48

图 7-49

图 7-50

（3）单击“图层”控制面板下方的“添加图层样式”按钮 fx，在弹出的菜单中选择“内阴影”命令，弹出对话框，将阴影颜色设为紫色（其 R、G、B 的值分别为 253、163、235），其他选项的设置如图 7-51 所示。选择“投影”选项，切换到相应的选项卡，将阴影颜色设为深紫色（其 R、G、B 的值分别为 69、0、55），其他选项的设置如图 7-52 所示。单击“确定”按钮，效果如图 7-53 所示。

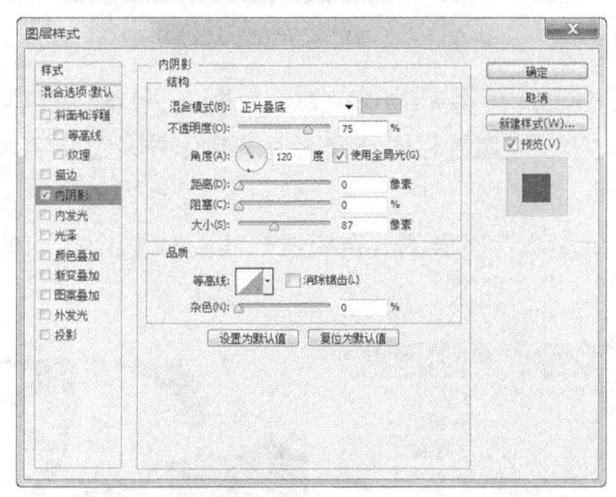

图 7-51

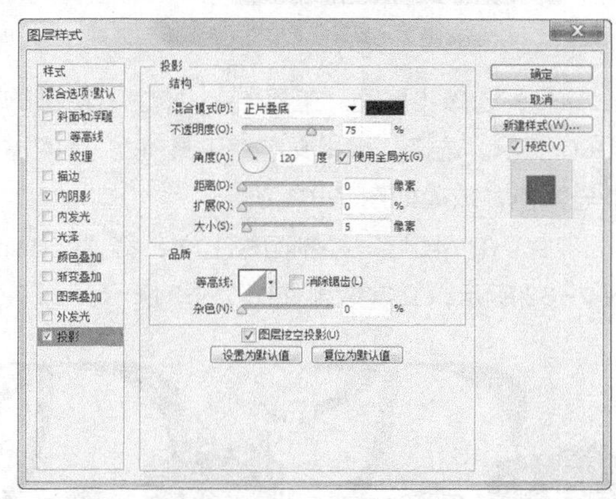

图 7-52

（4）选择“移动”工具，按住 Alt 键的同时，拖曳文字到适当的位置，复制文字。选择“横排文字”工具T，选取需要的文字，填充文字为白色，效果如图 7-54 所示。

图 7-53

（5）在“Girl’s”文字图层上单击鼠标右键，在弹出的菜单中选择“拷贝图层样式”命令。在“Girl’s 副本”图层上单击鼠标右键，在弹出的菜单中选择“粘贴图层样式”命令，效果如图 7-55 所示。用相同的方法完成“Party”文字的效果设置，如图 7-56 所示。

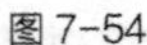
图 7-54

图 7-55

图 7-56

（6）将前景色设为黄色（其 R、G、B 的值分别为 255、228、0）。选择“横排文字”工具 T，在适当的位置输入需要的文字并选取文字，在属性栏中选择合适的字体并设置文字大小，效果如图 7-57 所示，在“图层”控制面板中生成新的文字图层。

（7）在“图层”控制面板上方，将“action Girl's”图层的混合模式选项设为“滤色”，如图 7-58 所示，文字效果如图 7-59 所示。

图 7-57

图 7-58

图 7-59

（8）选择“移动”工具，按住 Alt 键的同时，拖曳文字到适当的位置，复制文字，效果如图 7-60 所示。选择“横排文字”工具 T，选取需要的文字，在属性栏中选择合适的字体并设置文字大小与颜色，效果如图 7-61 所示。

（9）在“图层”控制面板上方，将“action Girl's 副本”图层的混合模式选项设为“正常”，如图 7-62 所示，文字效果如图 7-63 所示。

图 7-60

图 7-61

图 7-62

图 7-63

（10）在“图层”控制面板中，按住 Ctrl 键的同时，选中“action Girl's 副本”图层和“action Girl's”图层。按 Ctrl+T 组合键，在文字周围出现变换框，将鼠标指针放在变换框的控制手柄外边，鼠标指针变为旋转图标↰，拖曳鼠标将图形将其旋转到适当的角度，按 Enter 键确认操作，效果如图

7-64 所示。潮流女孩插画绘制完成，效果如图 7-65 所示。

图 7-64

图 7-65

7.3 绘制旅游海报插画

7.3.1 案例分析

本例是为旅游杂志制作的插画，插画主要表现旅游的乐趣，画面要求美观时尚。

在设计思路上，渐变的放射状蓝色背景使画面具有层次感，俏皮可爱的少女手拿望远镜，增添了插画的活泼感，丛林的剪影使插画充满冒险感与刺激感，可爱的橙黄色字体在画面中很突出，整体风格能够让人感到欢快。

本例将使用"椭圆选框"工具、"羽化"命令和"图层"控制面板制作高光效果；使用"矩形"工具、"透视"命令、混合模式选项和不透明度选项等制作放射光效果；使用"添加图层样式"按钮等为人物添加特殊效果；使用"横排文字"工具和"投影"命令等制作文字；使用"色阶"命令调整插画颜色。

7.3.2 案例设计

本案例设计流程如图 7-66 所示。

绘制背景效果

添加装饰图像

添加标题文字

最终效果

图 7-66

7.3.3 案例制作

（1）按 Ctrl＋O 组合键，打开云盘中的“Ch07 > 素材 > 绘制旅游海报插画 > 01”文件，如图 7-67 所示。新建图层并将其命名为“高光”。将前景色设为白色。选择“椭圆选框”工具，按住 Shift 键的同时，在图像窗口中拖曳鼠标绘制圆形选区，如图 7-68 所示。

图 7-67

图 7-68

（2）按 Shift+F6 组合键，弹出“羽化选区”对话框，选项的设置如图 7-69 所示，单击“确定”按钮，如图 7-70 所示。按 Alt+Delete 组合键，用前景色填充选区。按 Ctrl+D 组合键，取消选区，效果如图 7-71 所示。

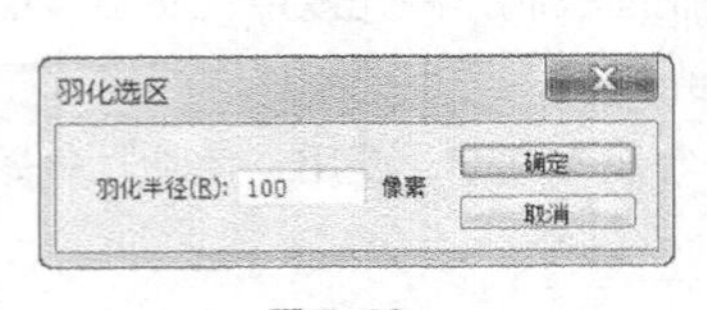

图 7-69

图 7-70

图 7-71

（3）在“图层”控制面板上方，将“高光”图层的混合模式选项设为“叠加”，“不透明度”选项设为“65%”，如图 7-72 所示，图像效果如图 7-73 所示。

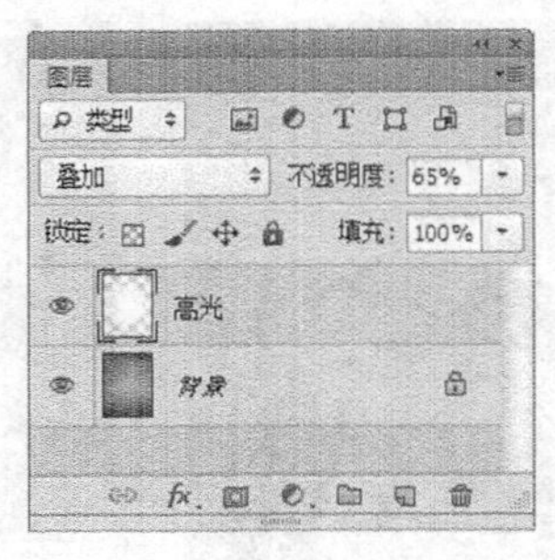

图 7-72

图 7-73

（4）新建图层并将其命名为“矩形”。选择“矩形”工具，在属性栏的“选择工具模式”选项中选择“像素”，在图像窗口中绘制矩形，效果如图 7-74 所示。

（5）按 Ctrl+T 组合键，图像周围出现变换框，单击鼠标右键，在弹出的菜单中选择“透视”命令，按住 Shift 键的同时拖曳变换框的控制手柄，调整图形形状，按 Enter 键确认操作，效果如图 7-75 所示。按 Ctrl+J 组合键，复制“矩形”图层，生成新的图层“矩形 副本”，如图 7-76 所示。

图 7-74

图 7-75

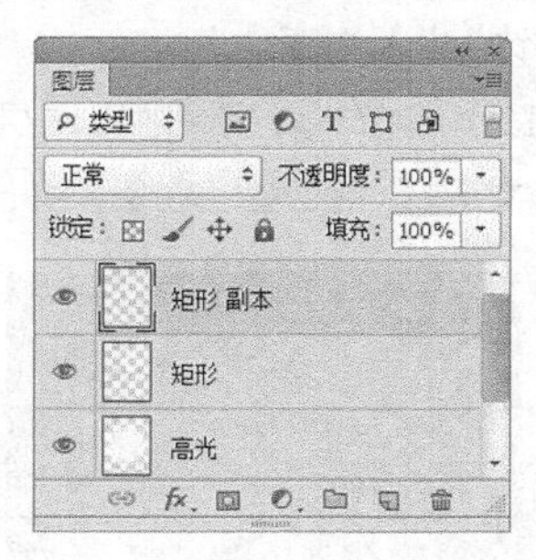

图 7-76

（6）按 Ctrl+T 组合键，调整后的矩形周围出现变换框，按住 Shift 键的同时，拖曳变换框的中心点到下边中间的位置，如图 7-77 所示。在属性栏中将“旋转”选项设为“10°”，按 Enter 键确认操作，效果如图 7-78 所示。连续按 Ctrl+Shift+Alt+T 组合键，按需要再复制多个图层，效果如图 7-79 所示。

图 7-77

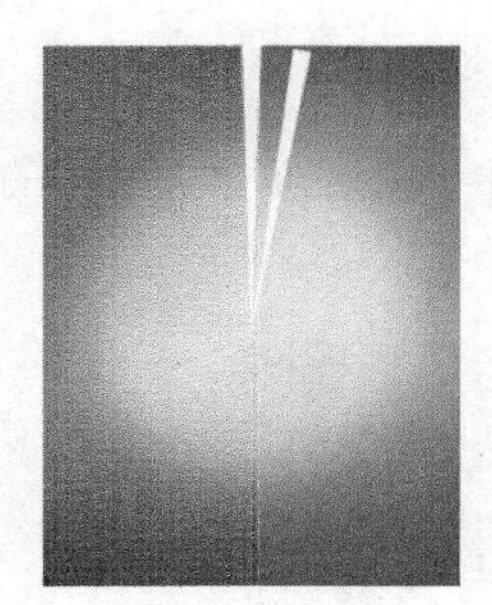

图 7-78

图 7-79

（7）在“图层”控制面板中，按住 Shift 键的同时，选中“矩形 副本 35”图层和“矩形”图层之间的所有图层。按 Ctrl+E 组合键，合并图层并将其命名为“散光”。

（8）选择“散光”图层，按 Ctrl+T 组合键，图像周围出现变换框，按住 Shift+Alt 组合键的同时向外拖曳变换框的控制手柄，等比例放大图像，如图 7-80 所示，按 Enter 键确认操作。

（9）在“图层”控制面板上方，将“散光”图层的混合模式选项设为“叠加”，“不透明度”选项设为“25%”，如图 7-81 所示，图像效果如图 7-82 所示。

图 7-80

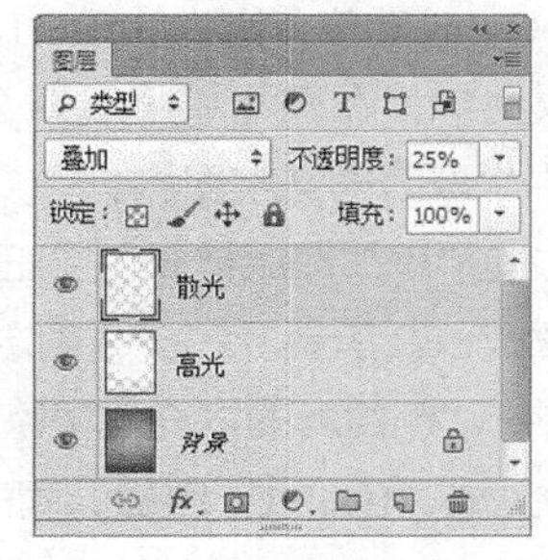

图 7-81

图 7-82

（10）按 Ctrl + O 组合键，打开云盘中的“Ch07 > 素材 > 绘制旅游海报插画 > 02”“Ch07 > 素材 > 绘制旅游海报插画 > 03”文件，选择“移动”工具，分别将 02、03 图片拖曳到 01 图像窗口中适当的位置，效果如图 7-83 所示。在“图层”控制面板中分别生成新的图层，分别将其命名为“装饰”“人物图片”。

（11）选中“人物图片”图层。单击“图层”控制面板下方的“添加图层样式”按钮 fx，在弹出的菜单中选择“描边”命令，弹出对话框，将描边颜色设为白色，其他选项的设置如图 7-84 所示。

图 7-83

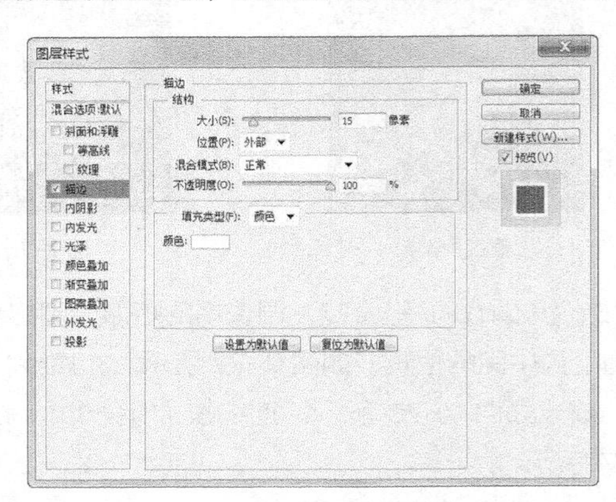

图 7-84

（12）选择“投影”选项，切换到相应的选项卡，选项的设置如图 7-85 所示。单击“确定”按钮，效果如图 7-86 所示。

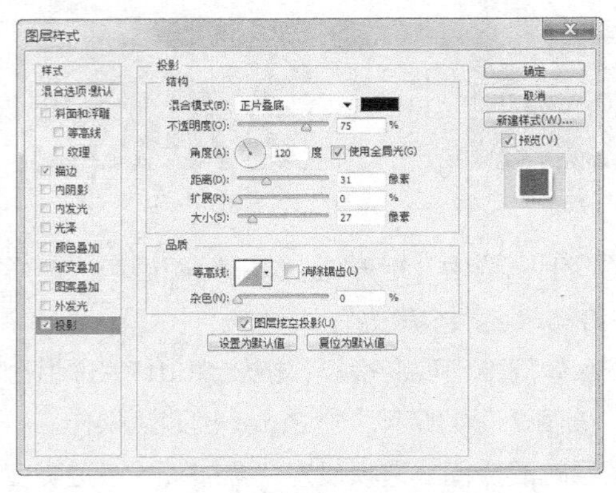

图 7-85

图 7-86

（13）将前景色设为橘色（其 R、G、B 的值分别为 246、175、87）。选择“横排文字”工具 T，在适当的位置输入需要的文字并选取文字，在属性栏中选择合适的字体并设置文字大小，效果如图 7-87 所示，在“图层”控制面板中生成新的文字图层。

（14）单击“图层”控制面板下方的“添加图层样式”按钮 fx，在弹出的菜单中选择“投影”命令，在弹出的对话框中进行设置，如图 7-88 所示。单击“确定”按钮，效果如图 7-89 所示。

（15）单击“图层”控制面板下方的“创建新的填充或调整图层”按钮，在弹出的菜单中选择“色阶”命令，在“图层”控制面板中生成“色阶 1”图层。同时在弹出的“色阶”面板中进行设置，如图 7-90 所示，按 Enter 键确认操作，图像效果如图 7-91 所示。旅游海报插画制作完成。

图 7-87

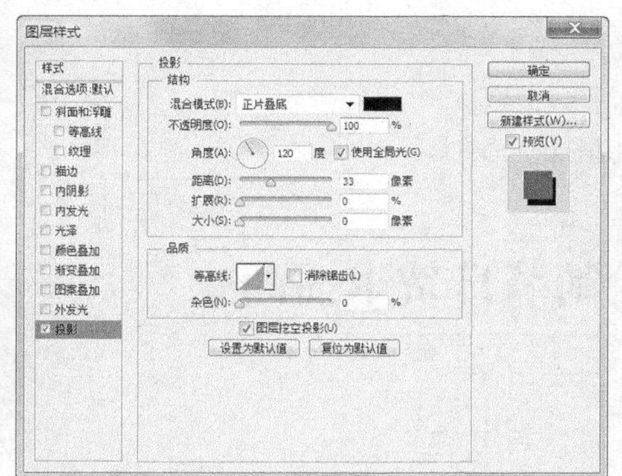

图 7-88

图 7-89

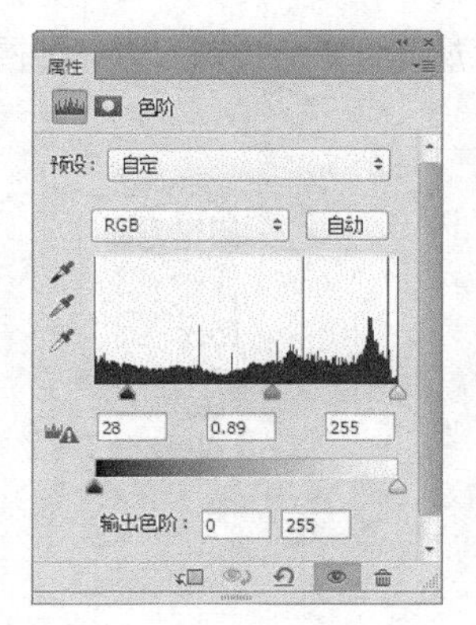

图 7-90

图 7-91

课堂练习 1——绘制儿童插画

练习知识要点

使用“矩形选框”工具和“羽化”命令，制作背景融合效果；使用“画笔”工具，绘制草地和太阳；使用“多边形套索”工具，绘制阳光。效果如图 7-92 所示。

扫码观看
本案例视频

图 7-92

效果所在位置

云盘/Ch07/效果/绘制儿童插画.psd。

课堂练习 2——绘制节日贺卡插画

练习知识要点

使用“渐变”工具和“钢笔”工具，制作背景效果；使用“自定形状”工具，绘制树图形；使用“椭圆”工具，绘制山体图形；使用“钢笔”工具、“填充”命令和“外发光”命令，制作云彩图形；使用“画笔”工具，绘制亮光图形；使用“投影”命令，添加图片黑色投影，效果如图 7-93 所示。

扫码观看
本案例视频 1

扫码观看
本案例视频 2

图 7-93

效果所在位置

云盘/Ch07/效果/绘制节日贺卡插画.psd。

课后习题 1——绘制卡通插画

习题知识要点

使用“椭圆”工具，绘制太阳、树木、草地和云；使用“圆角矩形”工具，绘制树干；使用“魔棒”工具，抠出房子和人物。效果如图 7-94 所示。

扫码观看
本案例视频

图 7-94

效果所在位置

云盘/Ch07/效果/绘制卡通插画.psd。

课后习题 2——绘制蝴蝶插画

习题知识要点

使用“魔棒”工具，选取图像；使用“移动”工具，移动选区中的图像；使用“水平翻转”命令，翻转图像。效果如图 7-95 所示。

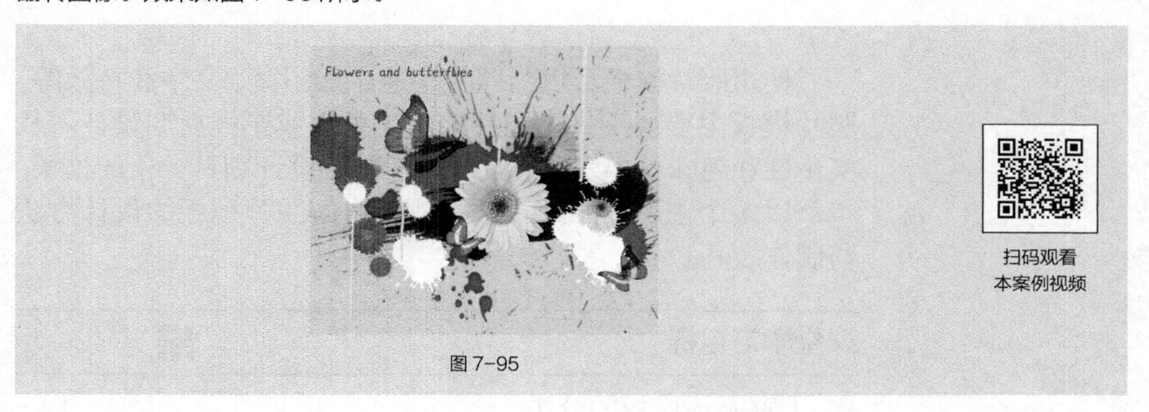

图 7-95

效果所在位置

云盘/Ch07/效果/绘制蝴蝶插画.psd。

08 第8章 照片模板设计

使用照片模板可以为照片快速添加图案、文字和特效等。照片模板主要用于日常照片的美化处理或影楼后期设计。从实用性和趣味性出发，为数码照片精心设计别具一格的模板。本章以多个主题的照片模板为例，讲解照片模板的设计方法与制作技巧。

课堂学习目标

- 了解照片模板的分类
- 掌握照片模板的设计思路
- 掌握照片模板的设计方法
- 掌握照片模板的制作技巧

8.1 照片模板设计概述

照片模板是针对不同的照片根据不同的需要进行艺术加工，制作出的独具匠心、可多次使用的模板，如图 8-1 所示。照片模板根据年龄的不同，可分为儿童照片模板、青年照片模板、中年照片模板和老年照片模板等；根据模板设计形式的不同，可分为古典型模板、神秘型模板、豪华型模板等等；根据用途的不同，可分为婚纱照片模板、写真照片模板、个性照片模板等。

图 8-1

8.2 儿童照片模板设计

8.2.1 案例分析

儿童照片模板主要是指针对儿童的生活喜好、个性特点，为儿童量身设计的多种新颖独特、童趣横生的照片模板。本例将通过对图像的合理编排，展现儿童的生活情趣，充分体现其快乐幸福的童年生活。

在设计思路上，通过模糊梦幻的背景运用，表现出儿童的可爱与天真；巧妙的相框设计将孩子乖巧、伶俐的一面展示出来；最后添加可爱的卡通文字。整体设计以黄绿色为主，将男孩纯真活力的天性充分展现。

本例将使用“高斯模糊”滤镜命令，制作图像模糊效果；使用“钢笔”工具，绘制图形；使用创建剪贴蒙版组合键，制作人物照片效果；使用“横排文字”工具，输入文字；使用“文字变形”命令对文字进行变形处理；使用“添加图层样式”按钮，为文字添加样式效果；等等。

8.2.2 案例设计

本案例设计流程如图 8-2 所示。

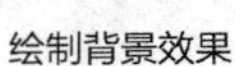
绘制背景效果

添加人物图像

最终效果

图 8-2

8.2.3 案例制作

（1）按 Ctrl+O 组合键，打开云盘中的“Ch08 > 素材 > 儿童照片模板设计 > 01”文件，效果如图 8-3 所示。

扫码观看
本案例视频

（2）在“图层”控制面板中，将“背景”图层拖曳到控制面板下方的“创建新图层”按钮 上进行复制，生成新的图层“背景 副本”。

（3）选择“滤镜 > 模糊 > 高斯模糊”命令，在弹出的对话框中进行设置，设置如图 8-4 所示，单击“确定”按钮，效果如图 8-5 所示。

图 8-3

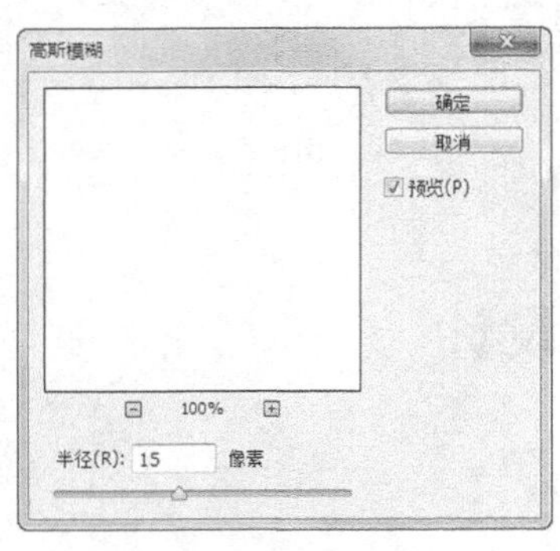

图 8-4

图 8-5

（4）在“图层”控制面板上方，将该图层的混合模式设为“正片叠底”，“填充”选项设为“68%”，如图 8-6 所示，图像效果如图 8-7 所示。将前景色设为白色。选择“钢笔”工具，将属性栏中的“选择工具模式”选项设为“形状”，拖曳鼠标绘制形状，如图 8-8 所示。

（5）按 Ctrl+O 组合键，打开云盘中的“Ch08 > 素材 > 儿童照片模板设计 > 02”文件。选择“移动”工具，将 02 图片拖曳到 01 图像窗口中适当的位置，如图 8-9 所示。在“图层”控制面板中生成新图层并将其命名为“人物”。按 Alt+Ctrl+G 组合键，为“人物”图层创建剪贴蒙版，效果如图 8-10 所示。

图 8-6

图 8-7

图 8-8

图 8-9

图 8-10

（6）选择“钢笔”工具，拖曳鼠标绘制形状，如图 8-11 所示。按 Ctrl+O 组合键，打开云盘中的“Ch08 > 素材 > 儿童照片模板设计 > 03”文件。选择“移动”工具，将 03 图片拖曳到 01 图像窗口中适当的位置，调整其大小和角度，如图 8-12 所示。在“图层”控制面板中生成新图层并将其命名为“人物 02”。按 Alt+Ctrl+G 组合键，为图层创建剪贴蒙版，效果如图 8-13 所示。

图 8-11

图 8-12

图 8-13

（7）选择“横排文字”工具，在适当的位置输入需要的文字并选取文字，在属性栏中选择合适的字体和文字大小，效果如图 8-14 所示，在“图层”控制面板中生成新的文字图层。

（8）选择“文字 > 文字变形”命令，在弹出的对话框中进行设置，设置如图 8-15 所示。单击“确定”按钮，效果如图 8-16 所示。

图 8-14

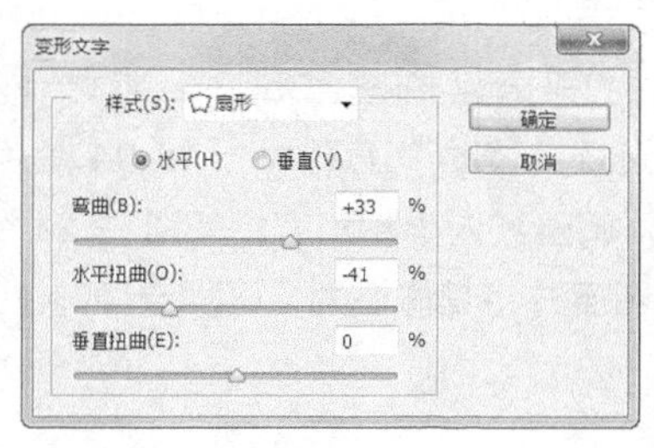

图 8-15

图 8-16

（9）单击“图层”控制面板下方的“添加图层样式”按钮 fx，在弹出的菜单中选择“描边”命令，弹出对话框，将“颜色”设为深绿色（其 R、G、B 值分别为 0、86、64），其他选项的设置如图 8-17 所示。单击“渐变叠加”选项，切换到相应的对话框，单击“渐变”选项右侧的“点按可编辑渐变”按钮，弹出“渐变编辑器”对话框，将渐变色设为从橙黄色（其 R、G、B 值分别为 232、206、61）到绿色（其 R、G、B 值分别为 107、171、65），单击“确定”按钮。返回“渐变叠加”对话框，其他选项的设置如图 8-18 所示。

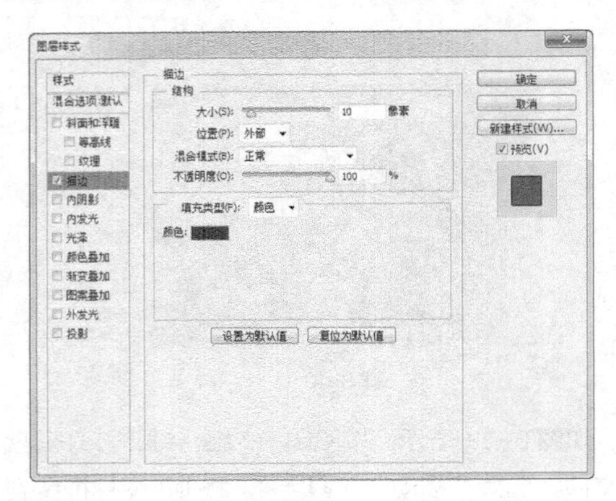

图 8-17

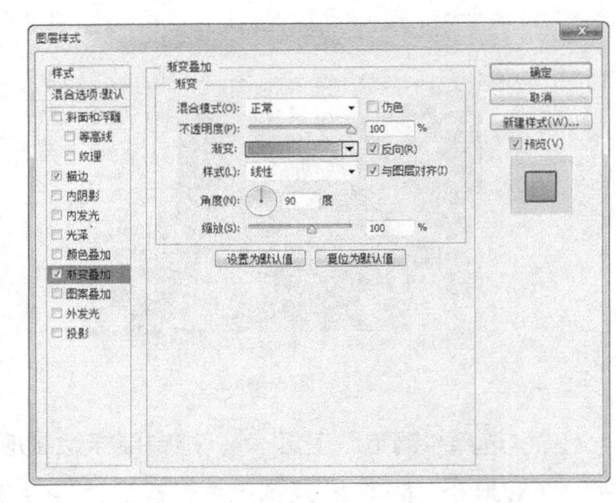

图 8-18

（10）单击“投影”选项，切换到相应的对话框，将“阴影颜色”设为红色（其 R、G、B 值分别为 168、30、52），其他选项的设置如图 8-19 所示。单击“确定”按钮，效果如图 8-20 所示。

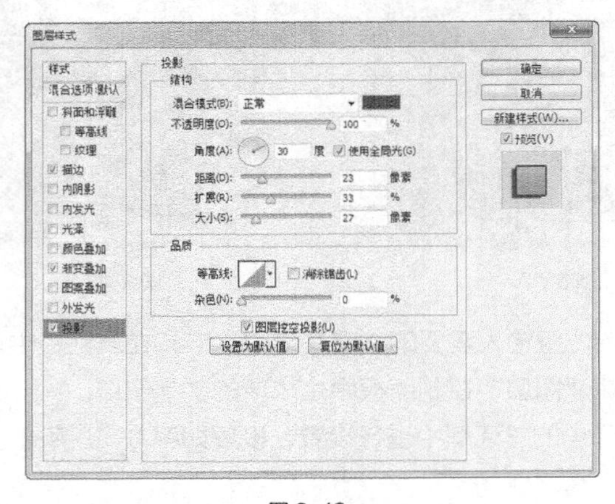

图 8-19

图 8-20

（11）按 Ctrl+O 组合键，打开云盘中的“Ch08 > 素材 > 儿童照片模板设计 > 04”文件。选择“移动”工具，将 04 图片拖曳到 01 图像窗口中适当的位置，调整其大小和角度，如图 8-21 所示，在“图层”控制面板中生成新图层并将其命名为“可爱卡通”。儿童照片模板制作完成。

图 8-21

8.3 婚纱照片模板设计

8.3.1 案例分析

拍摄婚纱照是当下年轻人结婚的必要活动，人们通过照片将人生这个重要的时刻记录下来。婚纱照片模板设计主要是将婚纱照片进行艺术加工处理，达到美化、装饰的作用。本例将制作婚纱照片模板，要求该模版能体现幸福快乐、温馨的主题。

在设计思路上，浅绿色背景营造出清新淡雅的氛围，衬托出了幸福快乐的感觉；背景的透明照片和前面照片形成对比，再添加具有修饰效果的装饰花纹，使画面产生远近变化和层次感；使用纤细轻巧的字体作为搭配，突出了画面的清爽感。

本例将使用“矩形选框”工具、“投影”命令和“不透明度”命令等制作背景，使用“多边形套索”工具、“椭圆”工具、“矩形”工具和“描边”命令等制作相框，使用“水平翻转”命令和“图层混合模式”命令等制作图片，使用“横排文字”工具添加文字，使用“移动”工具添加素材图像图形。

8.3.2 案例设计

本案例设计流程如图 8-22 所示。

绘制背景效果　　添加照片并制作相框

添加装饰图形　　最终效果

图 8-22

8.3.3 案例制作

1. 绘制背景效果

（1）按 Ctrl+N 组合键，弹出“新建”对话框，将“宽度”选项设为“15 厘米”，“高度”选项设为“10 厘米”，“分辨率”设为“300 像素/英寸”，“颜色模式”设为“RGB”，“背景内容”设为“白色”，单击“确定”按钮，新建一个文件。将前景色设为浅绿色（其 R、G、B 的值分别为 236、242、208）。按 Alt+Delete 组合键，用前景色填充“背景”图层，效果如图 8-23 所示。

（2）新建图层并将其命名为“矩形 1”。将前景色设为白色。选择“矩形选框”工具，绘制一个矩形选区。按 Alt+Delete 组合键，用前景色填充选区。按 Ctrl+D 组合键，取消选区，效果如图 8-24 所示。在“图层”控制面板上方，将该图层的“不透明度”选项设为 50%，图像效果如图 8-25 所示。

（3）新建图层并将其命名为“矩形 2”。将前景色设为绿色（其 R、G、B 的值分别为 214、238、192）。选择“矩形选框”工具，绘制一个矩形选区。按 Alt+Delete 组合键，用前景色填充矩形选区。按 Ctrl+D 组合键，取消选区，效果如图 8-26 所示。

图 8-23　　图 8-24

图 8-25　　图 8-26

（4）单击“图层”控制面板下方的“添加图层样式”按钮 fx，在弹出的菜单中选择“投影”命令，弹出对话框，选项的设置如图 8-27 所示。单击“确定”按钮，效果如图 8-28 所示。

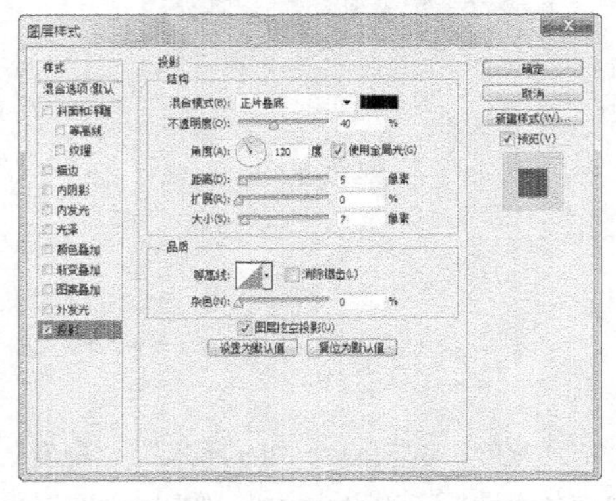

图 8-27

图 8-28

2. 添加照片并制作相框

扫码观看
本案例视频 2

（1）按 Ctrl+O 组合键，打开云盘中的“Ch08 > 素材 > 婚纱照片模板设计 > 01”文件。选择“移动”工具，将人物图片拖曳到刚创建的图像窗口中的适当位置并调整其大小，效果如图 8-29 所示。在“图层”控制面板中生成新的图层并将其命名为“人物照片”，如图 8-30 所示。

（2）按 Ctrl+T 组合键，图像周围出现变换框，在变换框中单击鼠标右键，在弹出的菜单中选择“水平翻转”命令，翻转图像，效果如图 8-31 所示。在“图层”控制面板上方，将该图层的混合模式选项设置为“正片叠底”，图像效果如图 8-32 所示。

图 8-29

图 8-30

图 8-31

图 8-32

（3）新建图层并将其命名为“边角”。将前景色设为白色。选择“多边形套索”工具，绘制一个三角形选区。按 Alt+Delete 组合键，用前景色填充三角形选区，按 Ctrl+D 组合键，取消选区，效果如图 8-33 所示。

（4）新建图层并将其命名为“边角阴影”。将前景色设为黑色。选择“多边形套索”工具，绘制一个三角形选区，按 Alt+Delete 组合键，用前景色填充三角形选区，按 Ctrl+D 组合键，取消选区，效果如图 8-34 所示。在“图层”控制面板上方，将该图层的“不透明度”选项设为 50%，图像效果如图 8-35 所示。

图 8-33

图 8-34

图 8-35

（5）将“边角阴影”图层拖曳到“边角”图层的下方，如图 8-36 所示，图像效果如图 8-37 所示。选中“边角”图层和“边角阴影”图层，单击控制面板下方的“链接图层”按钮，如图 8-38 所示。

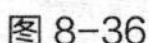
图 8-36

图 8-37

图 8-38

（6）将“边角阴影”图层和“边角”图层拖曳到“图层”控制面板下方的“创建新图层”按钮上复制图层。选择“移动”工具，将边角和边角阴影的副本图形拖曳至适当的位置，效果如图 8-39 所示。按 Ctrl+T 组合键，图形周围出现变换框，在变换框中单击鼠标右键，在弹出的菜单中选择“水平翻转”命令，翻转图形，按 Enter 键确认操作，效果如图 8-40 所示。用相同方法制作其他图形，效果如图 8-41 所示。

（7）新建图层并将其命名为“相框 1”。选择“圆角矩形”工具，在属性栏的“选择工具模式”选项中选择“像素”，在图像窗口中拖曳鼠标绘制一个圆角矩形，效果如图 8-42 所示。

图 8-39

图 8-40

图 8-41

图 8-42

（8）单击“图层”控制面板下方的“添加图层样式”按钮，在弹出的菜单中选择“描边”命令，弹出对话框，将“颜色”设为绿色（其 R、G、B 的值分别为 214、238、192），其他选项的设置如图 8-43 所示。单击“确定”按钮，效果如图 8-44 所示。

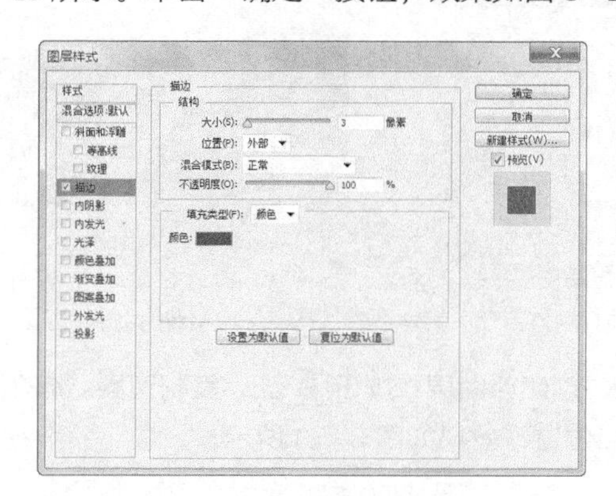

图 8-43

图 8-44

（9）按 Ctrl+O 组合键，打开云盘中的“Ch08 > 素材 > 婚纱照片模板设计 > 01”文件。选择“移动”工具，将人物图像拖曳到图像窗口中的适当位置并调整其大小，效果如图 8-45 所示，在“图层”控制面板中生成新的图层并将其命名为“人物照片 1”。

图 8-45

（10）按 Alt+Ctrl+G 组合键，为图层创建剪贴蒙版，如图 8-46 所示，图像效果如图 8-47 所示。用相同方法制作其他图片，效果如图 8-48 所示。

图 8-46

图 8-47

图 8-48

3. 添加装饰图形

（1）按 Ctrl+O 组合键，打开云盘中的“Ch08 > 素材 > 婚纱照片模板设计 > 04”文件。选择“移动”工具，将花纹图像拖曳到图像窗口中的适当位置并调整其大小，效果如图 8-49 所示，在“图层”控制面板中生成新的图层并将其命名为“花纹”。将“花纹”图层拖曳至“边角阴影”图层的下方，如图 8-50 所示，效果如图 8-51 所示。

扫码观看
本案例视频 3

（2）按 Ctrl+O 组合键，打开云盘中的“Ch08 > 素材 > 婚纱照片模板设计 > 05”文件。选择“移动”工具，分别将 05、06 图片拖曳到图像窗口中的适当位置并调整其大小，效果如图 8-52 所示，在“图层”控制面板中分别生成新的图层并分别将其命名为“文字”“花朵”。

图 8-49

图 8-50

图 8-51

（3）将“花朵”图层拖曳到控制面板下方的“创建新图层”按钮上，复制图层。选择“移动”工具，将副本花朵图形拖曳至图像窗口的适当位置，效果如图 8-53 所示。

图 8-52

图 8-53

（4）按 Ctrl+O 组合键，打开云盘中的“Ch08 > 素材 > 婚纱照片模板设计 > 07”文件。选择“移动”工具，将 07、08、09 图片分别拖曳到图像窗口中的适当位置并调整其大小，效果如图 8-54 所示，在“图层”控制面板中生成新的图层并分别将其命名为“蝴蝶”“装饰”“箭头”。

（5）选择“横排文字”工具，输入需要的文字并选取文字，在属性栏中选择合适的字体并设置文字大小，效果如图 8-55 所示。婚纱照片模板制作完成。

图 8-54

图 8-55

课堂练习 1——综合个人秀模板

练习知识要点

使用“移动”工具、图层的混合模式和不透明度，制作背景效果；使用“圆角矩形”工具、“移动”工具和“创建剪贴蒙版”命令，添加人物照片；使用“横排文字”工具、“字符”面板和图层样式，添加文字。效果如图 8-56 所示。

图 8-56

效果所在位置

云盘/Ch08/效果/综合个人秀模板.psd。

课堂练习 2——个人写真照片模板

练习知识要点

使用“图层蒙版”命令和“渐变”工具，制作背景与人物的融合效果；使用“羽化”命令和“矩形”工具，制作图形的渐隐效果；使用“钢笔”工具、“描边”命令和图层样式，制作线条效果；使用“矩形”工具和“创建剪贴蒙版”命令，制作照片效果；使用“横排文字”工具添加文字。效果如图 8-57 所示。

图 8-57

效果所在位置

云盘/Ch08/效果/个人写真照片模板.psd。

课后习题 1——童话故事照片模板

习题知识要点

使用“图层蒙版”命令和“画笔”工具，制作背景与人物的融合效果；使用“色彩平衡”命令和“自然饱和度”命令，调整图像的颜色；使用“自定形状”工具和图层样式，添加心形；使用“形状”工具、“横排文字”工具和“变形文字”命令，添加文字。效果如图 8-58 所示。

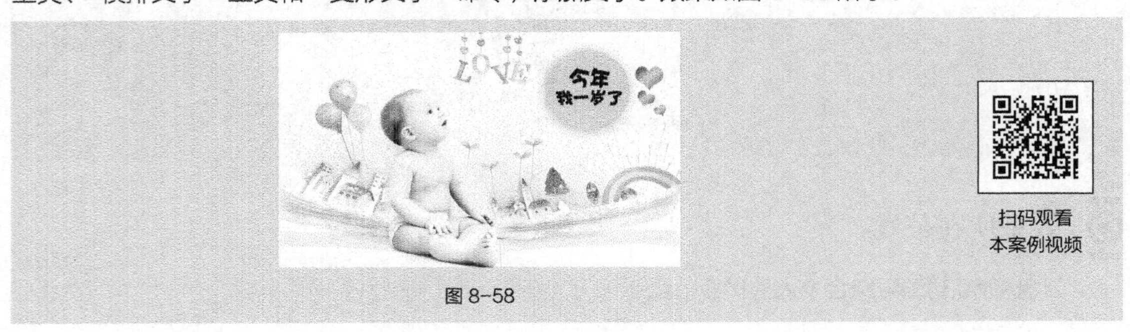

图 8-58

效果所在位置

云盘/Ch08/效果/童话故事照片模板.psd。

课后习题 2——阳光情侣照片模板

习题知识要点

使用“矩形”工具、“创建剪贴蒙版”命令和“复制”命令，制作底图效果；使用“色阶”命令，调整图像的亮度；使用“横排文字”工具和“字符”面板，添加文字。效果如图 8-59 所示。

图 8-59

效果所在位置

云盘/Ch08/效果/阳光情侣照片模板.psd。

09

第9章 卡片设计

卡片，是人们增进交流的一种载体，是传递信息、交流情感的一种工具。卡片的种类繁多，有邀请卡、祝福卡、生日卡、圣诞卡、新年贺卡等。本章以多种类型的卡片为例，讲解卡片的设计方法和制作技巧。

课堂学习目标

- 了解卡片的功能
- 了解卡片的分类
- 掌握卡片的设计思路
- 掌握卡片的设计方法和制作技巧

9.1 卡片设计概述

卡片是设计师无穷无尽的想象力的表现，有些还成为弥足珍贵的收藏品。无论是贺卡、请柬还是宣传卡，都彰显出卡片在生活中极大的艺术价值。一些卡片如图 9-1 所示。

图 9-1

9.2 制作生日贺卡

9.2.1 案例分析

生日是一个值得庆祝，又可以收获礼物和祝福的日子。本例的生日贺卡要表现出温馨愉快、浪漫的气氛。

在设计思路上，粉色背景搭配椭圆形的元素装饰，表现出一种活泼的氛围。下方装点的各色玫瑰花，错落有致，增添的一些变化使画面更加和谐。文字点明主题，选用不会呆板的创意字体，与卡片风格相呼应。整个设计温馨简洁，具有浪漫的感觉。

本例将使用“椭圆”工具，绘制形状和路径；使用“描边”命令，为选区进行描边；使用“横排文字”工具，添加需要的文字；等等。

9.2.2 案例设计

本案例设计流程如图 9-2 所示。

绘制背景效果

添加装饰图像

最终效果

图 9-2

9.2.3 案例制作

1. 绘制背景效果

扫码观看
本案例视频

（1）按 Ctrl+N 组合键，弹出“新建”对话框，将“宽度”选项设为“15.5 厘米”，“高度”选项设为“11 厘米”，“分辨率”设为“300 像素/英寸”，“颜色模式”设为“RGB”，“背景内容”设为“白色”，单击“确定”按钮，新建一个文件。将前景色设为粉色（其 R、G、B 的值分别为 252、169、214），按 Alt+Delete 组合键，用前景色填充背景，效果如图 9-3 所示。

（2）将前景色设为白色。选择“椭圆”工具，在属性栏中的“选择工具模式”选项中选择“形状”，在图像窗口中绘制椭圆形，效果如图 9-4 所示。按 Ctrl+T 组合键，在图形周围出现变换框，将鼠标指针放在变换框的控制手柄外边，指针变为旋转图标，拖曳鼠标将图形旋转到适当的角度，按 Enter 键确认操作，效果如图 9-5 所示。

图 9-3

图 9-4

图 9-5

（3）在“图层”控制面板上方，将“椭圆 1”图层的“不透明度”选项设为“60%”，如图 9-6 所示，图像效果如图 9-7 所示。选择“移动”工具，按住 Alt 键的同时，拖曳椭圆图形到适当的位置，复制图形，按 Ctrl+T 组合键，将图形旋转到适当的角度，并调整其大小及位置，按 Enter 键确认操作，效果如图 9-8 所示。

图 9-6

图 9-7

图 9-8

（4）新建图层并将其命名为“线”，选择“椭圆”工具，在属性栏中的“选择工具模式”选项中选择“路径”，在图像窗口中绘制椭圆形路径，如图 9-9 所示。按 Ctrl+Enter 组合键，将路径转化为选区，效果如图 9-10 所示。

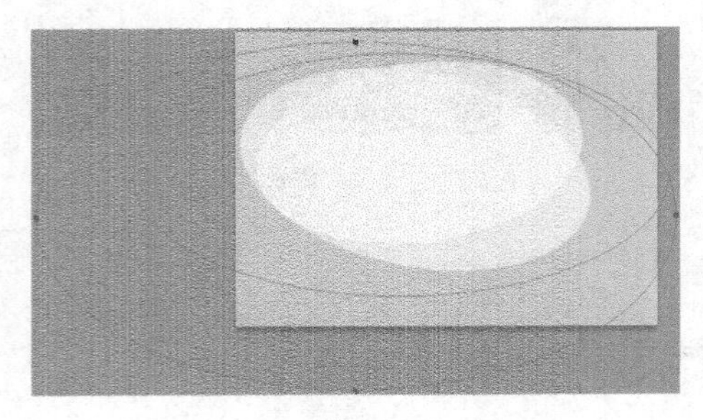
图 9-9

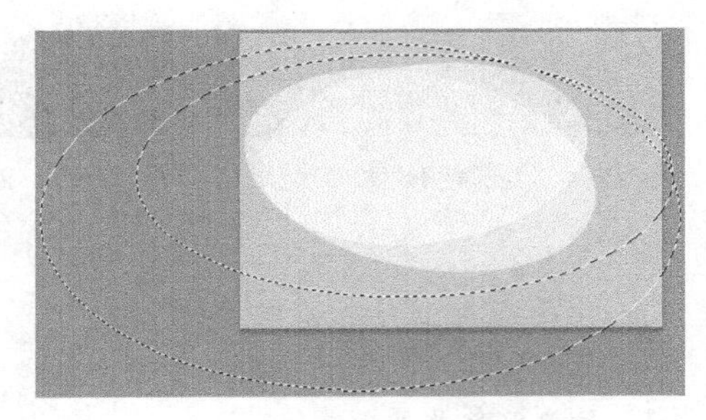
图 9-10

（5）选择“编辑 > 描边”命令，弹出“描边”对话框，设置“颜色”为白色，其他设置如图 9-11 所示。单击“确定”按钮，完成描边。按 Ctrl+D 组合键，取消选区，效果如图 9-12 所示。

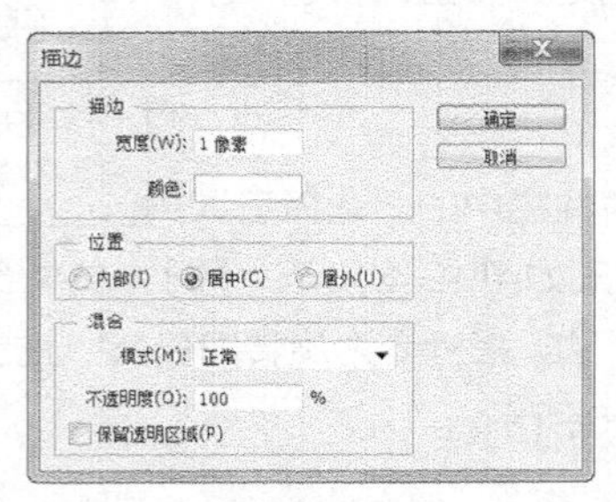

图 9-11

图 9-12

2. 添加文字和装饰图像

（1）按 Ctrl+O 组合键，打开云盘中的“Ch09 > 素材 > 制作生日贺卡 > 01”文件，选择“移动”工具，将 01 图片拖曳到图像窗口适当的位置，效果如图 9-13 所示。在“图层”控制面板中生成新的图层并将其命名为“花朵”。

（2）在“图层”控制面板上方，将“花朵”图层的混合模式选项设为“正片叠底”，如图 9-14 所示，图像效果如图 9-15 所示。

图 9-13

图 9-14

图 9-15

（3）选择“移动”工具，选中“花朵”图层，按住 Alt 键的同时，向上拖曳“花朵”复制图像，并调整图像的大小，图像效果如图 9-16 所示。在“图层”控制面板中生成新的图层并将其命名为“花朵 副本”。在“图层”控制面板上方，将“花朵 副本”图层的“不透明度”设为“10%”，如图 9-17 所示，图像效果如图 9-18 所示。

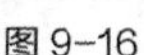
图 9-16

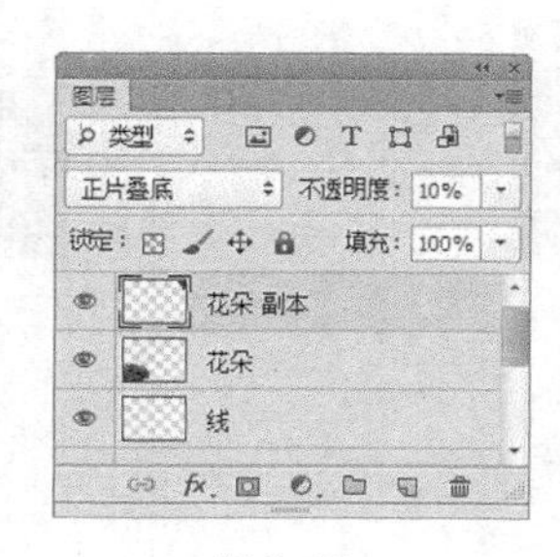

图 9-17

图 9-18

（4）用相同的方法再复制一朵花，将“花朵 副本 2”图层的“不透明度”设为 51%，图像效果如图 9-19 所示。选择“图像 > 调整 > 色相/饱和度”命令，在弹出的对话框中进行设置，设置如图 9-20 所示。单击“确定”按钮，效果如图 9-21 所示。

图 9-19

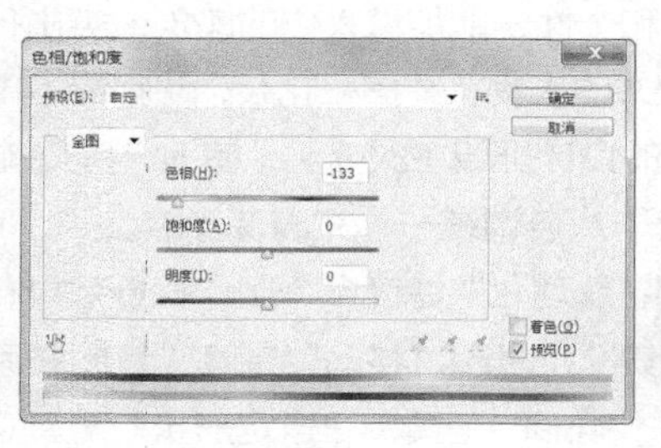

图 9-20

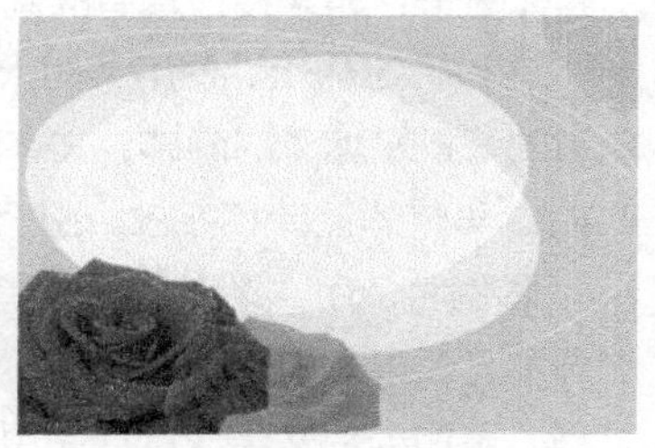
图 9-21

（5）用上述方法复制其他花朵图像，并分别调整图像的色相、饱和度和不透明度，图像效果如图 9-22 所示。

（6）将前景色设为紫色（其 R、G、B 的值分别为 111、55、131）。选择“横排文字”工具 T，输入需要的文字，在属性栏中选择合适的字体并设置文字大小，效果如图 9-23 所示。在“图层”控制面板中生成新的文字图层。

图 9-22

图 9-23

（7）按 Ctrl+T 组合键，在文字周围出现变换框，单击鼠标右键，选择“斜切”命令，倾斜适当的角度，按 Enter 键确认操作，效果如图 9-24 所示。用相同的方法添加其他的文字，效果如图 9-25 所示。生日贺卡制作完成。

图 9-24

图 9-25

9.3 制作美容体验卡

9.3.1 案例分析

随着美容行业的发展，许多爱美人士都会选择定期进行美容和保养。本例是为美容院设计制作的美容体验卡，要求设计具有时尚和个性，能加深人们的印象，突出行业特征。

在设计制作上，使用美丽大方的人物，并搭配花朵，使画面不单调，能够极大地吸引到客户。粉色系的背景增加了时尚感，文字的设计排版主次分明，使人一眼就能看到卡片的核心内容，右上角的 LOGO 与整体设计相呼应。整个卡片色调统一，充满现代感。

本例将使用“渐变”工具和“纹理化”滤镜命令制作背景效果；使用“外发光”命令，为人物添加外发光效果；使用“多边形套索”工具和“移动”工具，复制并添加花朵图像；使用“横排文字”工具，添加卡片文字信息；使用“矩形”工具和“自定形状”工具，制作标志效果；等等。

9.3.2 案例设计

本案例设计流程如图 9-26 所示。

制作背景效果

添加装饰图像

添加文字

最终效果

图 9-26

9.3.3 案例制作

1. 制作背景效果

（1）按 Ctrl+N 组合键，弹出“新建”对话框，将“宽度”选项设为“9 厘米”，“高度”选项设为“5.5 厘米”，“分辨率”设为“300 像素/英寸”，“颜色模式”设为“RGB”，“背景内容”设为“白色”，单击“确定”按钮，新建一个文件。

（2）选择“渐变”工具，单击属性栏中的“点按可编辑渐变”按钮，弹出“渐变编辑器”对话框，将渐变色设为从红色（其 R、G、B 值分别为 218、3、38）到浅红色（其 R、G、B 值分别为 253、64、92），如图 9-27 所示，单击“确定”按钮。选中属性栏中的“径向渐变”按钮，在图像窗口中从左上方向右下方拖曳渐变色，效果如图 9-28 所示。

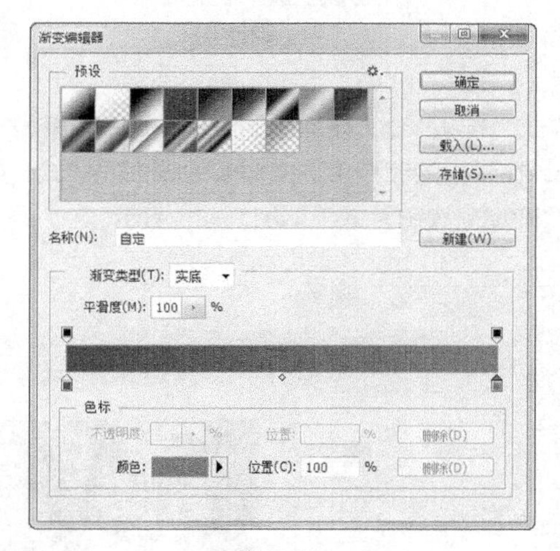

图 9-27

图 9-28

（3）选择“滤镜 > 滤镜库”命令，在弹出的对话框中进行设置，设置如图 9-29 所示。单击“确定”按钮，效果如图 9-30 所示。

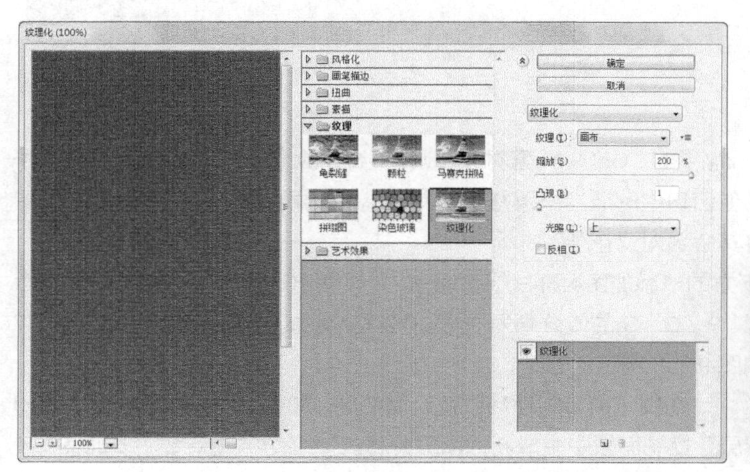

图 9-29

图 9-30

2. 添加装饰图像

（1）按 Ctrl+O 组合键，打开云盘中的“Ch09 > 素材 > 制作美容体验卡 > 01”文件。选择“移动”工具，将 01 图片拖曳到刚创建的背景图像窗口中的适当位置并调整其大小，效果如图 9-31 所示。在“图层”控制面板中生成新的图层并将其命名为“人物”，如图 9-32 所示。

图 9-31

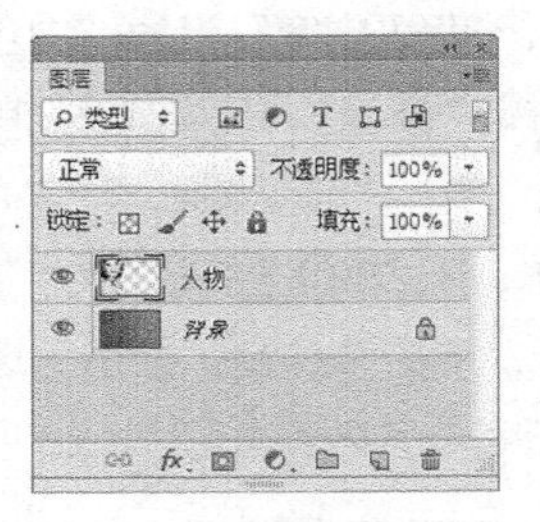

图 9-32

（2）单击“图层”控制面板下方的“添加图层样式”按钮，在弹出的菜单中选择“外发光”命令，弹出对话框，单击“等高线”选项右侧的图标，在弹出的面板中选择需要的等高线样式，如图 9-33 所示，其他选项的设置如图 9-34 所示。单击“确定”按钮，效果如图 9-35 所示。

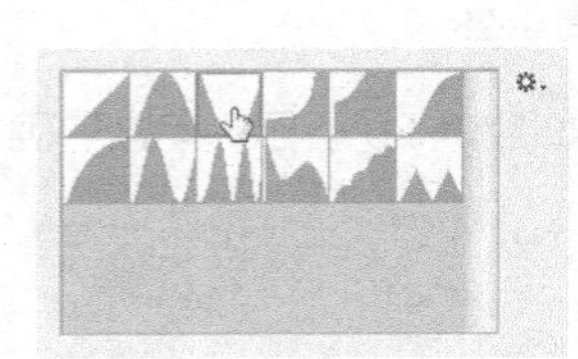

图 9-33

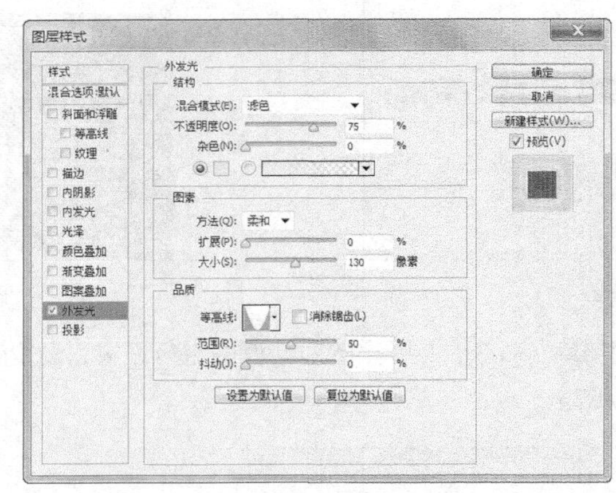

图 9-34

图 9-35

（3）按 Ctrl+O 组合键，打开云盘中的“Ch09 > 素材 > 制作美容体验卡 > 02”文件。选择“移动”工具，将 02 图片拖曳到图像窗口中的适当位置并调整其大小，效果如图 9-36 所示。在“图层”控制面板中生成新的图层并将其命名为“花朵”。

（4）单击“图层”控制面板下方的“添加图层样式”按钮，在弹出的菜单中选择“投影”命令，将“阴影颜色”设为枣红色（其 R、G、B 的值分别为 178、66、27），其他选项的设置如图 9-37 所示，单击“确定”按钮，效果如图 9-38 所示。

（5）选择“多边形套索”工具，在图像窗口中适当位置绘制选区，如图 9-39 所示。按 Ctrl+J 组合键复制选区中的图像，在“图层”控制面板中生成新的图层并将其命名为“花朵 2”，如图 9-40 所示。

图 9-36

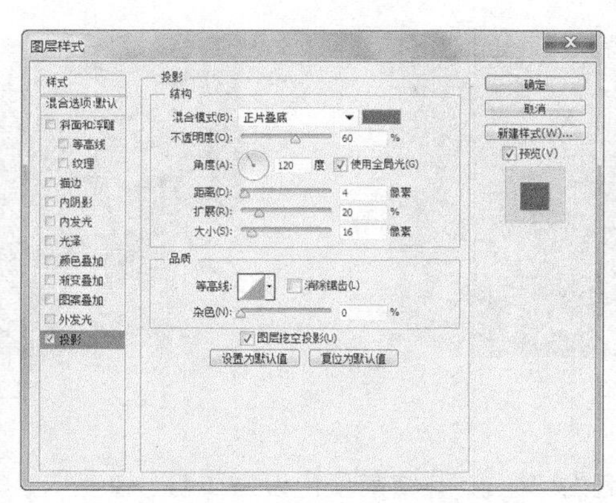

图 9-37

图 9-38

图 9-39

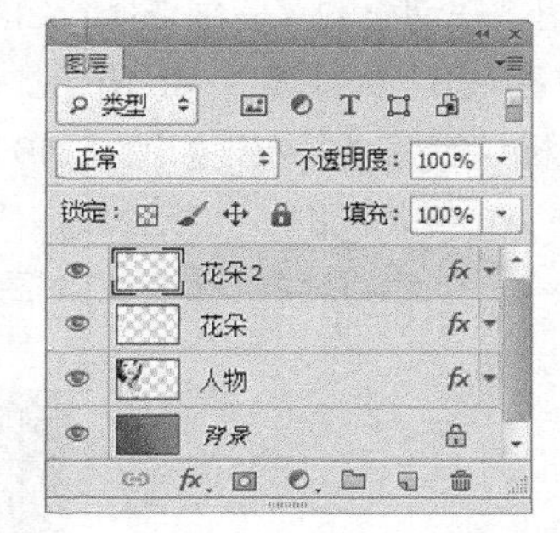

图 9-40

（6）选择“移动”工具，将复制的花朵图像拖曳到图像窗口的适当位置，并调整其大小，如图 9-41 所示。用相同的方法复制另外一个图形，并调整其大小和位置，如图 9-42 所示，在“图层”控制面板中生成新的图层并将其命名为“花朵 3”。

图 9-41

图 9-42

3. 添加文字和标志图形

（1）将前景色设为浅粉色（其 R、G、B 的值分别为 255、187、187）。选择“横排文字”工具 T，分别在适当的位置输入需要的文字并选取文字，在属性栏中分别选择合适的字体并设置文字大小，效果如图 9-43 所示，在“图层”控制面板中生成新的文字图层。

（2）新建图层并将其命名为“方块”。将前景色设为暗红色（其 R、G、B 的值分别为 174、3、28）。选择“矩形”工具，将属性栏中的“选择工具模式”选项设为“像素”，在图像窗口中拖曳鼠标绘制矩形，效果如图 9-44 所示。

图 9-43

图 9-44

（3）新建图层并将其命名为“标志”。将前景色设为浅粉色（其 R、G、B 的值分别为 255、187、187）。选择“自定形状”工具，单击属性栏中的“形状”选项，弹出“形状”面板，单击面板右上方的按钮，在弹出的菜单中选择“自然”选项，弹出提示对话框，单击“追加”按钮，在形状面板中选择需要的形状，如图 9-45 所示。将属性栏中的“选择工具模式”选项设为“像素”，在图像窗口中拖曳鼠标绘制图形，效果如图 9-46 所示。

（4）按住 Alt 键的同时，将指针放在“标志”图层和“方块”图层的中间，鼠标指针变为图标时单击该位置，创建剪贴蒙版，效果如图 9-47 所示。

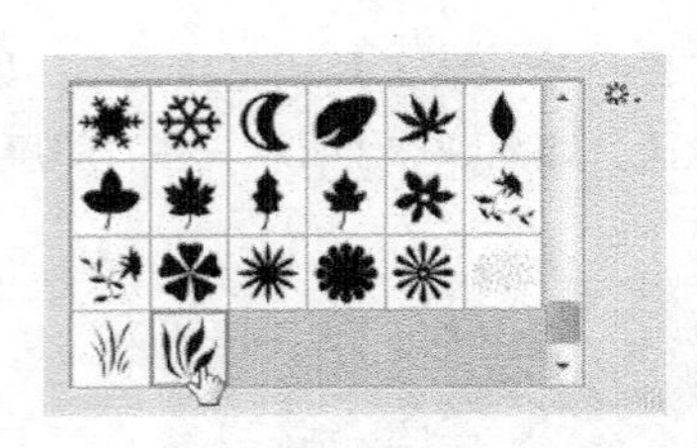

图 9-45

图 9-46

图 9-47

（5）将前景色设为黑色。选择“横排文字”工具，在适当的位置输入需要的文字并选取文字，在属性栏中选择合适的字体并设置文字大小，效果如图 9-48 所示，在“图层”控制面板中生成新的文字图层。美容体验卡制作完成，效果如图 9-49 所示。

图 9-48

图 9-49

课堂练习 1——制作春节贺卡

练习知识要点

使用“钢笔”工具和“图层蒙版”命令，制作背景底图；使用“横排文字”工具，添加卡片文字信息；使用“椭圆”工具和“矩形”工具，绘制装饰图形。效果如图 9-50 所示。

图 9-50

效果所在位置

云盘/Ch09/效果/制作春节贺卡.psd。

课堂练习 2——制作中秋贺卡

练习知识要点

使用“图层蒙版”命令、“画笔”工具，制作图片渐隐效果；使用图层混合模式选项、“不透明度”选项，制作图片叠加效果；使用“高斯模糊”滤镜命令，添加模糊效果；使用多种图层样式命令，为图片和文字添加特殊效果。效果如图 9-51 所示。

图 9-51

效果所在位置

云盘/Ch09/效果/制作中秋贺卡.psd。

课后习题 1——制作蛋糕代金券

习题知识要点

使用“图层蒙版”命令和“渐变”工具，制作背景效果；使用“钢笔”工具和“剪贴蒙版”命令，添加蛋糕图片；使用“图层样式”命令，制作文字投影；使用“横排文字”工具，添加介绍性文字。效果如图 9-52 所示。

图 9-52

效果所在位置

云盘/Ch09/效果/制作蛋糕代金券.psd。

课后习题 2——制作学习卡

习题知识要点

使用“矩形”工具，绘制背景效果；使用“定义图案”命令，定义背景图案；使用“图案填充”命令，填充图案；使用“横排文字”工具，添加文字内容；使用“星形”工具和“矩形”工具，制作装饰图形；使用“图层样式”命令和“描边”命令，制作文字效果。效果如图 9-53 所示。

图 9-53

效果所在位置

云盘/Ch09/效果/制作学习卡.psd。

10 第 10 章 宣传单设计

宣传单是广告的一种，对宣传活动和促销商品起着重要的作用。宣传单通过派送、邮递等形式，可以有效地将信息传达给目标受众。本章以不同类型的宣传单为例，讲解宣传单的设计方法和制作技巧。

课堂学习目标

- 了解宣传单的作用
- 掌握宣传单的设计思路
- 掌握宣传单的设计方法
- 掌握宣传单的制作技巧

10.1 宣传单设计概述

宣传单是将产品和活动信息传播出去的一种广告形式，其最终目的是向客户推销产品，如图 10-1 所示。宣传单可以做成单页，也可以做成多页形成宣传册。

图 10-1

10.2 制作火锅美食宣传单

10.2.1 案例分析

本例是为川义味火锅店设计制作宣传单。以宣传火锅店 10 周年店庆为主，在宣传单上要突出火锅麻辣的特色，展现出该店 10 周年店庆的热闹氛围。

在设计思路上，使用红色作为画面背景，营造出热闹火辣的氛围，同时给人吉祥喜气的感觉，与宣传的主题相呼应。热气腾腾的火锅与食材在宣传单的中心位置，突出了宣传要点，能让人感受到火锅的特色与美味，提高食欲；通过对文字的艺术加工，突出宣传的主题，用色与主题色相呼应，统一性强。

本例将使用“渐变”工具、“矩形选框”工具和“投影”命令等，制作背景图形；使用“不透明度”和“混合模式”选项调整图像；使用“钢笔”工具、“横排文字”工具和“添加图层样式”按钮，制作标题文字；使用“横排文字”工具和“直线”工具，添加宣传性文字和绘制直线；等等。

10.2.2 案例设计

本案例设计流程如图 10-2 所示。

制作背景效果

添加标题文字

添加相关信息

最终效果

图 10-2

10.2.3 案例制作

1. 制作背景效果

扫码观看
本案例视频 1

（1）按 Ctrl+N 组合键，弹出“新建”对话框，将“宽度”选项设为“21.6 厘米”，“高度”选项设为“29.1 厘米”，“分辨率”设为“300 像素/英寸”，“颜色模式”设为“RGB”，“背景内容”设为“白色”，单击“确定”按钮，新建一个文件。

（2）选择“渐变”工具，单击属性栏中的“点按可编辑渐变”按钮，弹出“渐变编辑器”对话框，在“位置”选项中分别输入 0、50、100 这 3 个位置点，分别设置 3 个位置点颜色的 RGB 值为 0（137、0、0），50（255、0、0），100（143、0、0），如图 10-3 所示，单击“确定”按钮，在图像窗口中从上向下拖曳填充渐变色，效果如图 10-4 所示。

（3）按 Ctrl+O 组合键，打开云盘中的“Ch10 > 素材 > 制作火锅美食宣传单 > 01”文件。选择“移动”工具，将 01 图片拖曳到图像窗口中的适当位置并调整其大小，效果如图 10-5 所示，在“图层”控制面板中生成新的图层并将其命名为“底图”。

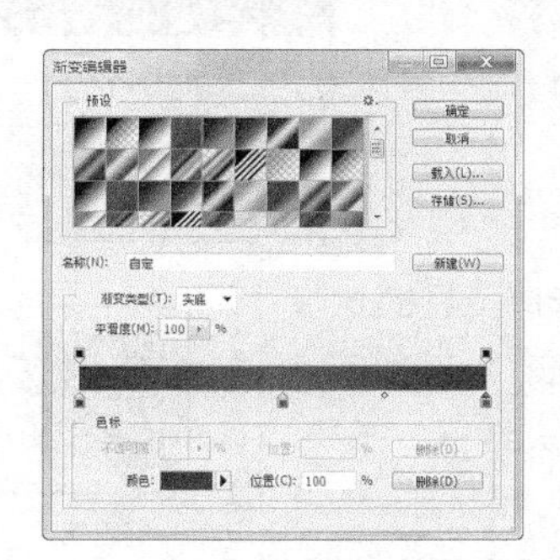

图 10-3

图 10-4

图 10-5

（4）按 Ctrl+O 组合键，打开云盘中的“Ch10 > 素材 > 制作火锅美食宣传单 > 02”文件。选择“移动”工具，将 02 图片拖曳到图像窗口中的适当位置并调整其大小，效果如图 10-6 所示，在“图层”控制面板中生成新的图层并将其命名为“火锅”。

（5）单击“图层”控制面板下方的“添加图层样式”按钮，在弹出的菜单中选择“投影”命令，弹出对话框，选项的设置如图 10-7 所示，单击“确定”按钮，效果如图 10-8 所示。

图 10-6

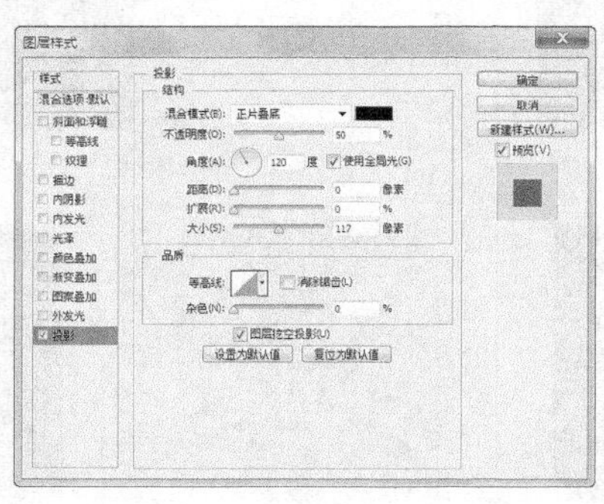

图 10-7

图 10-8

（6）新建图层并将其命名为“红色块”。将前景色设为红色（其 R、G、B 的值分别为 158、0、0）。选择“矩形选框”工具，绘制一个矩形选区。按 Alt+Delete 组合键，用前景色填充矩形选区。按 Ctrl+D 组合键，取消选区，效果如图 10-9 所示。

（7）按 Ctrl+O 组合键，打开云盘中的“Ch10 > 素材 > 制作火锅美食宣传单 > 03”文件。选择“移动”工具，将 03 图片拖曳到图像窗口中的适当位置并调整其大小，效果如图 10-10 所示，在“图层”控制面板中生成新的图层并将其命名为“底纹”。在“图层”控制面板上方，将该图层的混合模式选项设为“叠加”，“不透明度”选项设为“16%”，如图 10-11 所示，按 Enter 键确认操作，效果如图 10-12 所示。

图 10-9

图 10-10

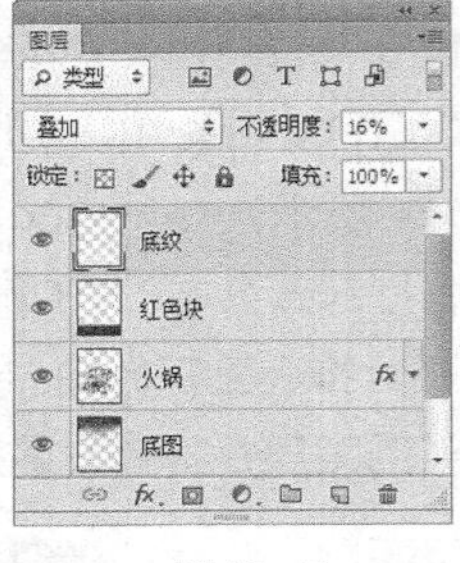

图 10-11

图 10-12

2. 添加标题文字

（1）新建图层并将其命名为“透明色”。将前景色设置为红色（其 R、G、B 的值分别为 158、0、0）。选择“钢笔”工具，在属性栏的“选择工具模式”选项中选择“路径”，在图像窗口中绘制路径，如图 10-13 所示。按 Ctrl+Enter 组合键，将路径转换为选区。按 Alt+Delete 组合键，用前景色填充选区，效果如图 10-14 所示。按 Ctrl+D 组合键，取消选区。

扫码观看
本案例视频 2

（2）将“透明色”图层拖曳到“图层”控制面板下方的“创建新图层”按钮，复制图层。选择“移动”工具，将复制的图形拖曳到图像窗口中适当的位置，效果如图 10-15 所示。在“图层”控制面板上方，将该图层的混合模式选项设为“叠加”，“不透明度”选项设为“60%”，如图 10-16 所示，按 Enter 键确认操作，图像效果如图 10-17 所示。

图 10-13

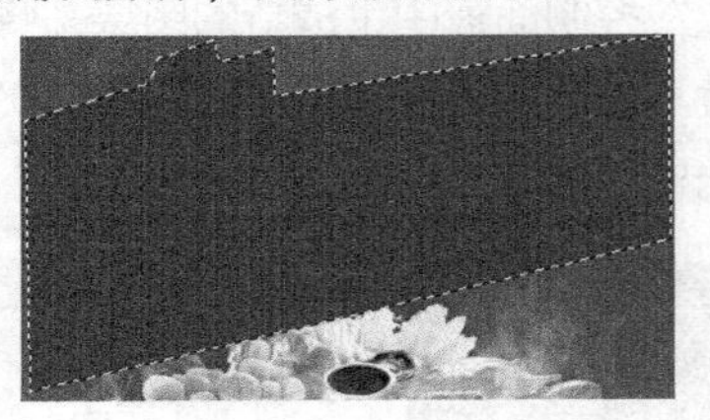
图 10-14

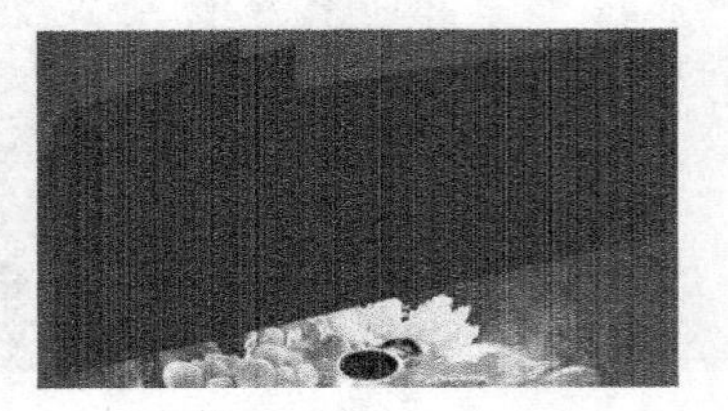
图 10-15

图 10-16

图 10-17

（3）按 Ctrl+O 组合键，打开云盘中的“Ch10 > 素材 > 制作火锅美食宣传单 > 04”文件。选择“移动”工具，将 04 图片拖曳到图像窗口中的适当位置并调整其大小，效果如图 10-18 所示，在“图层”控制面板中生成新的图层并将其命名为“光”。在“图层”控制面板上方将该图层的混合模式选项设为“滤色”，如图 10-19 所示，按 Enter 键确认操作，图像效果如图 10-20 所示。

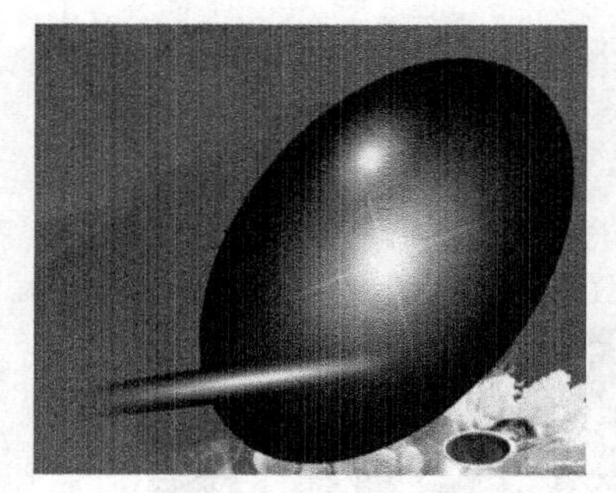
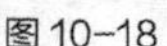
图 10-18

图 10-19

图 10-20

（4）将前景色设为白色。选择“横排文字”工具，在适当的位置输入需要的文字并选取文字，在属性栏中选择合适的字体并设置文字大小，效果如图 10-21 所示，在“图层”控制面板中生成新的文字图层。在该图层上单击鼠标右键，在弹出的菜单中选择“栅格化文字”命令，栅格化图层，如图 10-22 所示。

（5）选择“编辑 > 变换 > 斜切”命令，文字周围出现变换框，向上拖曳右侧中间的控制手柄到适当的位置，按 Enter 键确认操作，效果如图 10-23 所示。

图 10-21

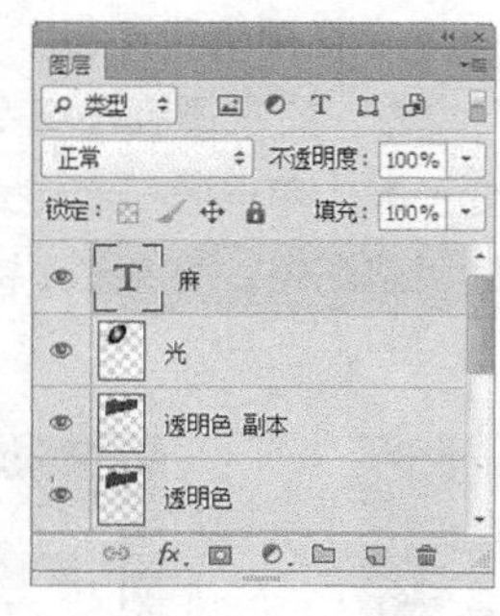

图 10-22

图 10-23

（6）单击“图层”控制面板下方的“添加图层样式”按钮，在弹出的菜单中选择“渐变叠加”命令，弹出对话框，单击“渐变”选项右侧的“点按可编辑渐变”按钮，弹出“渐变编辑器”对话框，将渐变色设为从金黄色（其 R、G、B 的值分别为 220、171、63）到白色，单击“确定”按钮。返回到“渐变叠加”对话框，其他选项的设置如图 10-24 所示。选择“投影”选项，弹出相应的对话框，设置阴影颜色为深红色（其 R、G、B 值分别为 130、0、0），其他选项的设置如图 10-25 所示，单击“确定”按钮，效果如图 10-26 所示。用相同方法添加其他标题文字，效果如图 10-27 所示。

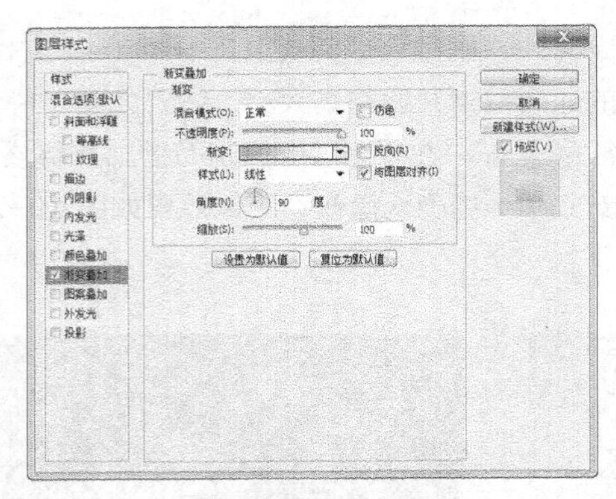
图 10-24

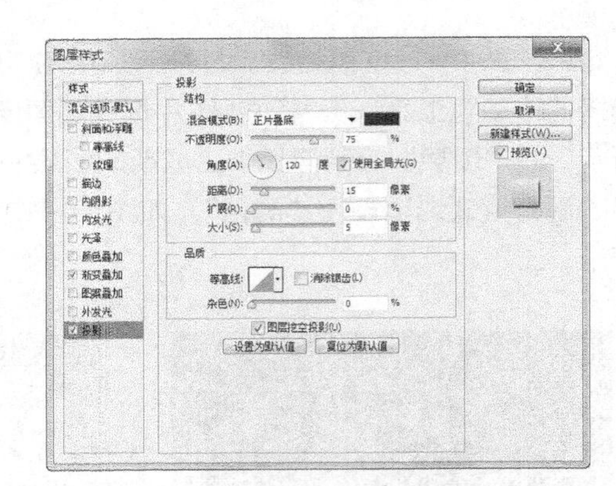
图 10-25

图 10-26

图 10-27

3. 添加相关信息及装饰图形

（1）将前景色设为白色。选择“横排文字”工具 T，在适当的位置输入需要的文字并选取文字，在属性栏中选择合适的字体并设置文字大小，效果如图 10-28 所示，在“图层”控制面板中生成新的文字图层。在该图层上单击鼠标右键，在弹出的菜单中选择“栅格化文字”命令，栅格化图层。

扫码观看
本案例视频 3

（2）选择“编辑 > 变换 > 斜切”命令，文字周围出现变换框，向上拖曳右侧中间的控制手柄到适当的位置，在变换框中单击鼠标右键，在弹出的菜单中选择“透视”命令，拖曳左侧的控制手柄调整图像，按 Enter 键确认操作，效果如图 10-29 所示。

图 10-28

图 10-29

（3）单击“图层”控制面板下方的“添加图层样式”按钮 fx，在弹出的菜单中选择“渐变叠加”命令，弹出对话框，单击“渐变”选项右侧的“点按可编辑渐变”按钮，弹出“渐变编辑器”对话框，将渐变色设为从金黄色（其 R、G、B 的值分别为 220、171、63）到白色，单击“确定”按钮。返回“渐变叠加”对话框，其他选项的设置如图 10-30 所示。选择“投影”选项，弹出相应的对话框，设置阴影颜色为深红色（其 R、G、B 值为 130、0、0），其他选项的设置如图 10-31 所示，单击“确定”按钮，效果如图 10-32 所示。

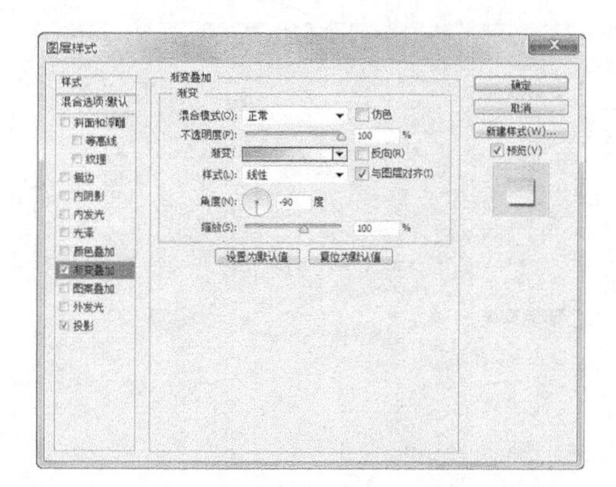
图 10-30

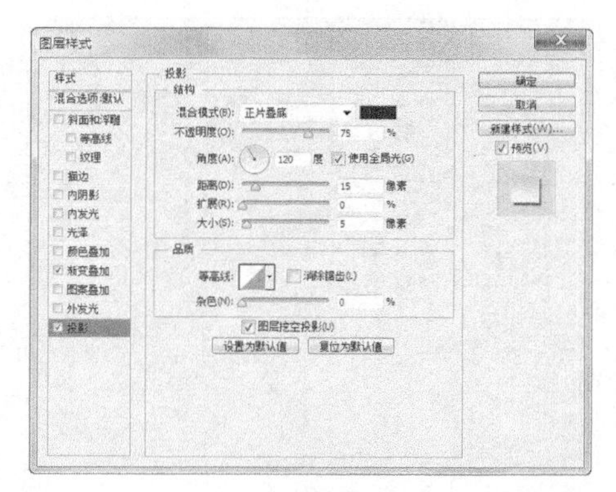
图 10-31

（4）按 Ctrl+O 组合键，打开云盘中的“Ch10 > 素材 > 制作火锅美食宣传单 > 05”文件。选择“移动”工具，将 05 图片拖曳到图像窗口中的适当位置并调整其大小，效果如图 10-33 所示，在“图层”控制面板中生成新的图层并将其命名为“装饰”。

图 10-32

图 10-33

（5）将前景色设为浅黄色（其 R、G、B 的值分别为 235、235、121），选择“横排文字”工具，在适当的位置输入需要的文字并选取文字，在属性栏中选择合适的字体并设置文字大小，效果如图 10-34 所示，在“图层”控制面板中生成新的文字图层。

（6）按 Ctrl+T 组合键，文字周围出现变换框，选择“编辑 > 变换 > 斜切”命令，调整变换框右侧中间节点到适当位置，按 Enter 键确认操作，效果如图 10-35 所示。

图 10-34

图 10-35

（7）单击“图层”控制面板下方的“添加图层样式”按钮，在弹出的菜单中选择“渐变叠加”命令，弹出对话框，单击“渐变”选项右侧的“点按可编辑渐变”按钮，弹出“渐变编辑器”对话框，将渐变色设为从金黄色（其 R、G、B 的值分别为 220、171、63）到白色，单击“确定”

按钮。返回“渐变叠加”对话框，其他选项的设置如图 10-36 所示。选择“投影”选项，弹出相应的对话框，选项的设置如图 10-37 所示，单击“确定”按钮，效果如图 10-38 所示。

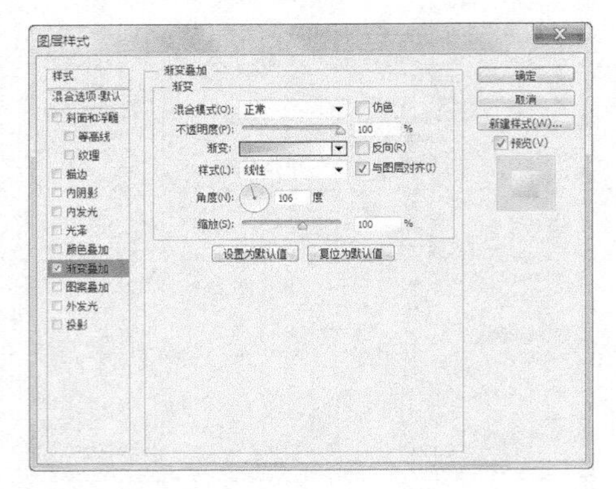

图 10-36

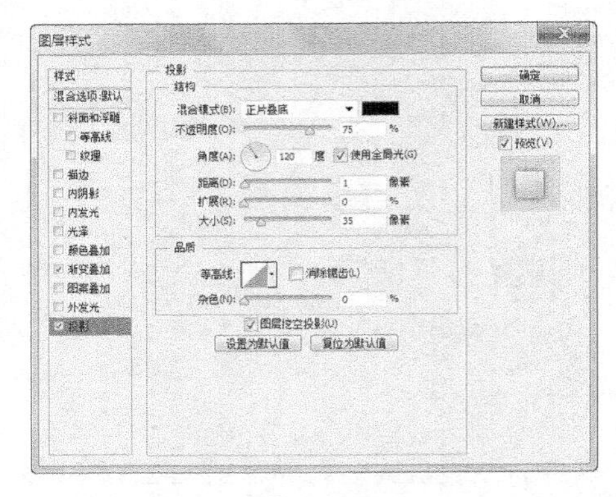

图 10-37

（8）按 Ctrl+O 组合键，打开云盘中的“Ch10 > 素材 > 制作火锅美食宣传单 > 06”文件。选择“移动”工具，将 06 图片拖曳到图像窗口中的适当位置并调整其大小，效果如图 10-39 所示，在“图层”控制面板中生成新的图层并将其命名为“时间”。

图 10-38

图 10-39

（9）新建图层并将其命名为“圆形”。将前景色设为白色。选择“椭圆选框”工具，按住 Shift 键的同时，绘制一个圆形选区。按 Alt+Delete 组合键，用前景色填充选区。按 Ctrl+D 组合键，取消选区，效果如图 10-40 所示。

（10）将前景色设为红色（其 R、G、B 的值分别为 175、0、0）。选择“横排文字”工具 T，在适当的位置输入需要的文字并选取文字，在属性栏中选择合适的字体并设置文字大小，效果如图 10-41 所示，在“图层”控制面板中生成新的文字图层。用相同方法添加其他文字，并填充适当颜色，效果如图 10-42 所示。

图 10-40

图 10-41

图 10-42

（11）将前景色设为白色。选择“横排文字”工具 T，在适当的位置输入需要的文字并选取文字，在属性栏中选择合适的字体并设置文字大小，效果如图 10-43 所示，在“图层”控制面板中生成新的文字图层。用相同方法添加其他文字，效果如图 10-44 所示。

图 10-43

图 10-44

（12）新建图层并将其命名为“竖线”。选择“直线”工具 ⁄，在属性栏中设置“粗细”选项为 3 像素，在适当的位置拖曳绘制直线，效果如图 10-45 所示。

（13）按 Ctrl+O 组合键，打开云盘中的“Ch10 > 素材 > 制作火锅美食宣传单 > 07”文件。选择“移动”工具 ，将 07 图片拖曳到图像窗口中的适当位置并调整其大小，效果如图 10-46 所示，在“图层”控制面板中生成新的图层并将其命名为“二维码”。设置“二维码”图层的混合模式为“滤色”。火锅美食宣传单制作完成。

图 10-45

图 10-46

10.3 制作茶馆宣传单

10.3.1 案例分析

中国是茶的故乡，也是茶文化的发源地。中国发现和利用茶已有四千七百多年的历史，且传遍全球。本例是为茶馆设计制作宣传单，在设计上要求表现中国风，并能突出产品和活动内容。

在设计思路上，背景中包含了茶壶、茶杯和茶叶等，准确地突出了主题。右上角的文字进一步进行强调，排版上具有中国风的感觉。活动内容放在画面正中心的位置，搭配了半透明的底色，更利于观看，并能达到宣传的目的。

本例将使用“高斯模糊”滤镜，对背景图像进行模糊处理；使用“添加图层蒙版”按钮和“画笔”

工具，制作局部隐藏效果；使用“横排文字蒙版”工具和“椭圆”工具，制作小图标；使用“椭圆”工具和“线条”工具，绘制装饰图形；使用“横排文字”工具等，添加文字；等等。

10.3.2 案例设计

本案例设计流程如图 10-47 所示。

制作背景效果

添加文字

添加装饰图形

最终效果

图 10-47

10.3.3 案例制作

1. 添加背景图像和标题文字

扫码观看
本案例视频

（1）按 Ctrl+O 组合键，打开云盘中的“Ch10 > 素材 > 制作茶馆宣传单 > 01”文件，如图 10-48 所示。将“背景”图层拖曳到“图层”控制面板下方的“创建新图层”按钮上进行复制，生成新的图层“背景 副本”。

（2）选择“滤镜 > 模糊 > 高斯模糊”命令，在弹出的对话框中进行设置，设置如图 10-49 所示，单击“确定”按钮，效果如图 10-50 所示。

（3）单击“图层”控制面板下方的“添加图层蒙版”按钮，为“背景 副本”图层添加图层蒙版，如图 10-51 所示。将前景色设为黑色。选择“画笔”工具，在属性栏中单击“画笔”选项右侧的按钮，在弹出的面板中选择需要的画笔形状，设置如图 10-52 所示，在图像窗口中拖曳鼠标擦除不需要的图像，效果如图 10-53 所示。

图 10-48

图 10-49

图 10-50

图10-51

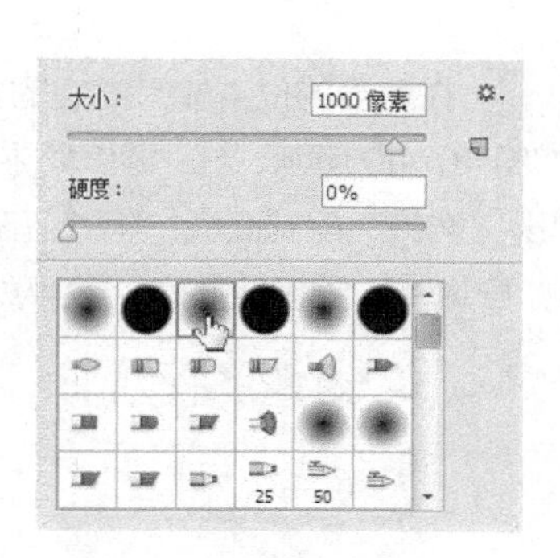

图10-52

图10-53

（4）将前景色设为白色。选择“横排文字”工具T，在适当的位置输入需要的文字并选取文字，在属性栏中选择合适的字体并设置文字大小，效果如图 10-54 所示，在“图层”控制面板中生成新的文字图层。

（5）新建图层并将其命名为“红色圆”。将前景色设为红色（其 R、G、B 的值分别为 186、4、4）。选择“椭圆”工具，在属性栏中的“选择工具模式”选项中选择“像素”，按住 Shift 键的同时在图像窗口中拖曳鼠标绘制一个圆形，效果如图 10-55 所示。

（6）选择“横排文字蒙版”工具，在红色圆形上输入需要的文字并选取文字，在属性栏中选择合适的字体并设置文字大小，效果如图 10-56 所示。按 Delete 键，删除选区中的图像。按 Ctrl+D 组合键，取消选区，图像效果如图 10-57 所示。

图10-54

图10-55

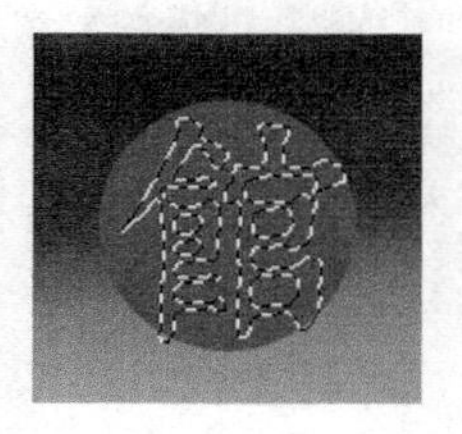
图10-56

图10-57

（7）将前景色设为白色。选择“横排文字”工具T，在适当的位置输入需要的文字并选取文字，在属性栏中选择合适的字体并设置文字大小，按 Alt+←组合键，调整文字的间距，效果如图 10-58 所示，在“图层”控制面板中生成新的文字图层。

（8）新建图层并将其命名为“横线”。选择“直线”工具，在属性栏的“选择工具模式”选项中选择“像素”，将“粗细”选项设为 5 像素，按住 Shift 键的同时，在图像窗口中绘制一条横线，效果如图 10-59 所示。

图10-58

图10-59

（9）选择“直排文字”工具，在适当的位置输入需要的文字并选取文字，在属性栏中选择合适的字体并设置文字大小，效果如图 10-60 所示，在“图层”控制面板中生成新的文字图层。

（10）按 Ctrl+T 组合键，弹出“字符”控制面板，将“行距”选项设置为“7 点”，其他选项的设置如图 10-61 所示，按 Enter 键确认操作，效果如图 10-62 所示。

图 10-60

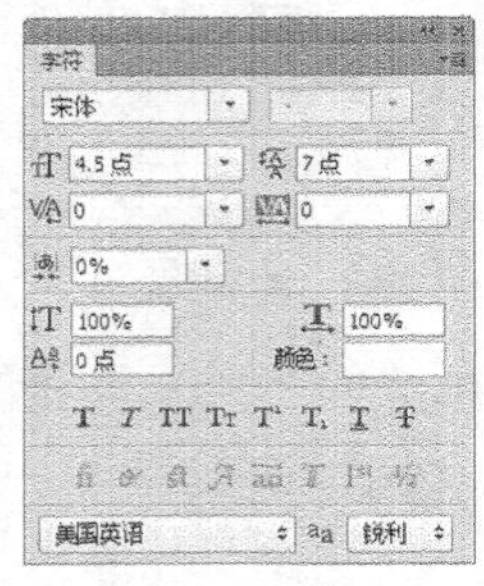

图 10-61

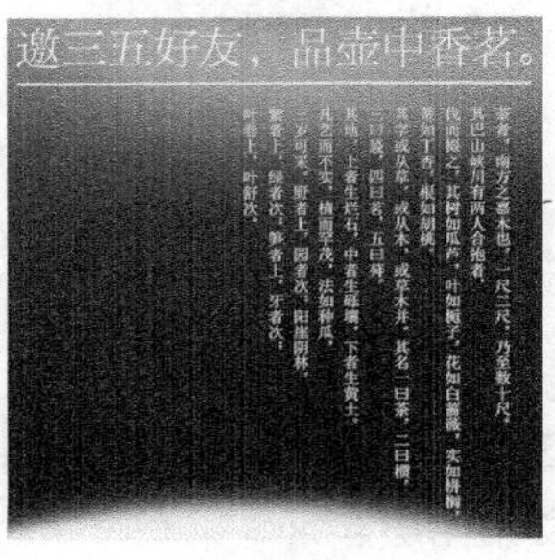

图 10-62

2. 添加宣传性文字

（1）新建图层并将其命名为“色块”。选择“多边形套索”工具，在图像窗口中绘制选区，如图 10-63 所示。按 Alt+Delete 组合键，用前景色填充选区。按 Ctrl+D 组合键，取消选区，效果如图 10-64 所示。

（2）在“图层”控制面板上方，将“色块”图层的“不透明度”选项设为“60%”，如图 10-65 所示，图像效果如图 10-66 所示。

图 10-63

图 10-64

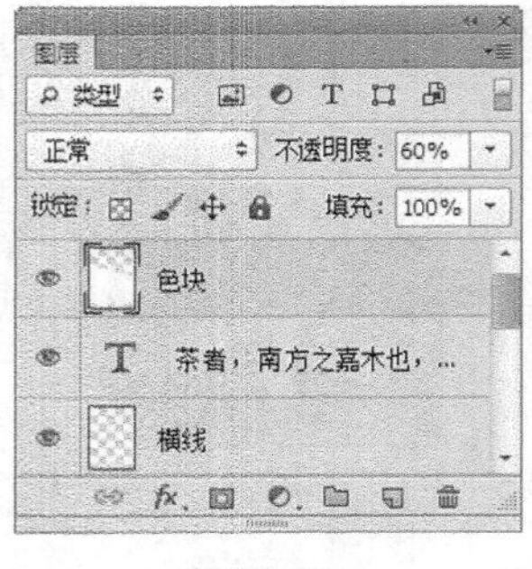

图 10-65

图 10-66

（3）将前景色设为黑色。选择“横排文字”工具，在适当的位置输入需要的文字并选取文字，在属性栏中选择合适的字体并设置文字大小，效果如图 10-67 所示，在“图层”控制面板中生成新的文字图层。

（4）将前景色设为红色（其 R、G、B 的值分别为 186、4、4）。选择“横排文字”工具，在适当的位置输入需要的文字并选取文字，在属性栏中选择合适的字体并设置文字大小，效果如图 10-68 所示，在“图层”控制面板中生成新的文字图层。

（5）新建图层并将其命名为“红色”。选择“椭圆”工具，在属性栏中的“选择工具模式”选项中选择“像素”，按住 Shift 键的同时，在图像窗口中拖曳鼠标绘制一个圆形。选择“直线”工具，按住 Shift 键的同时，在图像窗口中绘制一条直线，效果如图 10-69 所示。

（6）将前景色设为白色。选择“横排文字”工具，在适当的位置输入需要的文字并选取文字，在属性栏中选择合适的字体并设置文字大小，效果如图 10-70 所示，在“图层”控制面板中生成新的文字图层。

图 10-67

图 10-68

图 10-69

图 10-70

（7）将前景色设为黑色。选择“横排文字”工具 T，在适当的位置输入需要的文字并选取文字，在属性栏中选择合适的字体并设置文字大小，按 Alt+←组合键，调整文字的间距，效果如图 10-71 所示，在“图层”控制面板中生成新的文字图层。

（8）将前景色设为红色（其 R、G、B 的值分别为 186、4、4）。选择“横排文字”工具 T，在适当的位置输入需要的文字并选取文字，在属性栏中选择合适的字体并设置文字大小，效果如图 10-72 所示，在“图层”控制面板中生成新的文字图层。使用（5）（6）（7）（8）中的方法制作其他图形和文字效果，效果如图 10-73 所示。

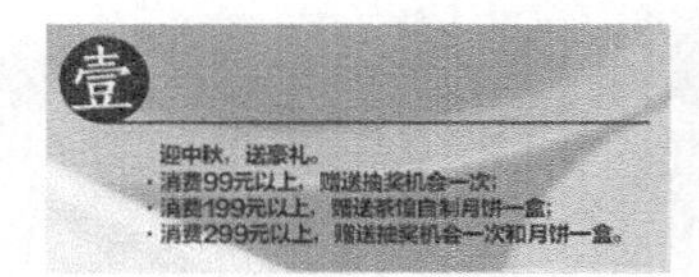

图 10-71

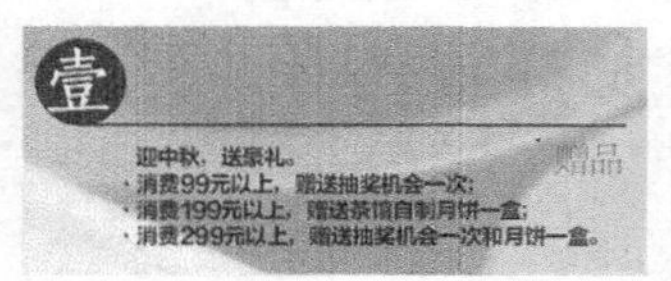

图 10-72

图 10-73

（9）将前景色设为黑色。选择“横排文字”工具 T，在适当的位置输入需要的文字并选取文字，在属性栏中选择合适的字体并设置文字大小，效果如图 10-74 所示，在“图层”控制面板中生成新的文字图层。茶馆宣传单制作完成，效果如图 10-75 所示。

图 10-74

图 10-75

课堂练习 1——制作促销宣传单

练习知识要点

使用“渐变”工具和“图层蒙版”命令，制作背景效果；使用“横排文字”工具、“栅格化文字”命令和“钢笔”工具，制作标题文字；使用“横排文字”工具，添加宣传性文字。效果如图 10-76 所示。

图 10-76

效果所在位置

云盘/Ch10/效果/制作促销宣传单.psd。

课堂练习 2——制作街舞大赛宣传单

练习知识要点

使用“移动”工具，添加素材图片；使用“钢笔”工具，绘制装饰图形；使用图层的混合模式和不透明度，制作图像的合成效果；使用“横排文字”工具，添加文字信息。效果如图 10-77 所示。

图 10-77

效果所在位置

云盘/Ch10/效果/制作街舞大赛宣传单.psd。

课后习题 1——制作饮水机宣传单

习题知识要点

使用“横排文字”工具，添加标题文字；使用“栅格化”命令、“套索”工具、“钢笔”工具，制作标题文字效果；使用“创建剪贴蒙版”命令，制作水滴效果；使用“收缩”命令和“羽化”命令，制作立体字效果。效果如图 10-78 所示。

图 10-78

效果所在位置

云盘/Ch10/效果/制作饮水机宣传单.psd。

课后习题 2——制作空调宣传单

习题知识要点

使用“渐变”工具和图层混合模式，制作背景效果；使用“椭圆”工具和图层样式，制作装饰图形；使用“钢笔”工具、“图层蒙版”命令和“渐变”工具，制作图形渐隐效果；使用“自定形状”工具和图层样式，制作星形；使用“横排文字”工具和“变换”命令，添加宣传性文字。效果如图 10-79 所示。

图 10-79

扫码观看 本案例视频 1

扫码观看 本案例视频 2

扫码观看 本案例视频 3

扫码观看 本案例视频 4

效果所在位置

云盘/Ch10/效果/制作空调宣传单.psd。

11

第 11 章 海报设计

海报是一种大众化的广告载体，又名“招贴”或“宣传画”。海报具有尺寸大、远视性强、艺术性高的特点，在宣传媒介中占有重要的地位。本章以多个主题的海报为例，讲解海报的设计方法和制作技巧。

课堂学习目标

- 了解海报的概念
- 了解海报的种类和特点
- 了解海报的表现方式
- 掌握海报的设计思路
- 掌握海报的设计方法和制作技巧

11.1 海报设计概述

海报分布在街道、影剧院、展览会、商业闹区、车站、码头、公园等公共场所，用来完成一定的宣传任务。文化类的海报，更加接近于纯粹的艺术表现，是最能张扬个性的一种艺术形式，一个设计师的精神、一个企业的精神，甚至一个国家、一个民族的精神都可以注入其中。商业海报具有一定的商业意义，其艺术性服务于商业目的。

11.1.1 海报的种类

海报按其应用大致可以分为商业海报、文化海报、电影海报和公益海报等，如图 11-1 所示。

商业海报　　文化海报　　电影海报　　公益海报

图 11-1

11.1.2 海报的特点

（1）尺寸大。海报张贴于公共场所，会受到周围环境等各种因素的干扰，所以必须以大画面及突出的形象和色彩展现在人们面前。其尺寸有全开、对开、长三开及特大画面（八张全开）等。

（2）远视性强。为了给来去匆忙的人们留下视觉印象，除了尺寸大之外，海报设计还要充分体现定位设计的原理，以突出的商标、标志、标题、图形，对比强烈的色彩，大面积的空白，简单的视觉流程使海报成为视觉焦点。

（3）艺术性高。商业海报的表现形式以具体的有艺术表现力的摄影、造型写实的绘画或漫画形式为主，给人们留下真实感人和富有幽默情趣的感受；非商业海报则内容广泛、形式多样，艺术表现力丰富，特别是文化艺术类的海报，根据广告主题设计师可以充分发挥想象力，尽情施展艺术手段。

11.1.3 海报的表现方式

（1）文字语言的视觉表现。在海报中，标题的第一功能是吸引注意，第二功能是帮助潜在消费者做出购买意向，第三功能是引导潜在消费者阅读海报内容。因此，在设计时，标题要放在醒目的位置，例如视觉中心。在海报中，标语可以放在画面的任何位置，如果将其放在显要的位置，可以替代标题发挥作用，如图 11-2 所示。

（2）非文字语言的视觉表现。在海报中，插画的地位十分重要，它比文字更具有表现力。海报中的插画主要有三大功能：吸引消费者注意力、快速将海报主题传达给消费者、促使消费者进一步得知海报信息的细节。如图 11–3 所示。

设计海报的视觉表现时，还要注意处理好图文比例的关系，即进行海报的视觉设计时是以文字语言为主还是以非文字语言为主，要根据具体情况而定。

图 11–2

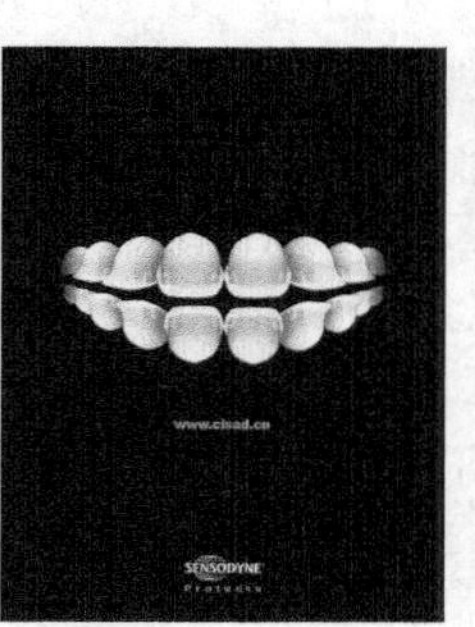

图 11–3

11.2 制作美食海报

11.2.1 案例分析

本例是为义食客的招牌肥牛饭设计制作促销海报，要求抓住促销产品的特色和销售卖点进行设计，能够吸引消费者。

在设计思路上，暖色调的橙色背景起到衬托前方宣传主体的作用，同时能引发人们的食欲，达到宣传的目的。简洁清晰的宣传文字能使消费者快速接收到主要信息，让人一目了然，印象深刻。肥牛饭置于文字下方，醒目突出，宣传性强。

本例将使用“矩形”工具绘制背景，使用“添加图层样式”按钮、“色阶”和“曝光度”命令调整制作产品图片，使用“横排文字”工具和“圆角矩形”工具制作宣传语，使用“自定形状”工具绘制箭头形状，使用“钢笔”工具和“横排文字”工具制作路径文字等。

11.2.2 案例设计

本案例设计流程如图 11–4 所示。

制作背景效果

制作标题文字

添加其他信息

最终效果

图 11–4

11.2.3 案例制作

1. 制作背景底图

（1）按 Ctrl+N 组合键，弹出“新建”对话框，将“宽度”选项设为“7 厘米”，“高度”选项设为“10 厘米”，“分辨率”设为“300 像素/英寸”，“颜色模式”设为“RGB”，“背景内容”设为“白色”，单击“确定”按钮，新建一个文件。将前景色设为橙色（其 R、G、B 的值分别为 239、110、16）。按 Alt+Delete 组合键，用前景色填充“背景”图层，效果如图 11-5 所示。

（2）将前景色设为黑色。选择“矩形”工具，在属性栏的“选择工具模式”选项中选择“形状”，在图像窗口的下方拖曳鼠标绘制图形，效果如图 11-6 所示。

（3）按 Ctrl+O 组合键，打开云盘中的“Ch11 > 素材 > 制作美食海报 > 01”文件。选择“移动”工具，将 01 图片拖曳到图像窗口中适当的位置，效果如图 11-7 所示，在“图层”控制面板中生成新的图层并将其命名为“饭”。

图 11-5

图 11-6

图 11-7

（4）单击“图层”控制面板下方的“添加图层样式”按钮，在弹出的菜单中选择“投影”命令，弹出对话框，选项的设置如图 11-8 所示，单击“确定”按钮，效果如图 11-9 所示。

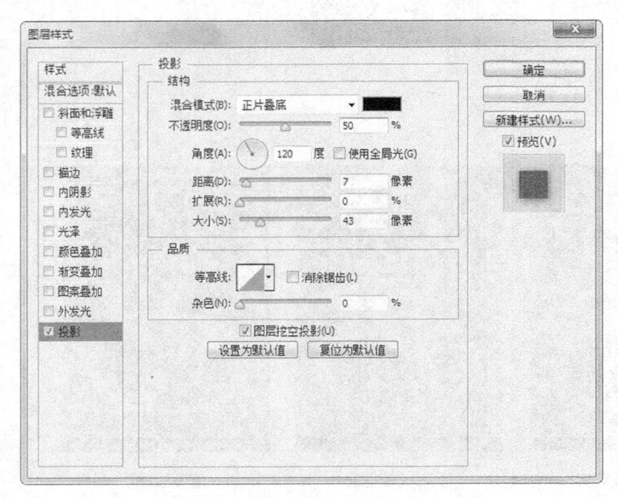

图 11-8

图 11-9

（5）单击“图层”控制面板下方的“创建新的填充或调整图层”按钮，在弹出的菜单中选择“色阶”命令，在“图层”控制面板中生成“色阶 1”图层，同时在弹出的“色阶”面板中进行设置，设置如图 11-10 所示，按 Enter 键确认操作，图像效果如图 11-11 所示。

（6）按住 Alt 键的同时，将鼠标指针放在“色阶 1”图层和“饭”图层的中间，指针变为图标，单击该位置，创建剪贴蒙版，图像效果如图 11-12 所示。

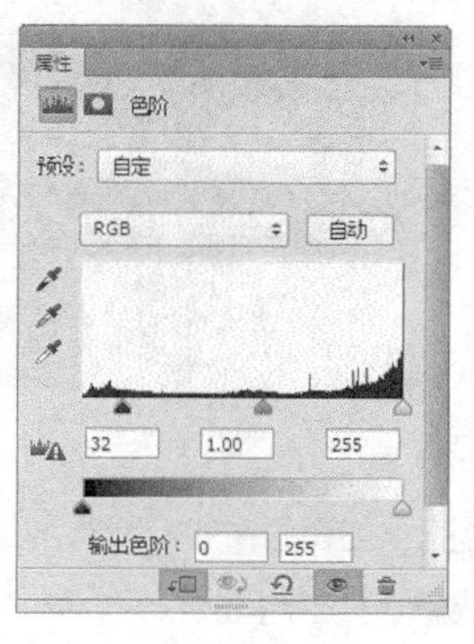

图 11-10

图 11-11

图 11-12

（7）单击“图层”控制面板下方的“创建新的填充或调整图层”按钮，在弹出的菜单中选择“曝光度”命令，在“图层”控制面板中生成“曝光度 1”图层，同时在弹出的“曝光度”面板中进行设置，设置如图 11-13 所示，按 Enter 键确认操作，效果如图 11-14 所示。

（8）按住 Alt 键的同时，将鼠标指针放在“色阶 1”图层和“饭”图层的中间，指针变为图标，单击该位置，创建剪贴蒙版，图像效果如图 11-15 所示。

图 11-13

图 11-14

图 11-15

2. 添加并编辑标题文字

（1）单击“图层”控制面板下方的“创建新组”按钮，生成新的图层组并将其命名为“宣传语”。将前景色设为黑色。选择“横排文字”工具T，在适当的位置输入文字并选取文字，在属性栏中选择合适的字体并设置文字大小，效果如图 11-16 所示，在“图层”控制面板中生成新的文字图层。选取文字“肥”，填充文字为红色（其 R、G、B 的值分别为 169、1、1），取消文字选取状态，效果如图 11-17 所示。

扫码观看
本案例视频 2

（2）将前景色设为橙色（其 R、G、B 的值分别为 243、126、40）。选择“圆角矩形”工具，在属性栏的“选择工具模式”选项中选择“形状”，将“半径”选项设为“15 像素”，按住 Shift 键的同时，在图像窗口中拖曳鼠标绘制两个圆角矩形，效果如图 11-18 所示。将前景色设为黑色。再次在图像窗口中绘制两个圆角矩形，效果如图 11-19 所示。

图 11-16

图 11-17

图 11-18

图 11-19

（3）选择“横排文字”工具 T，在适当的位置输入文字并选取文字，在属性栏中选择合适的字体并设置文字大小，效果如图 11-20 所示，在“图层”控制面板中生成新的文字图层。

（4）将前景色设为白色。选择“矩形”工具，在属性栏的“选择工具模式”选项中选择“形状”，在图像窗口中拖曳鼠标绘制图形，效果如图 11-21 所示。

图 11-20

图 11-21

（5）单击“图层”控制面板下方的“添加图层样式”按钮 fx，在弹出的菜单中选择“描边”命令，弹出对话框，将“颜色”设为深蓝色（其 R、G、B 的值分别为 0、96、152），其他选项的设置如图 11-22 所示，单击“确定”按钮，效果如图 11-23 所示。使用（4）中方法再次绘制矩形，效果如图 11-24 所示。

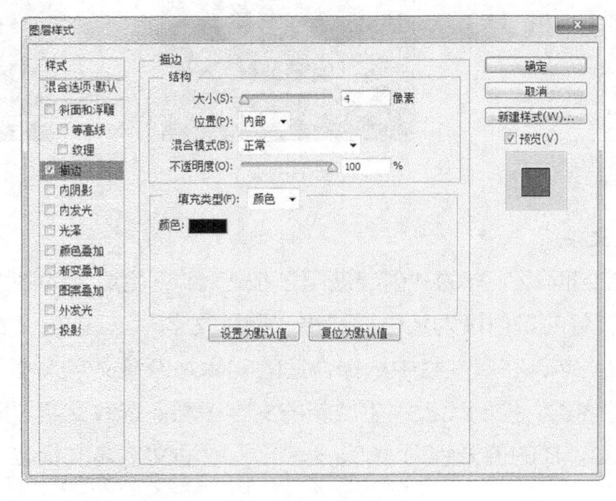

图 11-22

图 11-23

图 11-24

（6）将前景色设为黑色。选择“横排文字”工具 T，在适当的位置输入文字并选取文字，在属性栏中选择合适的字体并设置文字大小，效果如图 11-25 所示，在“图层”控制面板中生成新的文字图层。

图 11-25

（7）在“图层”控制面板中，按住 Ctrl 键的同时，选中需要的图层，如图 11-26 所示。按 Ctrl+E 组合键合并图层，如图 11-27 所示。按 Ctrl+T 组合键，在图像周围出现变换框，将指针放在变换框的控制手柄外，拖曳鼠标将图像旋转到适当的角度，按 Enter 键确认操作，效果如图 11-28 所示。单击“宣传语”图层组左侧的三角形图标，将图层组中的图层隐藏。

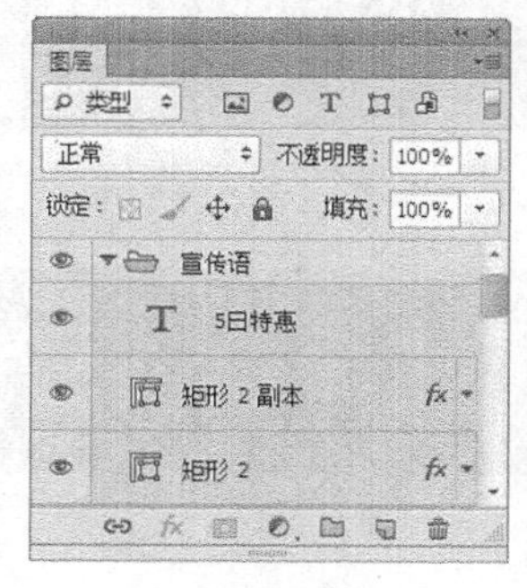

图 11-26

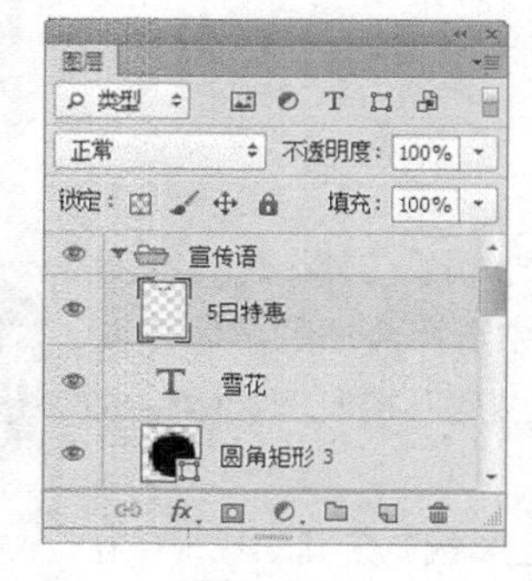

图 11-27

图 11-28

（8）单击“图层”控制面板下方的“创建新组”按钮，生成新的图层组并将其命名为“日期”。将前景色设为黑色。选择“横排文字”工具 T，在适当的位置输入文字并选取文字，在属性栏中选择合适的字体并设置文字大小，效果如图 11-29 所示，在“图层”控制面板中生成新的文字图层。分别选中文字“月”“日”，在属性栏中设置文字大小，效果如图 11-30 所示。

图 11-29

图 11-30

（9）将前景色设为橙色（其 R、G、B 的值分别为 239、110、16）。选择“椭圆”工具，在属性栏的“选择工具模式”选项中选择“形状”，按住 Shift 键的同时，在图像窗口中拖曳鼠标绘制圆形，效果如图 11-31 所示，在“图层”控制面板中生成新的形状图层“椭圆 1”。

图 11-31

（10）单击“图层”控制面板下方的“添加图层样式”按钮 fx.，在弹出的菜单中选择“描边”命令，弹出对话框，选项的设置如图 11-32 所示，单击“确定”按钮，效果如图 11-33 所示。

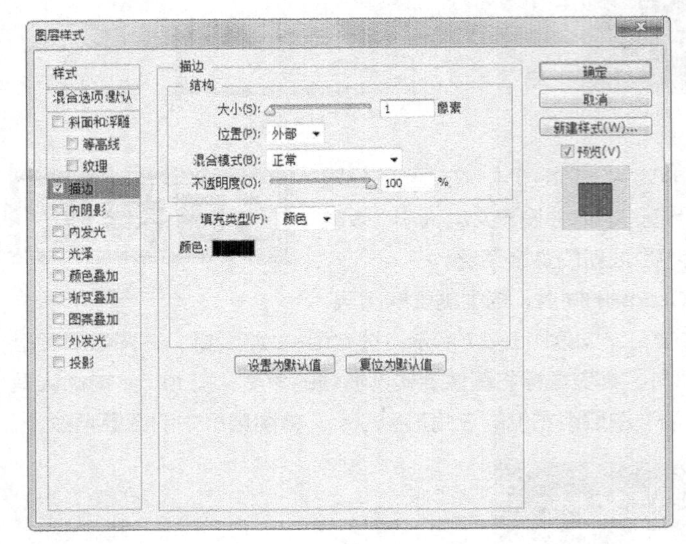

图 11-32

图 11-33

（11）将前景色设为黑色。选择“横排文字”工具 T，在适当的位置输入文字并选取文字，在属性栏中选择合适的字体并设置文字大小，效果如图 11-34 所示，在“图层”控制面板中生成新的文字图层。

图 11-34

（12）将前景色设为黑色。选择“自定形状”工具，单击属性栏中的“形状”选项，弹出“形状”面板，单击面板右上方的按钮，在弹出的菜单中选择“全部”选项，弹出提示对话框，单击“确定”按钮。在“形状”面板中选中图形“箭头 9”，如图 11-35 所示。在属性栏的“选择工具模式”选项中选择“形状”，按住 Shift 键的同时，在图像窗口中拖曳鼠标绘制图形，如图 11-36 所示。

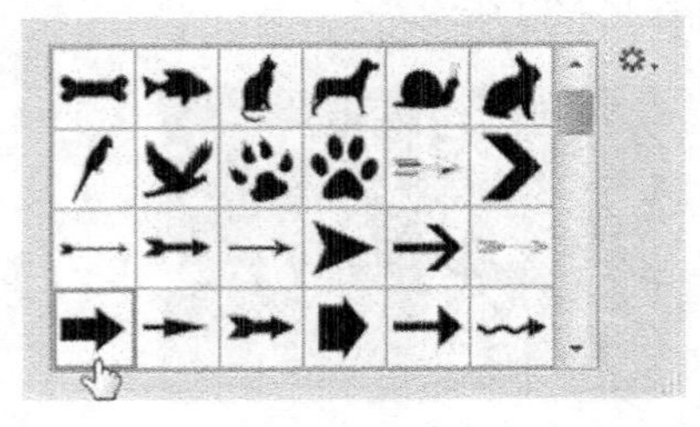

图 11-35

图 11-36

（13）选择“横排文字”工具 T，在适当的位置输入文字并选取文字，在属性栏中选择合适的字体并设置文字大小，效果如图 11-37 所示，在“图层”控制面板中生成新的文字图层。

（14）选取需要的文字。按 Ctrl+T 组合键，弹出“字符”面板，将“设置所选字符的字距调整”选项设置为“50”，其他选项的设置如图 11-38 所示，按 Enter 键确认操作，效果如图 11-39 所示。

图 11-37

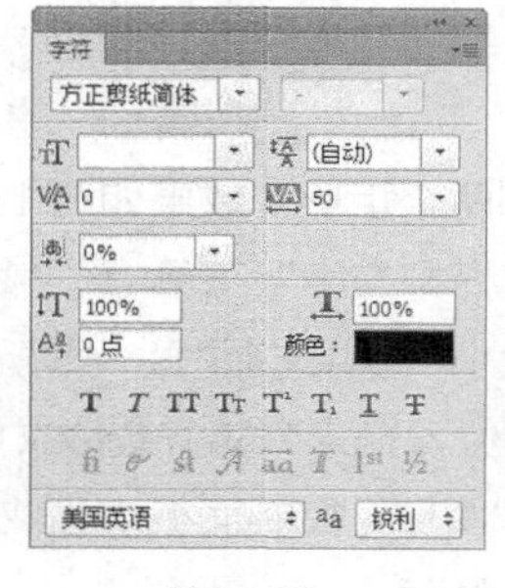

图 11-38

图 11-39

（15）将“椭圆 1”图层拖曳到“图层”控制面板下方的“创建新图层”按钮上进行复制，生成新的图层“椭圆 1 副本”。将复制图形拖曳到文字图层“5 日”的上方，如图 11-40 所示。选择“移动”工具，将副本图形拖曳到图像窗口的适当位置。双击该副本图层，在弹出的对话框中选择“描边”选项，将描边颜色设为红色（其 R、G、B 的值分别为 169、1、1），单击“确定”按钮，效果如图 11-41 所示。

（16）将前景色设为红色（其 R、G、B 的值分别为 169、1、1）。选择“横排文字”工具，在适当的位置输入文字并选取文字，在属性栏中选择合适的字体并设置文字大小，效果如图 11-42 所示，在“图层”控制面板中生成新的文字图层。单击“日期”图层组左侧的三角形图标，将“日期”图层组中的图层隐藏。

图 11-40

图 11-41

图 11-42

（17）选择“钢笔”工具，在属性栏的“选择工具模式”选项中选择“路径”，在图像窗口中绘制一条路径，如图 11-43 所示。选择“横排文字”工具，将鼠标指针放置在路径上变为图标时，单击路径，在路径上出现闪烁的光标，输入需要的文字并选取文字，在属性栏中选择合适的字体并设置文字大小，设置文字填充色为红色（其 R、G、B 的值分别为 169、1、1），填充文字，效果如图 11-44 所示，在“图层”控制面板中生成新的文字图层。

图 11-43

图 11-44

（18）单击“图层”控制面板下方的“创建新组”按钮，生成新的图层组并将其命名为“标志”。将前景色设为黑色。选择“矩形”工具，在属性栏的“选择工具模式”选项中选择“形状”，在图像窗口的右上角拖曳鼠标分别绘制两个矩形，效果如图 11-45 所示。

（19）将前景色设为白色。选择“横排文字”工具T，在适当的位置输入文字并选取文字，在属性栏中选择合适的字体并设置文字大小，效果如图 11-46 所示，在“图层”控制面板中生成新的文字图层。将前景色设为黑色。在适当的位置输入文字并选取文字，在属性栏中选择合适的字体并设置文字大小，效果如图 11-47 所示，在“图层”控制面板中生成新的文字图层。单击“标志”图层组左侧的三角形图标，将图层组中的图层隐藏。

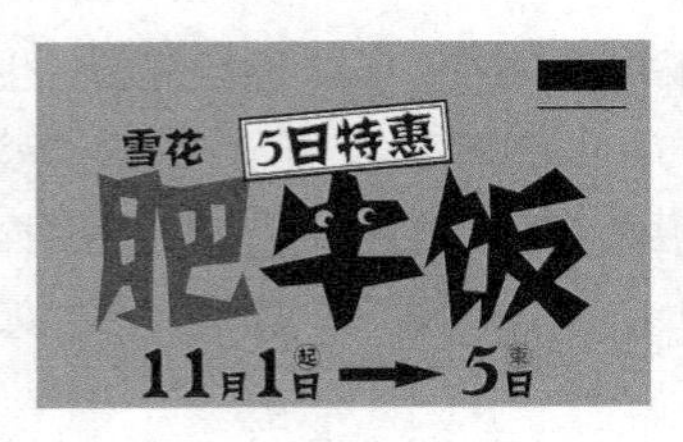

图 11-45

图 11-46

图 11-47

（20）将前景色设为白色。选择“横排文字”工具T，在适当的位置输入文字并选取文字，在属性栏中选择合适的字体并设置文字大小，效果如图 11-48 所示，在“图层”控制面板中生成新的文字图层。美食海报制作完成，效果如图 11-49 所示。

图 11-48

图 11-49

11.3 制作咖啡海报

11.3.1 案例分析

咖啡是一种具有提神作用的饮品，受到很多年轻人的追捧和喜爱。本例是为一家刚刚开业的咖啡店设计促销海报，要求海报表现出行业属性，突出优惠信息。

在设计思路上，整个画面以棕色和褐色为主色调，营造出浪漫、时尚的氛围，与行业的属性非常契合。右下角的咖啡杯醒目地表现了主题，文字的排版将需要突出的信息放大，并更改颜色，使人一眼就能看到优惠信息。

本例将使用 Ctrl+D 组合键和“移动”工具，添加背景图像和咖啡产品；使用“横排文字”工具，制作宣传文字；使用“移动”工具和“横排文字”工具，制作商标；等等。

11.3.2 案例设计

本案例设计流程如图 11-50 所示。

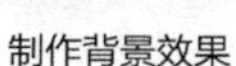

制作背景效果

添加装饰图像

添加宣传文字

最终效果

图 11-50

11.3.3 案例制作

1. 制作广告主体图片

（1）按 Ctrl+O 组合键，打开云盘中的“Ch11 > 素材 > 制作咖啡海报 > 01、02”文件，如图 11-51 和图 11-52 所示。选择“移动”工具，将 02 图片拖曳到 01 图像窗口中的适当位置并调整其大小，效果如图 11-53 所示，在“图层”控制面板中生成新的图层并将其命名为“咖啡”。

（2）单击“图层”控制面板下方的“添加图层样式”按钮，在弹出的菜单中选择“投影”命令，在弹出的对话框中进行设置，设置如图 11-54 所示，单击“确定”按钮，效果如图 11-55 所示。

图 11-51

图 11-52

图 11-53

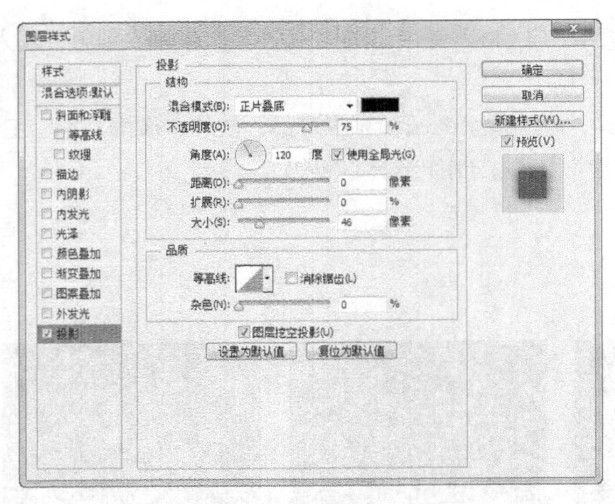

图 11-54

图 11-55

（3）按 Ctrl+O 组合键，打开云盘中的“Ch11 > 素材 > 制作咖啡海报 > 03”文件。选择“移动”工具，将 03 图片拖曳到 01 图像窗口中的适当位置并调整其大小，效果如图 11-56 所示。在“图层”控制面板中生成新的图层并将其命名为“羽毛”，拖曳到“咖啡”图层的下方，效果如图 11-57 所示。

图 11-56

图 11-57

（4）单击“图层”控制面板下方的“添加图层样式”按钮 fx，在弹出的菜单中选择“外发光”命令，在弹出的对话框中进行设置，设置如图 11-58 所示，单击“确定”按钮，效果如图 11-59 所示。

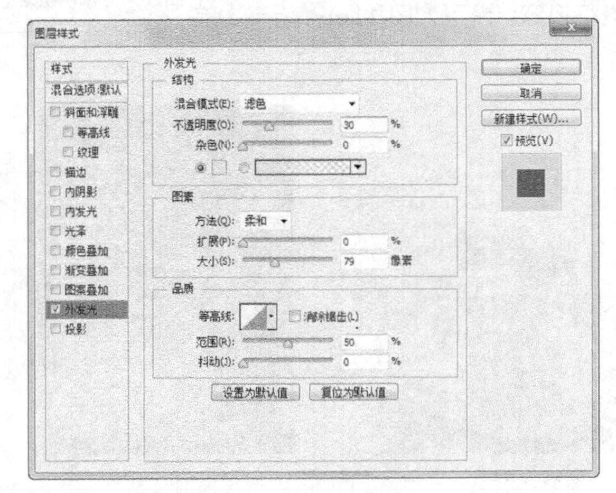

图 11-58

图 11-59

（5）选中“咖啡”图层。按 Ctrl+O 组合键，打开云盘中的“Ch11 > 素材 > 制作咖啡海报 > 04”文件。选择“移动”工具，将 04 图片拖曳到 01 图像窗口中的适当位置并调整其大小，效果如图 11-60 所示，在“图层”控制面板中生成新的图层并将其命名为“装饰”。

图 11-60

2. 添加宣传文字和商标

（1）将前景色设为土黄色（其 R、G、B 值分别为 187、161、99）。选择“横排文字”工具 T，分别在适当的位置输入需要的文字并选取文字，在属性栏中选择合适的字体并设置文字大小，在“图层”控制面板中生成新的文字图层，如图 11-61 所示。分别将输入的文字选取，按 Ctrl+T 组合键，弹出“字符”面板，单击“仿斜体”按钮 T，将文字倾斜，效果如图 11-62 所示。

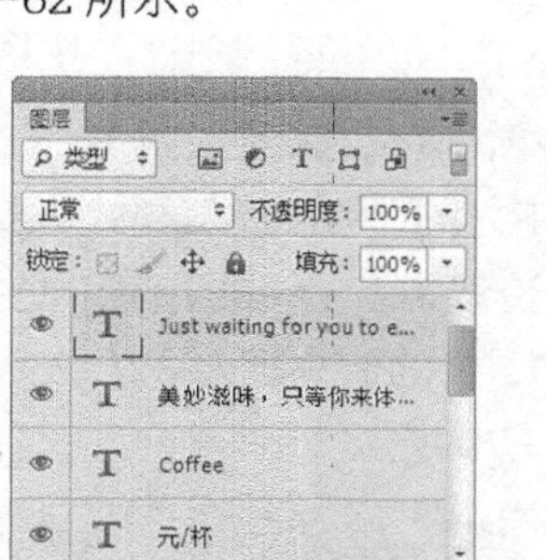

图 11-61

图 11-62

（2）选择“现磨”文字图层。单击“图层”控制面板下方的“添加图层样式”按钮 fx，在弹出的菜单中选择“描边”命令，弹出对话框，将“颜色”设为深棕色（其 R、G、B 的值分别为 67、25、0），其他选项的设置如图 11-63 所示，单击“确定”按钮，效果如图 11-64 所示。

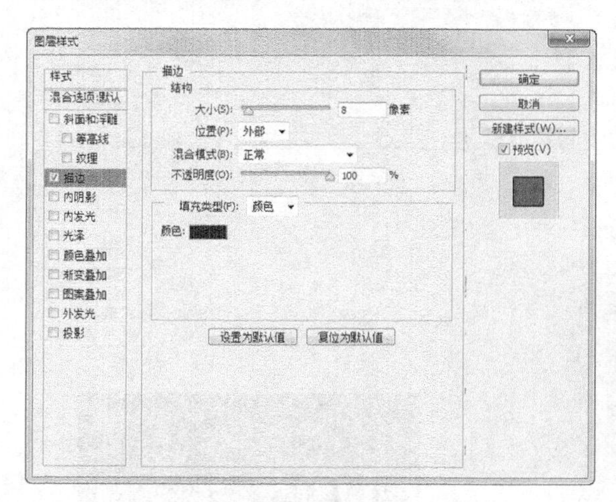

图 11-63

图 11-64

（3）选中“咖啡”文字图层。单击“图层”控制面板下方的“添加图层样式”按钮 fx，在弹出的菜单中选择“描边”命令，弹出对话框，将“颜色”设为深棕色（其 R、G、B 的值分别为 67、25、0），其他选项的设置如图 11-65 所示。单击“确定”按钮，效果如图 11-66 所示。

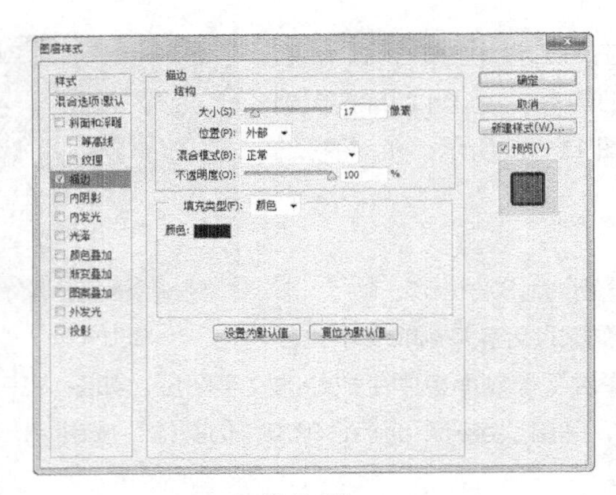

图 11-65

图 11-66

（4）选择"横排文字"工具 T，选取文字"2"，填充为红色（其 R、G、B 的值分别为 193、0、44），如图 11-67 所示。单击"图层"控制面板下方的"添加图层样式"按钮 fx，在弹出的菜单中选择"投影"命令，在弹出的对话框中进行设置，设置如图 11-68 所示；选择"描边"命令，切换到相应的对话框，将"颜色"设为深棕色（其 R、G、B 的值分别为 67、25、0），其他选项的设置如图 11-69 所示。单击"确定"按钮，效果如图 11-70 所示。

图 11-67

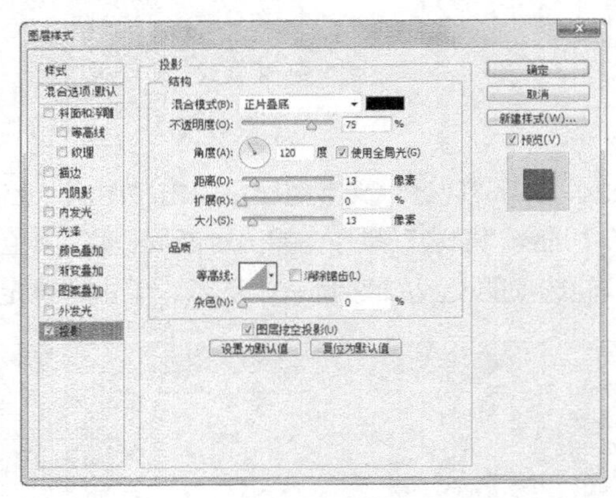

图 11-68

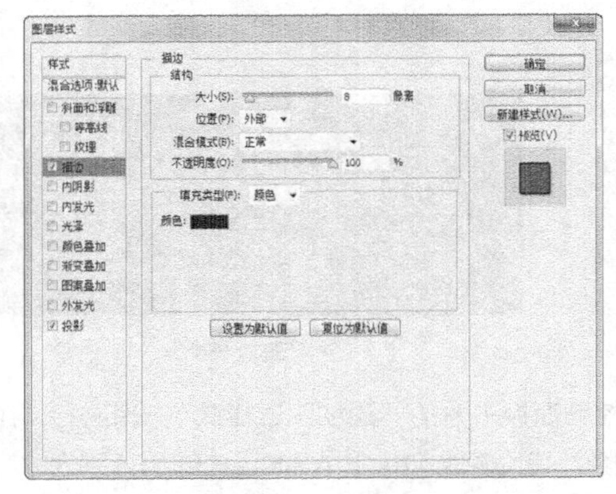

图 11-69

图 11-70

（5）选择“元/杯”图层。单击“图层”控制面板下方的“添加图层样式”按钮 fx，在弹出的菜单中选择“描边”命令，弹出对话框，将“颜色”设为深棕色（其R、G、B的值分别为67、25、0），其他选项的设置如图11-71所示，单击“确定”按钮，效果如图11-72所示。

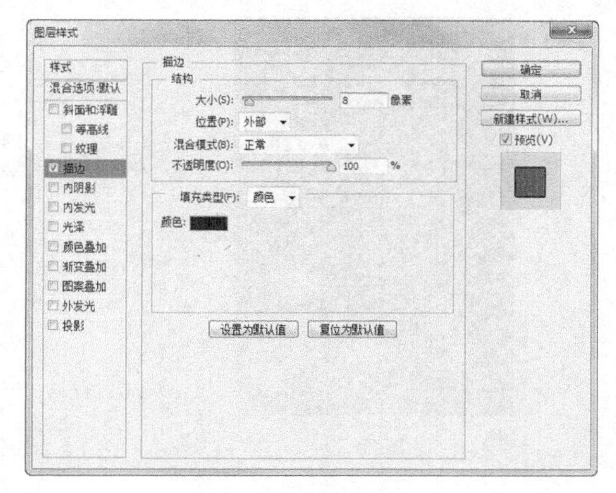

图11-71

图11-72

（6）将前景色设为深棕色（其R、G、B的值分别为67、25、0）。选择“横排文字”工具 T，在适当的位置输入需要的文字并选取文字，在属性栏中选择合适的字体并设置文字大小，效果如图11-73所示，在“图层”控制面板中生成新的文字图层。按Ctrl+T组合键，弹出“字符”面板。选项的设置如图11-74所示，按Enter键确认操作，效果如图11-75所示。

图11-73

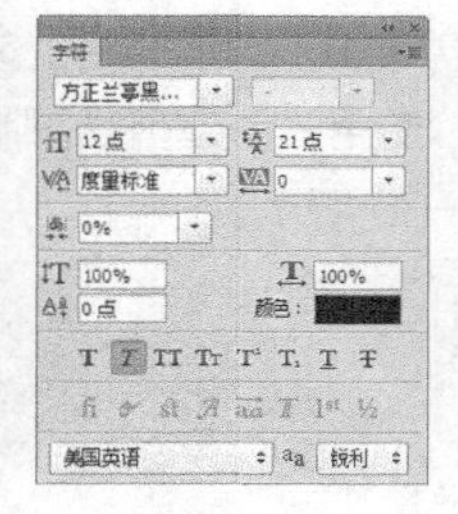

图11-74

图11-75

（7）按Ctrl+O组合键，打开云盘中的“Ch11 > 素材 > 制作咖啡海报 > 05”文件。选择“移动”工具，将05图片拖曳到01图像窗口中的适当位置并调整其大小，效果如图11-76所示。在“图层”控制面板中生成新的图层并将其命名为“标志”，如图11-77所示。

图11-76

图11-77

（8）将前景色设为深紫色（其 R、G、B 的值分别为 54、48、71）。选择“横排文字”工具 T，在适当的位置输入需要的文字并选取文字，在属性栏中选择合适的字体并设置文字大小，效果如图 11-78 所示，在“图层”控制面板中生成新的文字图层。咖啡海报制作完成，效果如图 11-79 所示。

图 11-78

图 11-79

课堂练习 1——制作儿童摄影海报

练习知识要点

使用“画笔”工具，绘制背景效果；使用“变形文字”命令，制作广告语的扭曲变形效果；使用添加图层样式命令，制作特殊文字效果；使用“创建剪贴蒙版”命令，制作旗帜图形；使用“自定形状”工具，添加背景图案。效果如图 11-80 所示。

图 11-80

效果所在位置

云盘/Ch11/效果/制作儿童摄影海报.psd。

课堂练习 2——制作奶茶海报

练习知识要点

使用“横排文字”工具，添加文字信息；使用“钢笔”工具和“横排文字”工具，制作路径文字效果；使用“矩形”工具和“椭圆”工具，绘制装饰图形。效果如图 11-81 所示。

图 11-81

效果所在位置

云盘/Ch11/效果/制作奶茶海报.psd。

课后习题 1——制作平板电脑海报

习题知识要点

使用“投影”命令，添加投影效果；使用“矩形”工具和“创建剪贴蒙版”命令，制作剪切效果；使用“横排文字”工具，添加宣传性文字。效果如图 11-82 所示。

图 11-82

效果所在位置

云盘/Ch11/效果/制作平板电脑海报.psd。

课后习题 2——制作创意海报

习题知识要点

使用“横排文字”工具，添加文字；使用多种图层样式命令，为文字添加特殊效果。效果如图 11-83 所示。

图 11-83

效果所在位置

云盘/Ch11/效果/制作创意海报.psd。

12 第12章 广告设计

广告以多样的形式出现在城市中，一般通过电视、报纸、广告牌、霓虹灯等媒体来发布。好的户外广告要强化视觉冲击力，能够抓住观众的视线。本章以多个题材的广告为例，讲解广告的设计方法和制作技巧。

课堂学习目标

- 了解广告的概念
- 了解广告的特点
- 了解广告的分类
- 掌握广告的设计思路
- 掌握广告的设计方法
- 掌握广告的制作技巧

12.1 广告设计概述

广告是为了满足某种特定的需要，通过一定的媒体形式公开而广泛地向公众传递信息的宣传手段，它的本质是传播。广告效果如图 12-1 所示。

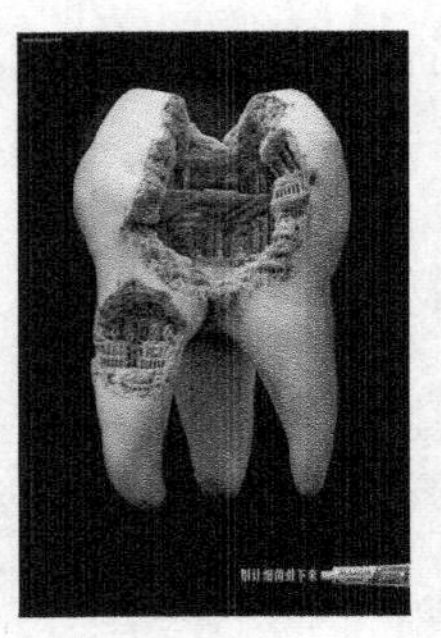

图 12-1

12.1.1 广告的特点

广告不同于一般大众传播和宣传活动，主要特点如下。

（1）广告是一种传播工具，它将某一项商品的信息传递给一群用户和消费者。

（2）做广告需要付费。

（3）广告进行的传播活动带有说服性。

（4）广告有目的、有计划，是连续的。

（5）广告不仅对广告主有利，而且对目标对象也有利，它可使用户和消费者得到有用的信息。

12.1.2 广告的分类

由于分类的标准不同，广告的种类很多。

（1）以传播媒介为标准，广告可分为报纸广告、杂志广告、电视广告、电影广告、网络广告、包装广告、广播广告、招贴广告、POP 广告、交通广告、直邮广告等。随着新媒介的不断增加，以媒介划分的广告种类也会越来越多。

（2）以广告目的为标准，广告可分为产品广告、企业广告、品牌广告、观念广告、公益广告等。

（3）以广告传播范围为标准，广告可分为国际性广告、全国性广告、地方性广告、区域性广告等。

12.2 制作房地产广告

12.2.1 案例分析

房地产业是指从事土地和房地产开发、经营、管理和服务的行业。本例是为一家房地产公司制作广告，要求注重品牌宣传，扩大品牌的知名度与关注度。

在设计思路上，使用天空作为广告背景，整体色调梦幻自然。广告主体为浮动的房子，充分体现了项目的名称，在丰富画面效果的同时，加深了人们的印象，达到宣传目的。文字排列简洁，既烘托出画面的氛围又点明宣传主题，让人印象深刻。

本例将使用“色阶”命令，调整背景效果；使用“快速选择”工具、“移动”工具、“垂直翻转”命令、“添加图层蒙版”按钮和“画笔”工具等，制作出宣传主体；使用“横排文字”工具，添加标题和内容文字；等等。

12.2.2 案例设计

本案例设计流程如图 12-2 所示。

制作背景效果

添加主体图像

添加文字

最终效果

图 12-2

12.2.3 案例制作

1. 制作背景效果

（1）按 Ctrl+N 组合键，弹出“新建”对话框，将“宽度”选项设为“15 厘米”，“高度”选项设为“21 厘米”，“分辨率”设为“300 像素/英寸”，“颜色模式”设为“RGB”，“背景内容”设为“白色”，单击“确定”按钮，新建一个文件。

扫码观看
本案例视频 1

（2）按 Ctrl＋O 组合键，打开云盘中的“Ch12 > 素材 > 制作房地产广告 > 01”文件，选择“移动”工具，将 01 图片拖曳到图像窗口中适当的位置，调整其大小和位置，效果如图 12-3 所示，在“图层”控制面板中生成新的图层并将其命名为“图片”。

（3）单击“图层”控制面板下方的“创建新的填充或调整图层”按钮，在弹出的菜单中选择“色阶”命令，在“图层”控制面板中生成“色阶 1”图层，同时在弹出的“色阶”对话框中进行设置，设置如图 12-4 所示，单击“确定”按钮，图像效果如图 12-5 所示。

图 12-3

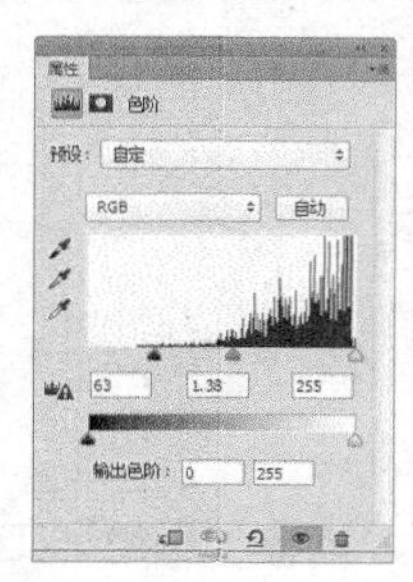

图 12-4

图 12-5

2. 抠图并合成

（1）按 Ctrl + O 组合键，打开云盘中的“Ch12 > 素材 > 制作房地产广告 > 02”文件，选择“快速选择”工具，在背景区域拖曳鼠标抠取天空，如图 12-6 所示。按 Delete 键，删除选区中的图像。按 Ctrl+D 组合键，取消选区，效果如图 12-7 所示。

扫码观看
本案例视频 2

（2）按 Ctrl+T 组合键，图像周围出现变换框，在变换框中单击鼠标右键，在弹出的菜单中选择“垂直翻转”命令，垂直翻转图像，按 Enter 键确认操作，效果如图 12-8 所示。选择“移动”工具，将图像拖曳到新建的图像窗口中适当的位置，调整其大小和位置，效果如图 12-9 所示，在“图层”控制面板中生成新图层并将其命名为“山峰”。

图 12-6

图 12-7

图 12-8

图 12-9

（3）将前景色设为黑色。单击“图层”控制面板下方的“添加图层蒙版”按钮，为图层添加蒙版。选择“画笔”工具，在属性栏中单击“画笔”选项右侧的按钮，弹出画笔选择面板，设置如图 12-10 所示，在图像窗口中擦除不需要的图像，如图 12-11 所示。

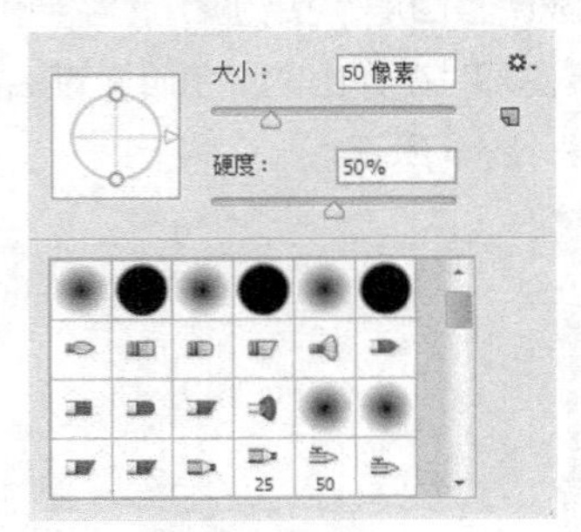

图 12-10

图 12-11

（4）新建图层并将其命名为“暗影”。选择“画笔”工具，在属性栏中单击“画笔”选项右侧的按钮，弹出画笔选择面板，设置如图 12-12 所示，在图像窗口中进行绘制，如图 12-13 所示。

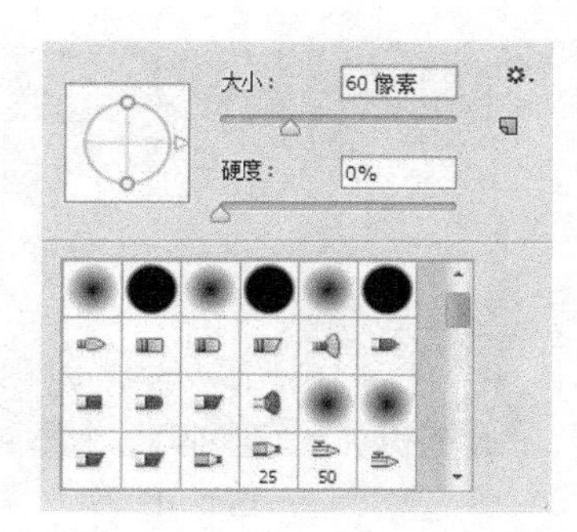

图 12-12

图 12-13

（5）在“图层”控制面板上方，将“暗影”图层的混合模式设为“柔光”，“不透明度”设为“80%”，如图 12-14 所示，按 Enter 键确认操作，效果如图 12-15 所示。

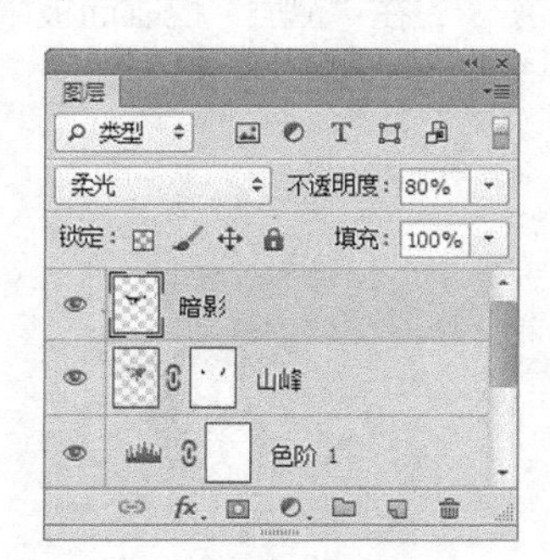

图 12-14

图 12-15

（6）按 Ctrl＋O 组合键，打开云盘中的“Ch12 ＞ 素材 ＞ 制作房地产广告 ＞ 03”文件，选择“快速选择”工具，在天空和山部分拖曳鼠标绘制选区，如图 12-16 所示。选择“选择 ＞ 调整边缘”命令，在弹出的对话框中进行设置，设置如图 12-17 所示，单击“确定”按钮，效果如图 12-18 所示。按 Shift+Ctrl+I 组合键，将选区反选，如图 12-19 所示。

图 12-16

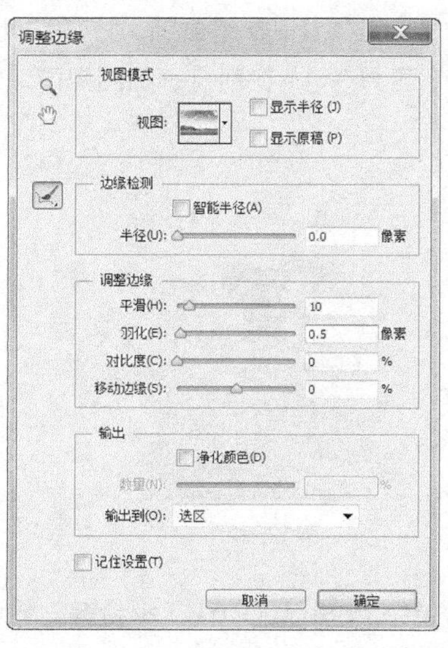

图 12-17

图 12-18

图 12-19

（7）按 Ctrl+J 组合键，复制选区中的图像，在“图层”控制面板中生成新的图层。单击“背景”图层左侧的眼睛图标，将图层隐藏，如图 12-20 所示。选择“移动”工具，将图片拖曳到图像窗口中适当的位置，调整其大小和位置，效果如图 12-21 所示，在“图层”控制面板中生成新图层并将其命名为“草坪”。

图 12-20

图 12-21

（8）单击“图层”控制面板下方的“添加图层蒙版”按钮，为图层添加蒙版。选择“画笔”工具，在图像窗口中擦除不需要的图像，如图 12-22 所示。

（9）按 Ctrl + O 组合键，打开云盘中的“Ch12 > 素材 > 制作房地产广告 > 04”文件。选择“魔棒”工具，在新打开的图像窗口中的天空上单击，生成选区，如图 12-23 所示。

图 12-22

图 12-23

（10）按 Shift+Ctrl+I 组合键，将选区反选。按 Ctrl+J 组合键，复制选区中的图像，在“图层”控制面板中生成新的图层。单击“背景”图层左侧的眼睛图标，将图层隐藏，如图 12-24 所示。

选择“移动”工具，将图片拖曳到图像窗口中适当的位置，调整其大小和位置，效果如图 12-25 所示，在“图层”控制面板中生成新图层并将其命名为“房子”。

（11）单击“图层”控制面板下方的“添加图层蒙版”按钮，为图层添加蒙版。选择“画笔”工具，在图像窗口中擦除不需要的图像，如图 12-26 所示。调整“房子”图层到“山峰”图层的下方，效果如图 12-27 所示。

图 12-24

图 12-25

图 12-26

图 12-27

（12）按 Ctrl＋O 组合键，打开云盘中的“Ch12 > 素材 > 制作房地产广告 > 05”～“Ch12 > 素材 > 制作房地产广告 > 10”文件，如图 12-28 所示。选择“魔棒”工具，抠出图像。

图 12-28

（13）选择“移动”工具，将抠出的图像分别拖曳到图像窗口中适当的位置，调整其大小和位置，效果如图 12-29 所示，在“图层”控制面板中分别生成新的图层并将其命名。

（14）按 Ctrl＋O 组合键，打开云盘中的“Ch12 > 素材 > 制作房地产广告 > 11”文件，选择“移动”工具，将图片拖曳到图像窗口中适当的位置，调整其大小和位置，效果如图 12-30 所示，在“图层”控制面板中生成新的图层并将其命名为“云”。

（15）按 Ctrl+J 组合键，复制选区中的图像，在“图层”控制面板中生成新的图层。单击新图层左侧的眼睛图标，将图层隐藏。将“云”图层拖曳到“房子”图层的下方，效果如图 12-31 所示。单击新图层左侧的空白图标，显示该图层。

（16）选取新图层。按 Ctrl+T 组合键，图像周围出现变换框，在变换框中单击鼠标右键，在弹出的菜单中选择“水平翻转”命令，水平翻转图片，拖曳到适当的位置，按 Enter 键确认操作。将其拖曳到“树 2”图层的下方，效果如图 12-32 所示。

图 12-29

图 12-30

图 12-31

图 12-32

（17）选择“横排文字”工具 T，在适当的位置分别输入需要的文字并选取文字，在属性栏中分别选择合适的字体并设置文字大小，分别选取文字，填充适当的颜色，效果如图 12-33 所示，在“图层”控制面板中分别生成新的文字图层。

（18）单击“图层”控制面板下方的“添加图层样式”按钮 fx，在弹出的菜单中选择“投影”命令，在弹出的对话框中进行设置，设置如图 12-34 所示，单击“确定”按钮，效果如图 12-35 所示。房地产广告制作完成。

图 12-33

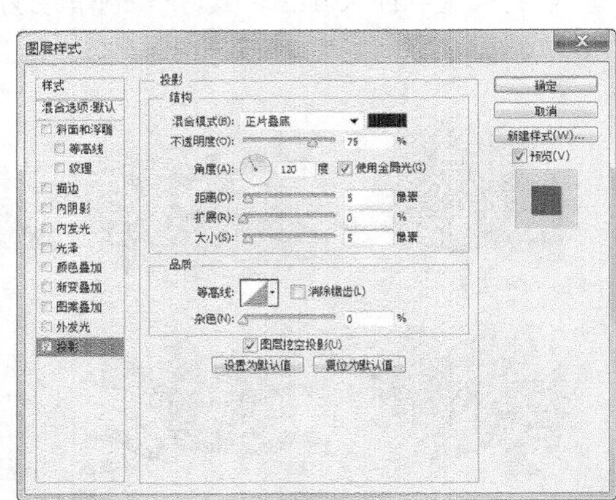

图 12-34

图 12-35

12.3 制作牙膏广告

12.3.1 案例分析

牙膏是日常生活中常用的清洁用品，是一种洁齿剂，一般呈凝胶状，用于清洁牙齿，保持牙齿美观和亮白。本例是为牙膏品牌制作宣传广告，要求突出产品特色，达到宣传的目的。

在设计思路上，使用水作为广告背景，给人清新凉爽的感觉。将牙膏放在画面的中心位置，在均衡画面的同时，突出主体，达到宣传的目的。文字和元素的组合也十分有创意，与整体画面和谐搭配，让人印象深刻。

本例将使用“渐变”工具和“创建新图层”按钮等，合成背景图像；使用“横排文字”工具、“渐变”工具和“添加图层样式”按钮等，制作广告语；使用“画笔”工具，添加星光；使用“横排文字”工具和“描边”命令，添加小标题文字；等等。

12.3.2 案例设计

本案例设计流程如图 12-36 所示。

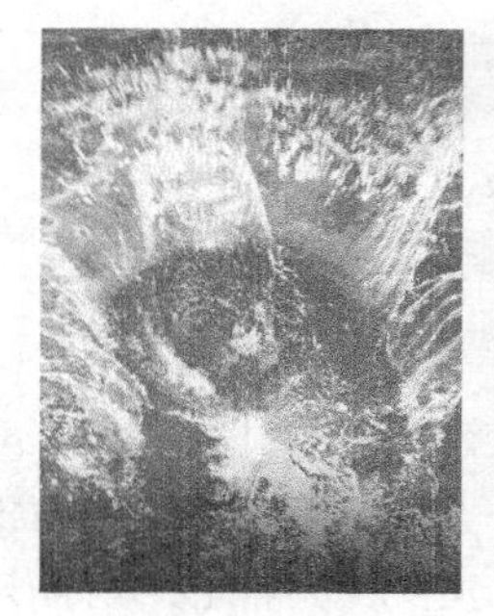
制作背景效果

添加主题图像

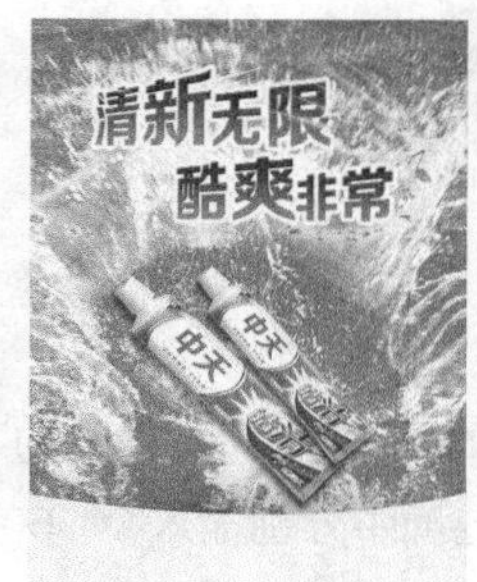

添加大标题

最终效果

图 12-36

12.3.3 案例制作

（1）按 Ctrl+O 组合键，打开云盘中的“Ch12 > 素材 > 制作牙膏广告 > 01”文件，如图 12-37 所示。新建图层并将其命名为“形状”。将前景色设为浅蓝色（其 R、G、B 值分别为 229、244、253）。

（2）选择“钢笔”工具，在属性栏中的“选择工具模式”选项中选择“路径”，在图像窗口中绘制一个封闭的路径，如图 12-38 所示。按 Ctrl+Enter 组合键，将路径转化为选区。按 Alt+Delete 组合键，用前景色填充选区。按 Ctrl+D 组合键，取消选区，效果如图 12-39 所示。

扫码观看
本案例视频

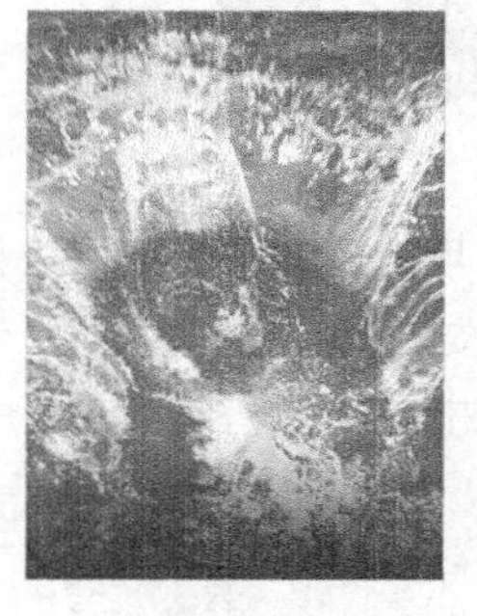
图 12-37

图 12-38

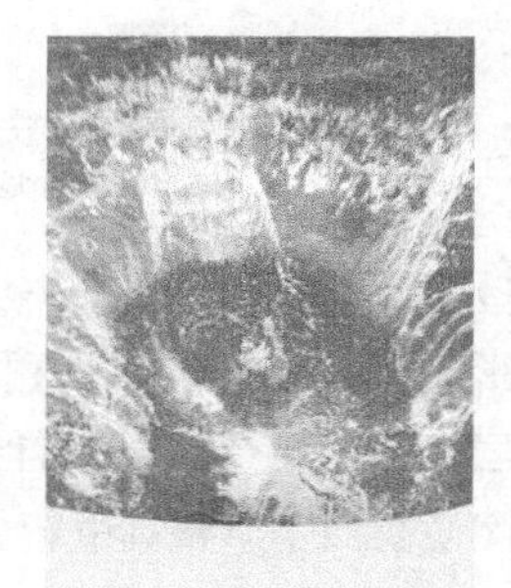
图 12-39

（3）按 Ctrl+O 组合键，打开云盘中的“Ch12 > 素材 > 制作牙膏广告 > 02”文件。选择“移动”工具，将 02 图片拖曳到图像窗口中的适当位置并调整其大小，效果如图 12-40 所示，在“图层”控制面板中生成新的图层并将其命名为“牙膏”。

（4）新建图层并将其命名为“阴影”。按住 Ctrl 键的同时，单击“牙膏”图层的缩览图，图像周围生成选区。按 Shift+F6 组合键，在弹出的“羽化选区”对话框中进行设置，设置如图 12-41 所示，单击“确定”按钮，羽化选区。

图 12-40

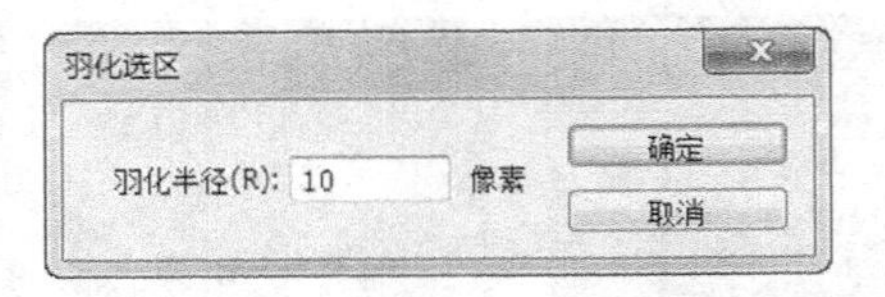

图 12-41

（5）选择“渐变”工具，单击属性栏中的“点按可编辑渐变”按钮，弹出“渐变编辑器”对话框，在“位置”选项中分别输入 0、50、100 这 3 个位置点，并分别设置这 3 个位置点颜色的 RGB 值为：0（0、78、149）、50（0、156、207）、100（0、78、149），如图 12-42 所示，单击“确定”按钮。按住 Shift 键的同时，在选区中从左上方向右下方拖曳渐变色。按 Ctrl+D 组合键，取消选区，效果如图 12-43 所示。

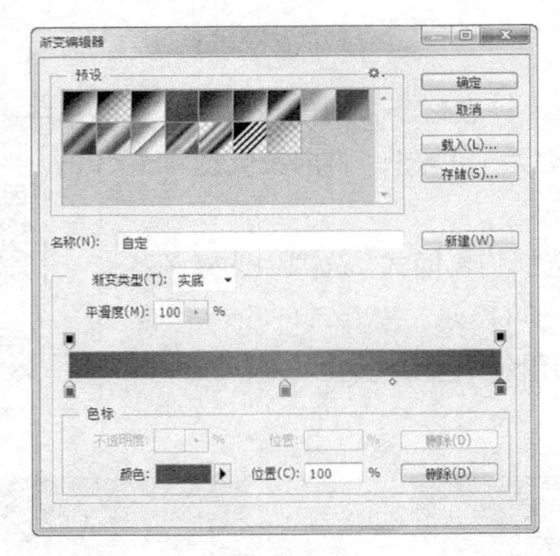

图 12-42

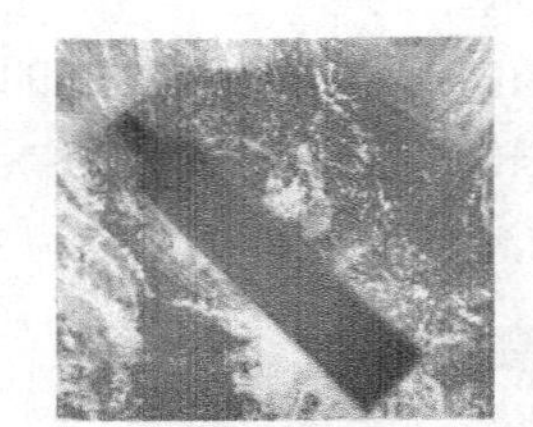

图 12-43

（6）选择“移动”工具，调整阴影到适当的位置，如图 12-44 所示。在“图层”控制面板中，将“阴影”图层拖曳到“牙膏”图层的下方，效果如图 12-45 所示。按住 Shift 键的同时，单击“牙膏”图层，选中两个图层，拖曳到控制面板下方的“创建新图层”按钮上进行复制，生成新的图层。在图像窗口中调整其位置、大小和角度，效果如图 12-46 所示。

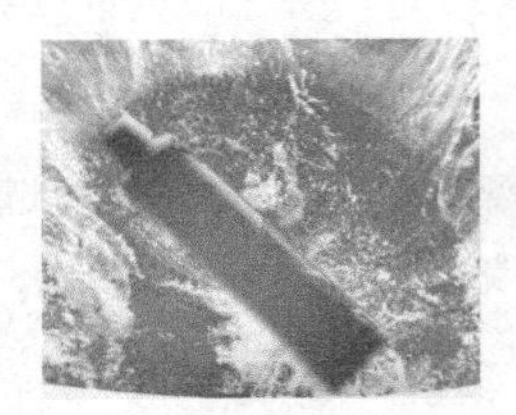

图 12-44

图 12-45

图 12-46

（7）选择“横排文字”工具 T，分别在适当的位置输入需要的文字并选取文字，在属性栏中选择合适的字体并设置文字大小，效果如图 12-47 所示，在“图层”控制面板中分别生成新的文字图层并命名。选择“清新”文字图层。单击鼠标右键，在弹出的菜单中选择“栅格化文字”命令，将文字图层转换为图像图层。

（8）按住 Ctrl 键的同时，单击该图层的缩览图，图像周围生成选区。选择“渐变”工具，单击属性栏中的“点按可编辑渐变”按钮，弹出“渐变编辑器”对话框，将渐变色设为从深蓝色（其 R、G、B 值分别为 0、78、149）到蓝色（其 R、G、B 值分别为 0、156、207），如图 12-48 所示，单击“确定”按钮。按住 Shift 键的同时，在选区中从上向下拖曳渐变色。按 Ctrl+D 组合键，取消选区，效果如图 12-49 所示。

图 12-47

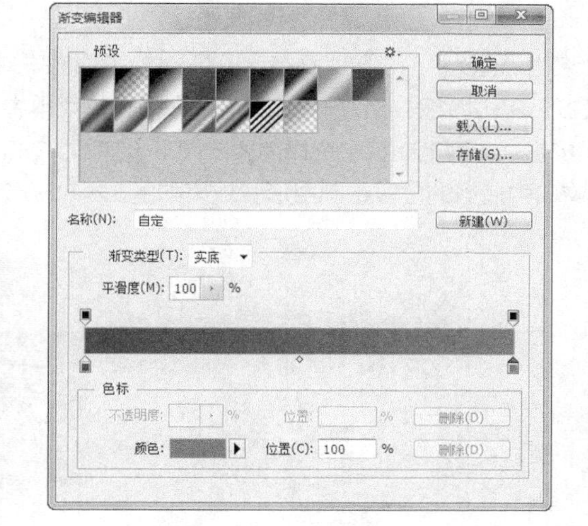

图 12-48

图 12-49

（9）用相同的方法为其他文字填充渐变色，效果如图 12-50 所示。选择“清新”图层。按 Ctrl+T 组合键，图像周围出现变换框，按住 Ctrl+Shift 组合键的同时，向上拖曳变换框右上角的控制手柄，使文字斜切变形，效果如图 12-51 所示。用相同的方法变形其他文字，效果如图 12-52 所示。

图 12-50

图 12-51

图 12-52

（10）选择“清新”图层，单击“图层”控制面板下方的“添加图层样式”按钮 fx，在弹出的菜单中选择“描边”命令，弹出对话框，将“颜色”设为白色，其他选项的设置如图 12-53 所示，单击“确定”按钮，效果如图 12-54 所示。用相同的方法为其他文字描边，效果如图 12-55 所示。

（11）按 Ctrl+O 组合键，打开云盘中的“Ch12 > 素材 > 制作牙膏广告 > 03”文件。选择“移动”工具，将 03 图片拖曳到图像窗口中的适当位置并调整其大小，效果如图 12-56 所示，在“图层”控制面板中生成新的图层并将其命名为“绿叶”。

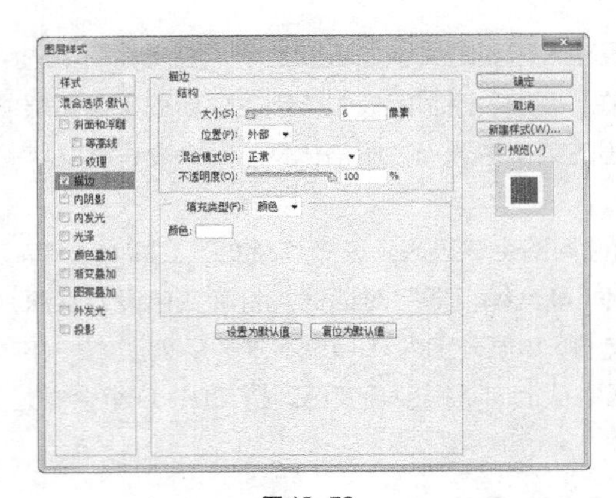

图 12-53

图 12-54

图 12-55

（12）新建图层并将其命名为“星光”。选择“画笔”工具，在属性栏中单击“画笔”选项右侧的按钮，弹出画笔选择面板，单击面板右上方的按钮，在弹出的菜单中选择“混合画笔”，弹出提示对话框，单击“追加”按钮。在画笔面板中选择需要的图形，如图 12-57 所示，将“大小”选项设为“130 像素”。在图像窗口中适当的位置绘制图形，效果如图 12-58 所示。

图 12-56

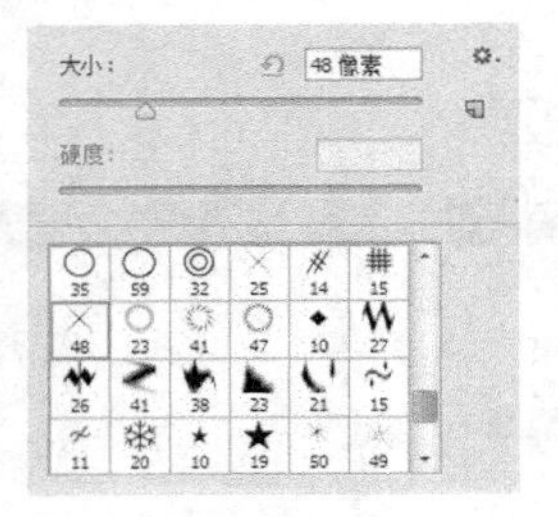

图 12-57

图 12-58

（13）单击属性栏中的“切换画笔面板”按钮，弹出“画笔”选择面板，设置如图 12-59 所示，在图像窗口中适当的位置绘制图形，效果如图 12-60 所示。

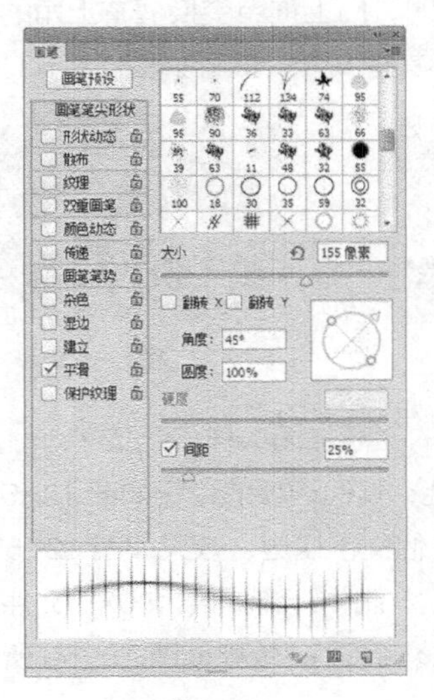

图 12-59

图 12-60

（14）新建图层并将其命名为“白色方块”。选择“钢笔”工具，在属性栏中的“选择工具模式”选项中选择“路径”，在图像窗口中绘制多个大小不同的三角形，效果如图 12-61 所示。按 Ctrl+Enter 组合键，将路径转化为选区。按 Alt+Delete 组合键，用前景色填充选区。按 Ctrl+D 组合键，取消选区，效果如图 12-62 所示。

图 12-61

图 12-62

（15）选择“横排文字”工具 T，分别在适当的位置输入需要的文字并选取文字，在属性栏中分别选择合适的字体并设置文字大小，效果如图 12-63 所示，在“图层”控制面板中分别生成新的文字图层。按住 Shift 键的同时，选中输入的文字图层。

（16）按 Ctrl+T 组合键，文字周围出现变换框，按住 Ctrl+Shift 组合键的同时，拖曳变换框右上角的控制手柄，使文字斜切变形，按 Enter 键确认操作，效果如图 12-64 所示。选取文字“大功能……”，选择“窗口 > 字符”命令，弹出面板，将“设置所选字符的字距调整”选项设为“100”，按 Enter 键确认操作，效果如图 12-65 所示。

图 12-63

图 12-64

图 12-65

（17）单击“图层”控制面板下方的“添加图层样式”按钮 fx，在弹出的菜单中选择“描边”命令，弹出对话框，将“颜色”设为深蓝色（其 R、G、B 的值分别为 0、64、121），其他选项的设置如图 12-66 所示，单击“确定”按钮，效果如图 12-67 所示。

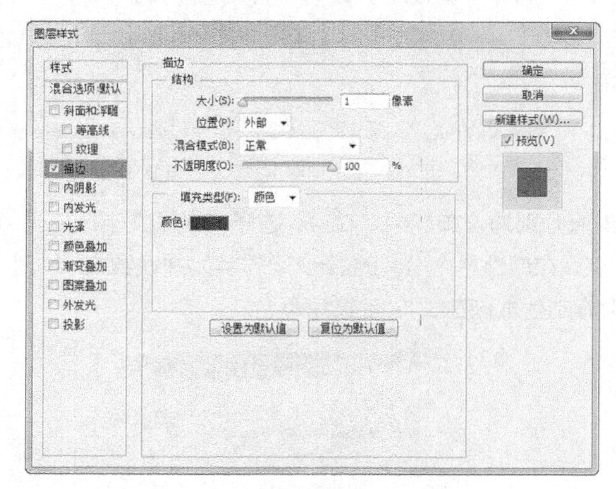

图 12-66

图 12-67

（18）在“大功能……”文字图层上单击鼠标右键，在弹出的菜单中选择“拷贝图层样式”命令，拷贝图层样式。分别在“6”“3”文字图层上单击鼠标右键，在弹出的菜单中选择“粘贴图层样式”命令，粘贴图层样式，效果如图 12-68 所示。

（19）选择“横排文字”工具 T，在适当的位置输入需要的文字并选取文字，在属性栏中选择合适的字体并设置文字大小，在“图层”控制面板中生成新的文字图层。按 Ctrl+T 组合键，文字周围出现变换框，按住 Ctrl 键的同时，拖曳变换框右上方的控制手柄，使文字斜切变形，按 Enter 键确认操作，效果如图 12-69 所示。

图 12-68

图 12-69

（20）单击“图层”控制面板下方的“添加图层样式”按钮 fx，在弹出的菜单中选择“描边”命令，弹出对话框，在“填充类型”选项的下拉列表中选择“渐变”，单击“渐变”选项右侧的“点按可编辑渐变”按钮，弹出“渐变编辑器”对话框，将渐变色设为从深蓝色（其 R、G、B 值分别为 0、48、121）到蓝色（其 R、G、B 值分别为 0、147、220），如图 12-70 所示，单击“确定”按钮。返回到相应的对话框，其他选项的设置如图 12-71 所示，单击“确定”按钮，效果如图 12-72 所示。

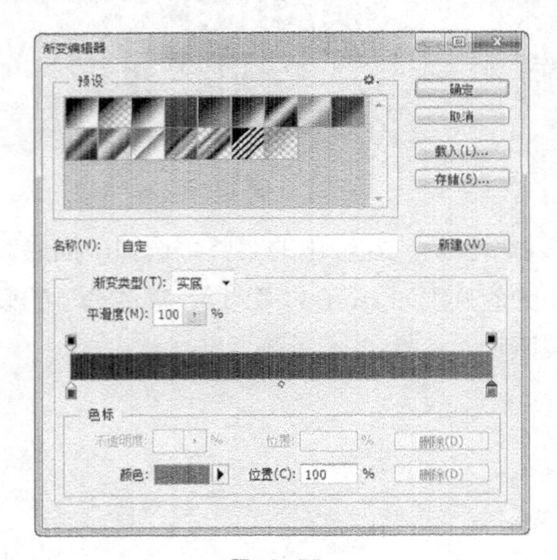

图 12-70

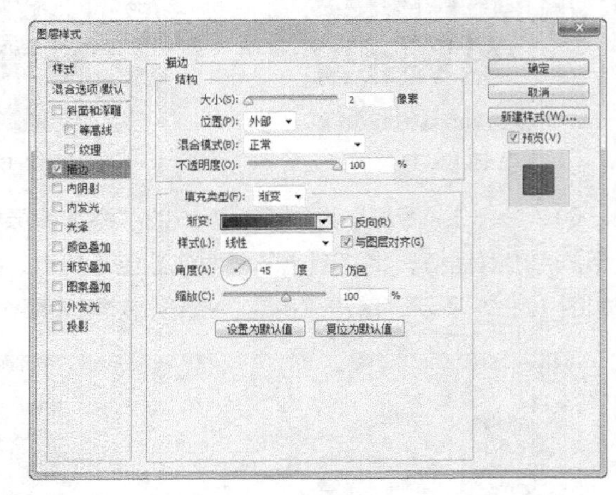

图 12-71

（21）将前景色设为红色（其 R、G、B 值分别为 225、51、50）。选择“横排文字”工具 T，分别在适当的位置输入需要的文字并选取文字，在属性栏中分别选择合适的字体并设置文字大小，效果如图 12-73 所示，在“图层”控制面板中分别生成新的文字图层并命名。

图 12-72

图 12-73

（22）选择“中天”图层。单击“图层”控制面板下方的“添加图层样式”按钮 fx，在弹出的菜单中选择“斜面和浮雕”命令，在弹出的对话框中进行设置，设置如图 12–74 所示，单击“确定”按钮，效果如图 12–75 所示。

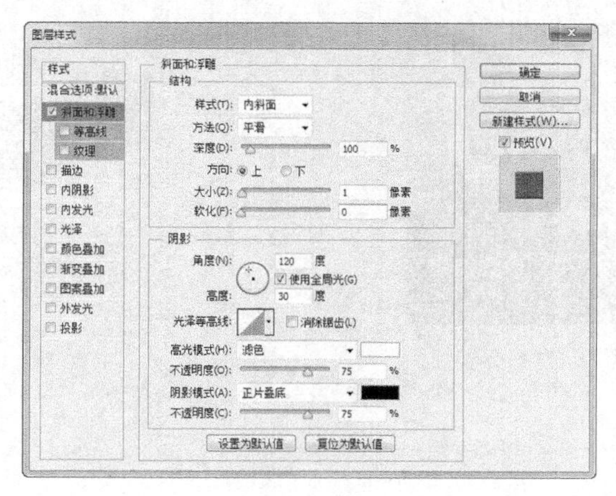

图 12–74

图 12–75

（23）在“中天”文字图层上单击鼠标右键，在弹出的菜单中选择“拷贝图层样式”命令，拷贝图层样式。在“ZHONG TIAN”文字图层上单击鼠标右键，在弹出的菜单中选择“粘贴图层样式”命令，粘贴图层样式，效果如图 12–76 所示。

（24）按 Ctrl+O 组合键，打开云盘中的“Ch12 > 素材 > 制作牙膏广告 > 04”“Ch12 > 素材 > 制作牙膏广告 > 05”文件。选择“移动”工具，将 04、05 图片拖曳到图像窗口中的适当位置并分别调整其文字大小，效果如图 12–77 所示，在“图层”控制面板中分别生成新的图层并将其命名为“文字”“图形”。牙膏广告制作完成，效果如图 12–78 所示。

图 12–76

图 12–77

图 12–78

课堂练习 1——制作手机广告

练习知识要点

使用 “椭圆”工具和“高斯模糊”滤镜命令，制作高光效果；使用“钢笔”工具、“图层样式”

命令和“图层蒙版”命令，制作背景效果；使用“曲线”命令，调整图像的亮度。效果如图 12-79 所示。

图 12-79

效果所在位置

云盘/Ch12/效果/制作手机广告.psd。

课堂练习 2——制作婴儿产品广告

练习知识要点

使用“椭圆选框”工具、“高斯模糊”滤镜命令，制作阳光效果；使用“自定形状”工具和“图层”控制面板，制作装饰心形；使用“动感模糊”滤镜命令，为图片添加模糊效果；使用“亮度/对比度”命令，调整图像颜色；使用“横排文字”工具，添加广告宣传文字。效果如图 12-80 所示。

图 12-80

效果所在位置

云盘/Ch12/效果/制作婴儿产品广告.psd。

课后习题1——制作电视广告

习题知识要点

使用“渐变”工具，添加底图颜色；使用“钢笔”工具和“创建剪贴蒙版”命令，为电视机创建剪贴蒙版；使用“画笔”工具，为电视机和模型添加阴影效果；使用“图层蒙版”命令和“渐变”工具，制作视觉效果；使用“横排文字”工具添加文字。效果如图12-81所示。

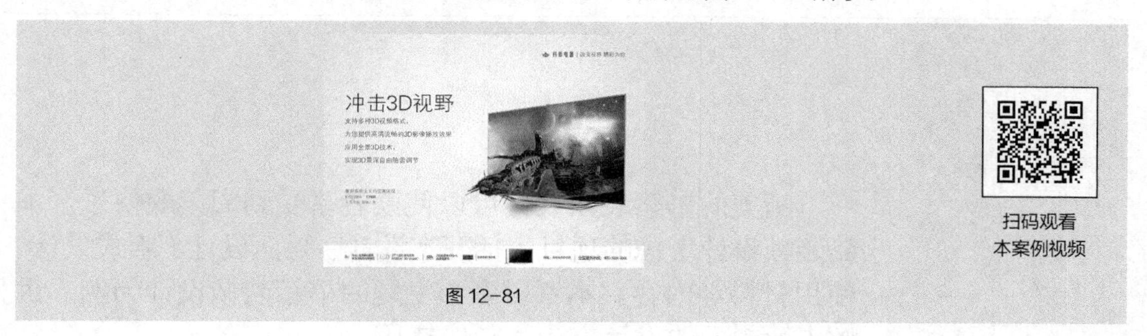

图12-81

效果所在位置

云盘/Ch12/效果/制作电视广告.psd。

课后习题2——制作结婚戒指广告

习题知识要点

使用移动工具添加模特图像和钻戒产品，使用图层样式和变换工具编辑图像，使用“横排文字”工具添加说明文字。效果如图12-82所示。

图12-82

效果所在位置

云盘/Ch12/效果/制作结婚戒指广告.psd。

13

第13章 书籍装帧设计

精美的书籍装帧设计可以使读者享受到阅读的快乐。书籍装帧设计考虑的项目包括开本设计、封面设计、版式设计、使用材料等内容。本章以多个主题的书籍装帧设计为例，讲解书籍封面的设计方法和制作技巧。

课堂学习目标

- 了解书籍装帧设计的概念
- 了解书籍的结构
- 掌握书籍封面的设计思路
- 掌握书籍封面设计的制作技巧

13.1 书籍装帧设计概述

书籍装帧设计是指书籍的整体设计。它包括的内容很多，其中封面、扉页和插画设计是三大主要设计要素。

13.1.1 书籍结构

书籍结构如图 13-1 所示。

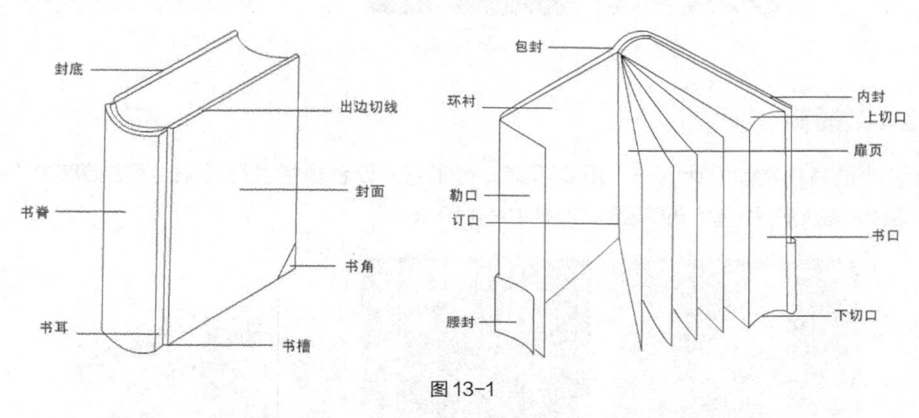

图 13-1

13.1.2 封面

封面是书籍的外表和标志，兼有保护书籍内页和美化书籍外在形态的作用，是书籍装帧的重要组成部分，如图 13-2 所示。书籍的装帧包括平装和精装两种。

要把握书籍的封面设计，就要把握有关书籍封面的 5 个要素：文字、材料、图案、色彩和工艺。

图 13-2

13.1.3 扉页

扉页是指封面或环衬页后的那一页，要求扉页所载的文字内容与封面的一致。扉页的背面可以空白，也可以适当加一点图案。

扉页除向读者介绍书名、作者和出版社外，还是书的入口和序曲，因而是书籍内部设计的重点。它的设计要能表现出书籍的内容、时代精神和作者风格，如图 13-3 所示。

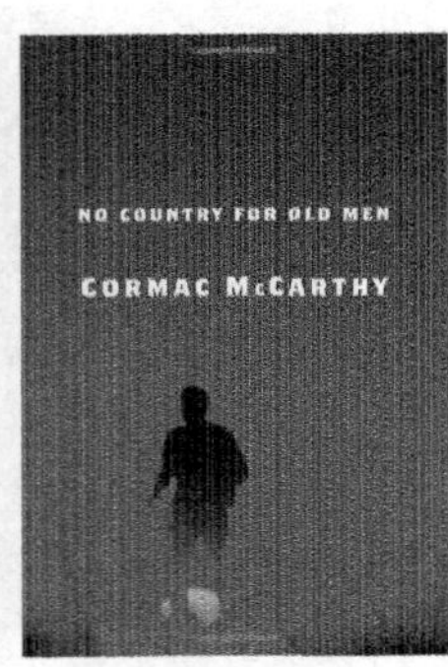

图 13-3

13.1.4 插画

插画设计是书籍装帧设计的一个重要因素。有了它，读者更能发挥想象力和加深对内容的理解。插画也能使读者获得一种艺术的享受，如图 13-4 所示。

图 13-4

13.1.5 正文

书籍的核心和最基本的部分是正文，它是书籍的基础。正文设计的主要目的是方便读者阅读，减少读者阅读的困难和疲劳，同时给读者以美的享受，如图 13-5 所示。

正文设计包括的要素：开本、版心、字体、行距、重点标志、段落起行、页码、页标题、注文和标题等。

图 13-5

13.2 花卉书籍封面设计

13.2.1 案例分析

随着人们对生活品质的追求越来越高，鲜花已经成为很多家庭用来装饰的物品。本例是为一本花卉书籍设计制作书籍封面，要求将行业的属性充分表现出来。

在设计思路上，封面使用温馨和谐的室内花卉图像，明确表现了主题。书籍的名称经过设计，使人印象深刻。封底使用了盆栽花卉，降低了不透明度，与背景更加融合，增加了画面的观赏性。封底和书脊的设计与封面相呼应，整个设计和谐统一。

本例将使用“新建参考线”命令，添加参考线；使用“置入”命令，置入图片；使用创建剪贴蒙版技巧和“矩形”工具等，制作图像效果；使用“横排文字”工具，添加文字信息；使用“钢笔”工具和“直线”工具等，添加装饰图案；使用图层混合模式，更改图像的显示效果；等等。

13.2.2 案例设计

本案例设计流程如图 13-6 所示。

制作书籍封面

添加封面信息

添加书脊信息

最终效果

图 13-6

13.2.3 案例制作

扫码观看
本案例视频 1

1. 制作书籍封面

（1）按 Ctrl+N 组合键，弹出“新建”对话框，将“宽度”选项设为“39.1 厘米”，“高度”选项设为“26.6 厘米”，“分辨率”设为“300 像素/英寸”，“颜色模式”设为“RGB”，“背景内容”设为“白色”，单击“确定”按钮，新建一个文件。将前景色设为红色（其 R、G、B 的值分别为 210、14、19）。按 Alt+Delete 组合键，用前景色填充背景图层。

（2）选择“视图 > 新建参考线”命令，在弹出的对话框中进行设置，如图 13-7 所示，单击“确定”按钮，效果如图 13-8 所示。用相同的方法，在 26.3 厘米的位置新建一条水平参考线，效果如图 13-9 所示。

图 13-7　　图 13-8　　图 13-9

（3）选择“视图 > 新建参考线”命令，在弹出的对话框中进行设置，如图 13-10 所示，单击“确定”按钮，效果如图 13-11 所示。用相同的方法，分别在 18.6 厘米、20.1 厘米、38.8 厘米的位置新建垂直参考线，效果如图 13-12 所示。

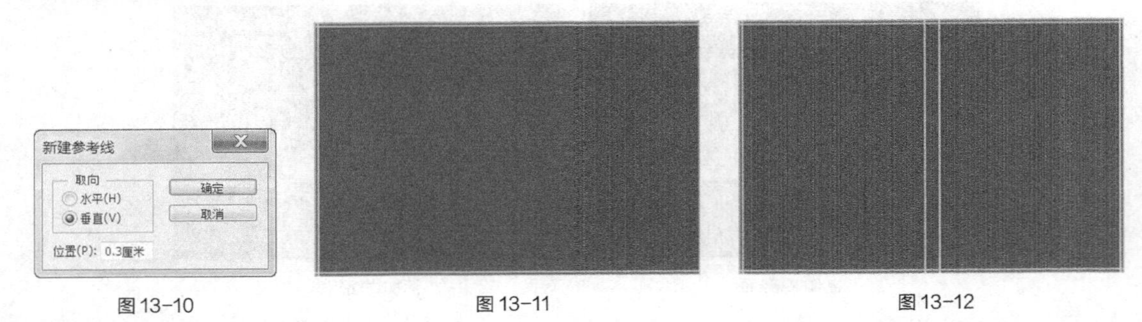

图 13-10　　图 13-11　　图 13-12

（4）选择“矩形”工具 ，在属性栏的“选择工具模式”选项中选择“形状”，将“填充”颜色设为黑色，在图像窗口中拖曳鼠标绘制矩形，效果如图 13-13 所示，在“图层”控制面板中生成新的形状图层“矩形 1”。

（5）选择“文件 > 置入”命令，弹出“置入”对话框，选择云盘中的“Ch13 > 素材 > 花卉书籍封面设计 > 01”文件，单击“置入”按钮，将图片置入到图像窗口中，并拖曳到适当的位置，按 Enter 键确认操作，效果如图 13-14 所示，在“图层”控制面板中生成新的图层并将其命名为“图片”。

图 13-13　　图 13-14

（6）按住 Alt 键的同时，将鼠标指针放在“图片”图层和“矩形 1”图层的中间，鼠标指针变为图标，如图 13-15 所示，单击该位置，创建剪贴蒙版，图像效果如图 13-16 所示。

图 13-15

图 13-16

（7）在“图片”图层上单击鼠标右键，在弹出的菜单中选择“栅格化图层”命令，栅格化图层。按 Ctrl+L 组合键，弹出“色阶”对话框，选项的设置如图 13-17 所示，单击“确定”按钮，效果如图 13-18 所示。

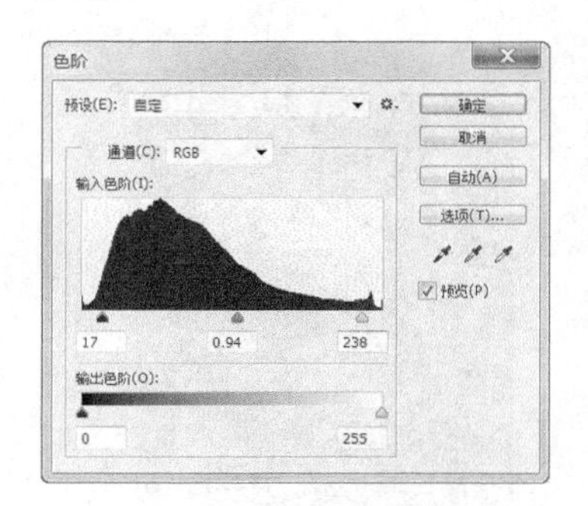

图 13-17

图 13-18

（8）选择“图像 > 调整 > 色相/饱和度”命令，在弹出的对话框中进行设置，如图 13-19 所示，单击“确定”按钮，效果如图 13-20 所示。

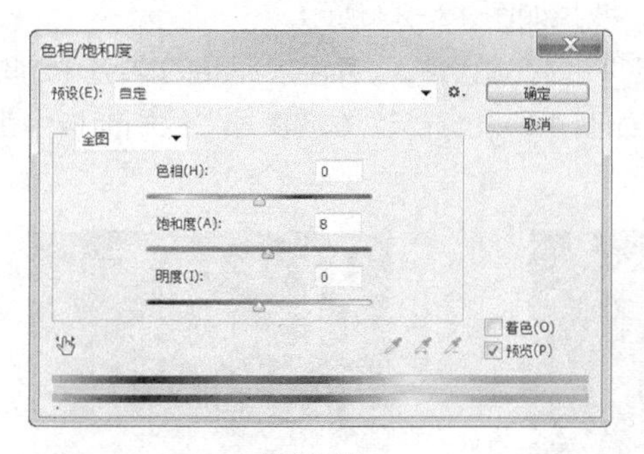

图 13-19

图 13-20

（9）选择“钢笔”工具，在属性栏的“选择工具模式”选项中选择“形状”，将“填充”颜色设为红色（其 R、G、B 的值分别为 210、14、19），在图像窗口中绘制形状，效果如图 13-21 所示，在“图层”控制面板中生成新的形状图层“形状 1”。

（10）在“图层”控制面板上方，将该图层的“不透明度”选项设为“80%”，如图 13-22 所示，按 Enter 键确认操作，图像效果如图 13-23 所示。

图 13-21

图 13-22

图 13-23

（11）将前景色设为白色。选择“横排文字”工具 T，在适当的位置输入需要的文字并选取文字，在属性栏中选择合适的字体并设置文字大小，按 Alt+↑组合键，调整文字行距，效果如图 13-24 所示，在“图层”控制面板中生成新的文字图层。选取文字“坊”，填充文字为黑色，效果如图 13-25 所示。

图 13-24

图 13-25

（12）按住 Alt 键的同时，将鼠标指针放在文字图层和“形状 1”图层的中间，鼠标指针变为↓□图标，如图 13-26 所示，单击该位置，创建剪贴蒙版，效果如图 13-27 所示。

（13）将前景色设为白色。选择“横排文字”工具 T，在适当的位置输入需要的文字并选取文字，在属性栏中选择合适的字体并设置文字大小，效果如图 13-28 所示，在“图层”控制面板中生成新的文字图层。

图 13-26

图 13-27

图 13-28

（14）选择“直线”工具[/]，在属性栏中将“填充”颜色设为无，“描边”颜色设为黑色，“描边宽度”设为 1 点，单击“设置形状描边类型”选项，在弹出的面板中选中需要的描边类型，如图 13-29 所示，“粗细”选项设为 1 像素。按住 Shift 键的同时，在图像窗口中拖曳鼠标绘制直线，效果如图 13-30 所示，在“图层”控制面板中生成新的形状图层“形状 2”。用相同的方法绘制其他直线，效果如图 13-31 所示。

（15）选择“横排文字”工具[T]，在适当的位置输入需要的文字并选取文字，在属性栏中选择合适的字体并设置文字大小，按 Alt+↓组合键，调整文字行距，效果如图 13-32 所示，在“图层”控制面板中生成新的文字图层。

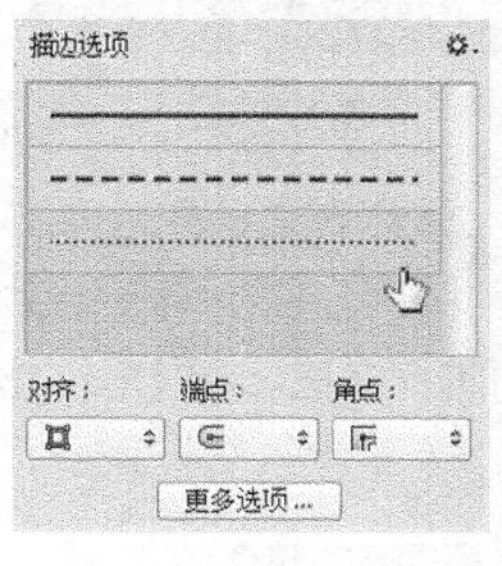

图 13-29

图 13-30

图 13-31

图 13-32

（16）选择“直排文字”工具[IT]，在适当的位置输入需要的文字并选取文字，在属性栏中选择合适的字体并设置文字大小，效果如图 13-33 所示，在“图层”控制面板中生成新的文字图层。单击“图层”控制面板下方的“添加图层样式”按钮[fx]，在弹出的菜单中选择“投影”命令，在弹出的对话框中进行设置，如图 13-34 所示，单击“确定”按钮，效果如图 13-35 所示。

图 13-33

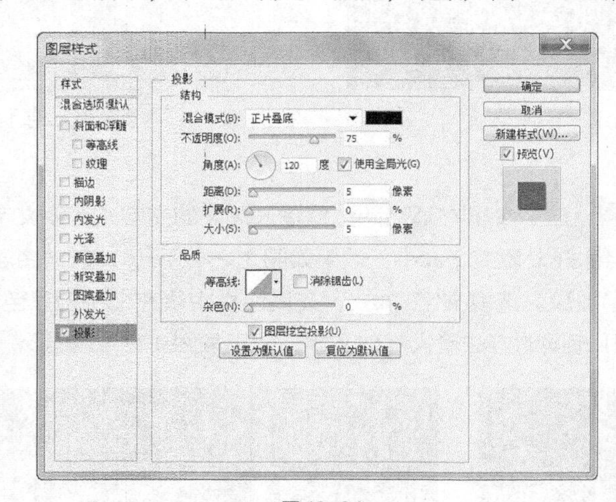

图 13-34

图 13-35

（17）选择“圆角矩形”工具[▢]，在属性栏中将“填充”颜色设为白色，“半径”选项设为“10 像素”，在图像窗口中绘制圆角矩形，效果如图 13-36 所示，在“图层”控制面板中生成新的形状图层并将其命名为“标志”。

（18）选择“横排文字”工具[T]，在适当的位置输入需要的文字并选取文字，在属性栏中选择合适的字体并设置文字大小，效果如图 13-37 所示，在“图层”控制面板中生成新的文字图层。

（19）按住 Ctrl 键的同时，单击文字图层的缩览图，文字周围生成选区，如图 13-38 所示。删除文字图层。在“标志”图层上单击鼠标右键，在弹出的菜单中选择“栅格化图层”命令，栅格化图层。按 Delete 键，删除选区中的图像。按 Ctrl+D 组合键，取消选区，图像效果如图 13-39 所示。

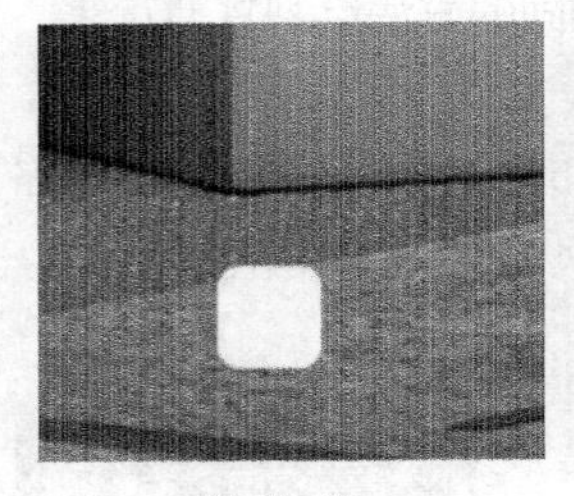
图 13-36

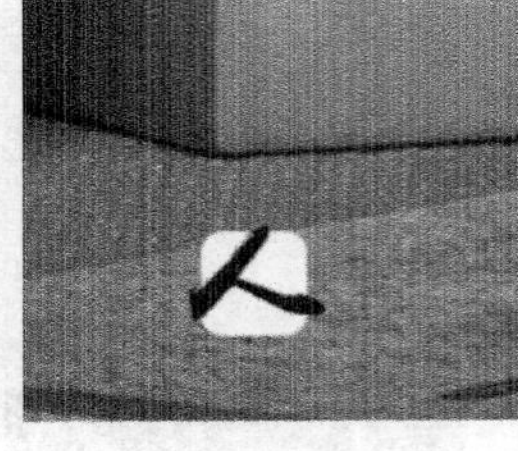
图 13-37

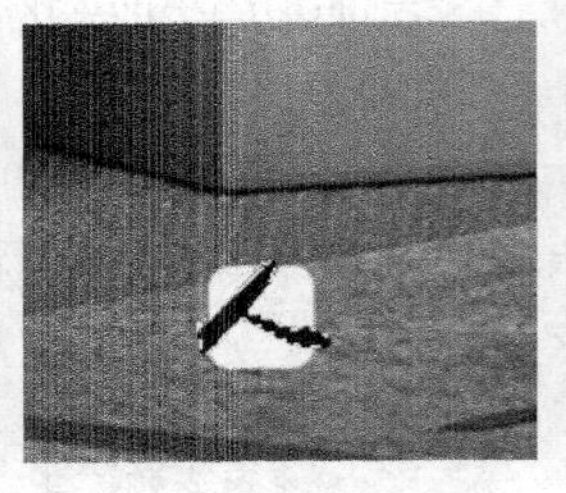
图 13-38

图 13-39

（20）将前景色设为白色。选择“横排文字”工具 T，在适当的位置输入需要的文字并选取文字，在属性栏中选择合适的字体并设置文字大小，效果如图 13-40 所示，在“图层”控制面板中生成新的文字图层。按住 Ctrl 键的同时，选中文字图层和“矩形 1”图层之间的所有图层。按 Ctrl+G 组合键，将图层编组并将其命名为“封面”，如图 13-41 所示。

图 13-40

图 13-41

2. 制作书脊

（1）选择“直排文字”工具 IT，在适当的位置输入需要的文字并选取文字，在属性栏中选择合适的字体并设置文字大小，效果如图 13-42 所示，在“图层”控制面板中生成新的文字图层。选取文字“坊”，在属性栏中填充文字为黑色，效果如图 13-43 所示。用相同的方法输入其他文字，效果如图 13-44 所示。

扫码观看
本案例视频 2

图 13-42

图 13-43

图 13-44

（2）选取“标志”图层，按 Ctrl+J 组合键，复制图层，生成新的图层“标志 拷贝”，拖曳“标志 拷贝”图层到文字图层的上方，如图 13-45 所示。选择“移动”工具，选取图像并将其拖曳到适当位置，效果如图 13-46 所示。

（3）按住 Ctrl 键的同时，选中文字图层和“标志 拷贝”图层之间的所有图层，如图 13-47 所示。按 Ctrl+G 组合键，将图层编组并将其命名为“书脊”，如图 13-48 所示。

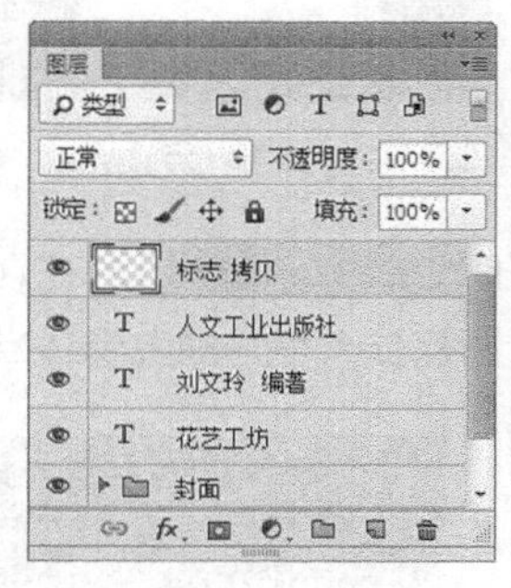

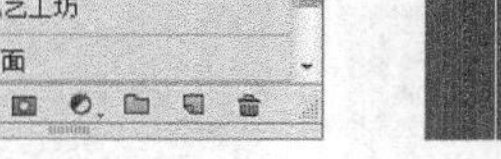

图 13-45

图 13-46

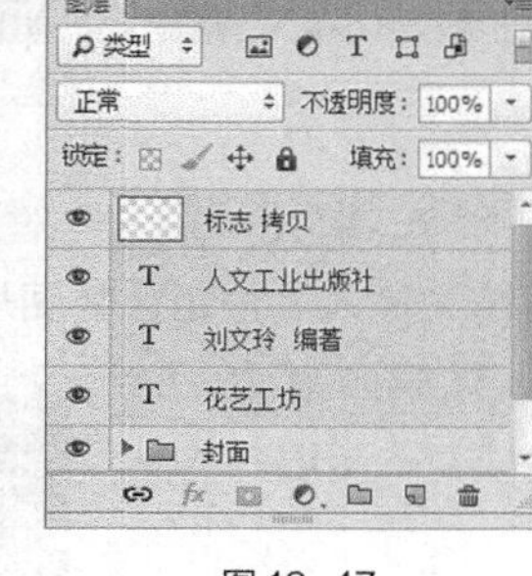

图 13-47

图 13-48

3. 制作封底

（1）选择“文件 > 置入”命令，弹出“置入”对话框，选择云盘中的“Ch13 > 素材 > 花卉书籍封面设计 > 02”文件，单击“置入”按钮，将图片置入图像窗口的适当位置，并调整其大小和角度，按 Enter 键确认操作，效果如图 13-49 所示，在“图层”控制面板中生成新的图层并将其命名为“花”。

扫码观看
本案例视频 3

（2）在“图层”控制面板上方，将“花”图层的混合模式选项设为“正片叠底”，如图 13-50 所示，效果如图 13-51 所示。

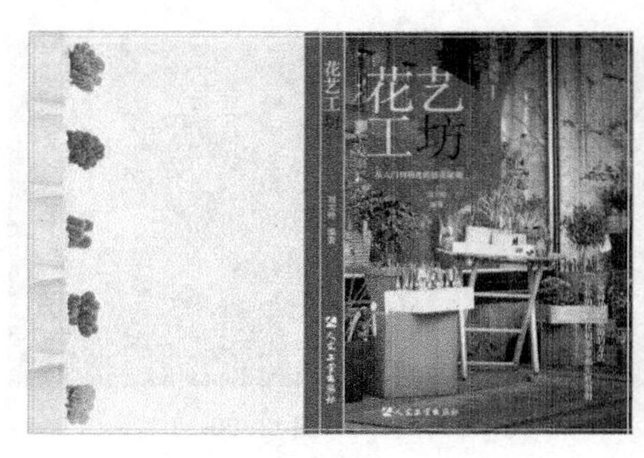

图 13-49

图 13-50

图 13-51

（3）单击“图层”控制面板下方的“添加图层蒙版”按钮，为图层添加蒙版，如图 13-52 所示。选择“渐变”工具，单击属性栏中的“点按可编辑渐变”按钮，弹出“渐变编辑器”对话框，将渐变色设为从黑色到透明色，单击“确定”按钮。在图像窗口中拖曳渐变色，如图 13-53 所示，效果如图 13-54 所示。

（4）选择“矩形”工具，在属性栏的“选择工具模式”选项中选择“形状”，将“填充”颜色设为白色，在图像窗口中拖曳鼠标绘制矩形，效果如图 13-55 所示，在“图层”控制面板中生成新的形状图层并将其命名为“白色块”。

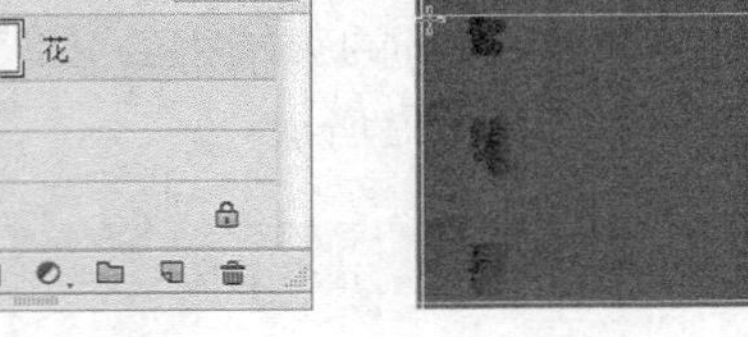

图13-52

图13-53　　图13-54

图13-55

（5）选择“文件 > 置入”命令，弹出“置入”对话框，选择云盘中的“Ch13 > 素材 > 花卉书籍封面设计 > 03”文件，单击“置入”按钮，将图片置入图像窗口中，调整其大小并拖曳到适当的位置，按 Enter 键确认操作，效果如图 13-56 所示，在“图层”控制面板中生成新的图层并将其命名为“条码”。

图13-56

图13-57

（6）将前景色设为白色。选择“横排文字”工具 T，在适当的位置输入需要的文字并选取文字，在属性栏中选择合适的字体并设置文字大小，效果如图 13-57 所示。

（7）将前景色设为白色。选择“横排文字”工具 T，在属性栏中选择合适的字体并设置文字大小，在图像窗口中拖曳鼠标绘制文本框，如图 13-58 所示。输入需要的文字，效果如图 13-59 所示。按 Ctrl+; 组合键，隐藏参考线。花卉书籍封面制作完成，效果如图 13-60 所示。

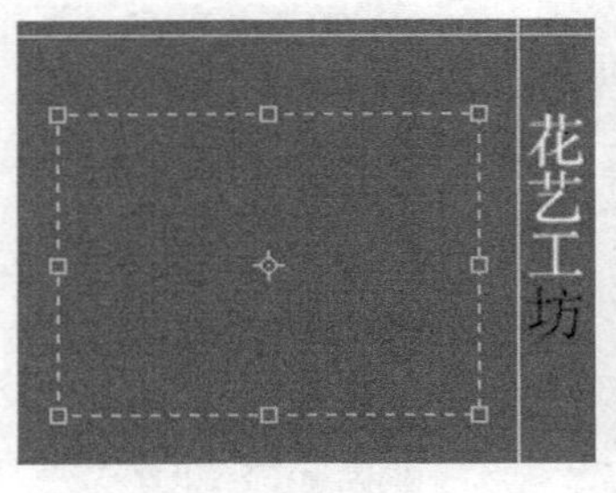

图13-58

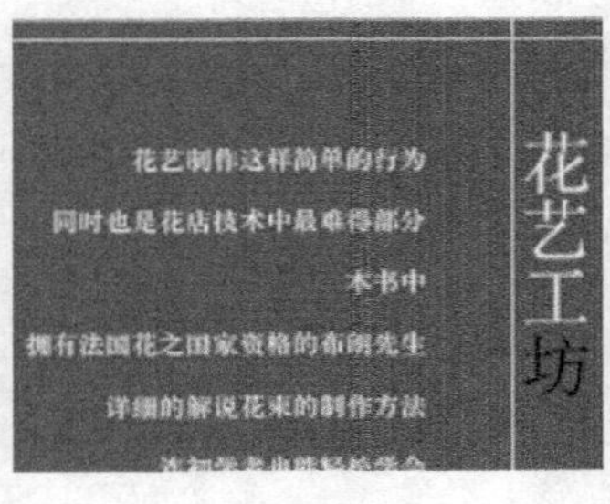

图13-59

图13-60

13.3 美食书籍封面设计

13.3.1 案例分析

烘焙食品因为营养丰富而受到人们的钟爱，闲暇的时候自己动手制作烘焙食品更是增加了生活的趣味性。本例是为美食书籍设计书籍封面，要求表现出食物特有的风格。

在设计思路上，以甜甜圈为背景，充分地表现了书籍内容，右下角的甜甜圈颜色丰富，让人充满食欲。标题和其他文字信息巧妙地组合成一个标签的形式，被甜甜圈遮挡了一角，显得整个画面生动有趣，在直观地反映书籍内容的同时，增加了画面的活泼感，与宣传的主题相呼应。

本例将使用“新建参考线”命令，添加参考线；使用“矩形”工具、“椭圆”工具、“路径选择”工具、“直线”工具等，绘制装饰图形；使用“横排文字”工具，输入文字信息；使用“钢笔”工具，绘制路径；使用“直排文字”工具，输入直排文字；等等。

13.3.2 案例设计

本案例设计流程如图 13-61 所示。

制作书籍封面

添加封面信息

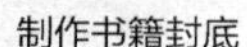

制作书籍封底

最终效果

图 13-61

13.3.3 案例制作

1. 制作书籍封面

（1）按 Ctrl+N 组合键，弹出“新建”对话框，将“宽度”选项设为“37.6 厘米”，“高度”选项设为“26.6 厘米”，“分辨率”设为“150 像素/英寸”，“颜色模式”设为“RGB”，“背景内容”设为“白色”，单击“确定”按钮，新建一个文件。

（2）选择“视图 > 新建参考线”命令，弹出“新建参考线”对话框，设置如图 13-62 所示，单击“确定”按钮，效果如图 13-63 所示。用相同的方法，在 26.3 厘米的位置新建一条水平参考线，效果如图 13-64 所示。

扫码观看
本案例视频 1

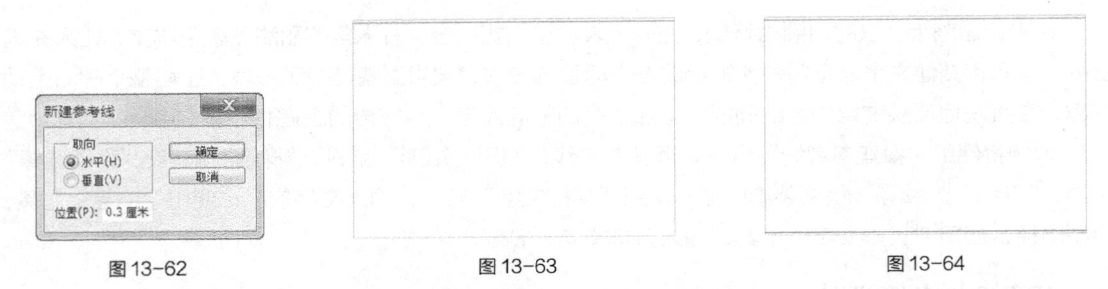

图 13-62　　图 13-63　　图 13-64

（3）选择“视图 > 新建参考线”命令，弹出“新建参考线”对话框，设置如图 13-65 所示，单击“确定”按钮，效果如图 13-66 所示。用相同的方法，分别在 18 厘米、19.6 厘米、37.3 厘米的位置新建垂直参考线，效果如图 13-67 所示。

图 13-65　　图 13-66　　图 13-67

（4）单击“图层”控制面板下方的“创建新组”按钮，生成新的图层组并将其命名为“封面”。按 Ctrl+O 组合键，打开云盘中的“Ch13 > 素材 > 美食书籍封面设计 > 01”文件，选择“移动”工具，将图片拖曳到图像窗口中的适当位置，如图 13-68 所示，在“图层”控制面板中生成新的图层并将其命名为“图片”。

（5）选择“矩形”工具，在属性栏的“选择工具模式”选项中选择“路径”，在图像窗口中适当的位置绘制矩形路径，如图 13-69 所示。

图 13-68

图 13-69

（6）选择“椭圆”工具，在适当的位置绘制一个椭圆形，如图 13-70 所示。选择“路径选择”工具，选取椭圆形，按住 Alt+Shift 组合键的同时，水平向右拖曳图形到适当的位置，复制图形，效果如图 13-71 所示。

（7）选择“路径选择”工具，按住 Shift 键的同时，单击第一个椭圆形，将其选中，按住 Alt+Shift 组合键的同时，垂直向下拖曳图形到适当的位置，复制图形，效果如图 13-72 所示。

（8）按住 Shift 键的同时，选中所有的椭圆形，在属性栏中单击“路径操作”按钮，在弹出的下拉菜单中选择“减去顶层形状”命令。用圈选的方法将所有的椭圆形和矩形同时选中，如图 13-73 所示，在属性栏中单击“路径操作”按钮，在弹出的下拉菜单中选择“合并形状组件”命令，将所有图形组合成一个图形，效果如图 13-74 所示。

图 13-70

图 13-71

图 13-72

图 13-73

图 13-74

（9）新建图层并将其命名为“形状”。将前景色设为绿色（其 R、G、B 的值分别为 13、123、51）。按 Ctrl+Enter 组合键，将路径转化为选区，按 Alt+Delete 组合键，用前景色填充选区，按 Ctrl+D 组合键，取消选区，效果如图 13-75 所示。选择“椭圆”工具，在属性栏的“选择工具模式”选项中选择“像素”，在适当的位置绘制一个椭圆形，如图 13-76 所示。

（10）将“形状”图层拖曳到“图层”控制面板下方的“创建新图层”按钮上进行复制，生成新的图层“形状 副本”。按 Ctrl+T 组合键，在图形周围出现变换框，按住 Shift+Alt 组合键的同时，拖曳变换框右上角的控制手柄，等比例缩小图形，按 Enter 键确认操作。

（11）将前景色设为绿色（其 R、G、B 的值分别为 14、148、4）。按住 Ctrl 键的同时，单击“形状 副本”图层的缩览图，图像周围生成选区，如图 13-77 所示。按 Alt+Delete 组合键，用前景色填充选区，按 Ctrl+D 组合键，取消选区，效果如图 13-78 所示。使用上述的方法，再复制一个“形状”图形，制作出图 13-79 所示的效果。

图 13-75

图 13-76

图 13-77

图 13-78

图 13-79

（12）按 Ctrl+O 组合键，打开云盘中的“Ch13 > 素材 > 美食书籍封面设计 > 02”文件，选择“移动”工具，将面包图片拖曳到图像窗口中的适当位置，如图 13-80 所示，在“图层”控制面板中生成新的图层并将其命名为“小面包”。

（13）将前景色设为褐色（其 R、G、B 的值分别为 65、35、37）。选择“横排文字”工具，在适当的位置分别输入需要的文字并选取文字，在属性栏中选择合适的字体并设置文字大小。按 Alt+←组合键，适当调整文字间距，效果如图 13-81 所示，在“图层”控制面板中分别生成新的文字图层。

（14）选择“钢笔”工具，在属性栏的“选择工具模式”选项中选择“路径”，在适当的位置绘制一条路径。将前景色设为深绿色（其 R、G、B 的值分别为 34、71、37）。选择“横排文字”工具，在属性栏中选择合适的字体并设置文字大小，将鼠标指针放在路径上时，指针变为图标，单击插入光标，输入需要的文字，如图 13-82 所示，在“图层”控制面板中生成新的文字图层。

图 13-80

图 13-81

图 13-82

（15）选取文字，按 Ctrl+T 组合键，弹出“字符”控制面板，将“设置所选字符的字距调整”选项设为-100，其他选项的设置如图 13-83 所示，隐藏路径后，效果如图 13-84 所示。

（16）将前景色设为橘色（其 R、G、B 的值分别为 236、84、9）。选择“横排文字”工具，在适当的位置输入需要的文字并选取文字，在属性栏中选择合适的字体并设置文字大小，按 Alt+← 组合键，适当调整文字间距，效果如图 13-85 所示，在“图层”控制面板中生成新的文字图层。

（17）将前景色设为褐色（其 R、G、B 的值分别为 60、32、27）。选择“横排文字”工具，在图像窗口中分别输入需要的文字并选取文字，在属性栏中选择合适的字体并设置文字大小，效果如图 13-86 所示，在“图层”控制面板中分别生成新的文字图层。

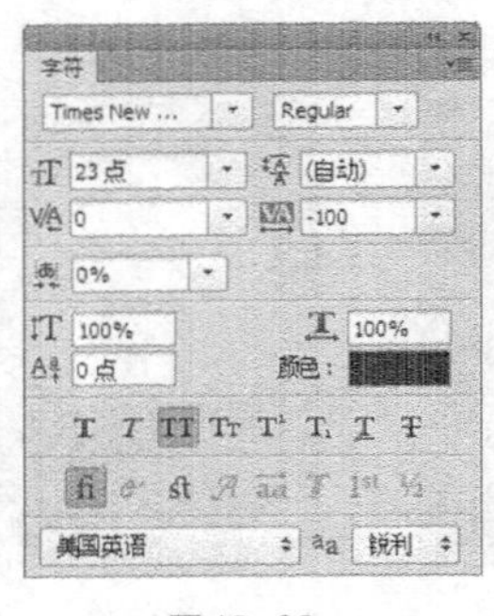

图 13-83

图 13-84

图 13-85

图 13-86

（18）新建图层并将其命名为“直线”。将前景色设为深绿色（其 R、G、B 的值分别为 34、71、37）。选择“直线”工具，在属性栏的“选择工具模式”选项中选择“像素”，将“粗细”选项设为 4 像素，按住 Shift 键的同时，在适当的位置拖曳鼠标绘制一条水平直线，效果如图 13-87 所示。

（19）按 Ctrl+J 组合键，复制“直线”图层，生成新的图层“直线 副本”。选择“移动”工具，按住 Shift 键的同时，在图像窗口中垂直向下拖曳复制出的直线到适当的位置，效果如图 13-88 所示。使用相同的方法再绘制两条垂直直线，效果如图 13-89 所示。

图13-87

图13-88

图13-89

（20）新建图层并将其命名为“形状 1”。选择“自定形状”工具，单击属性栏中的“形状”选项，弹出“形状”面板，单击面板右上方的按钮，在弹出的菜单中选择“全部”选项，弹出提示对话框，单击“确定”按钮。在“形状”面板中选中图形“百合花饰”，如图 13-90 所示。在属性栏的“选择工具模式”选项中选择“像素”，按住 Shift 键的同时，在图像窗口中拖曳鼠标绘制图形，效果如图 13-91 所示。

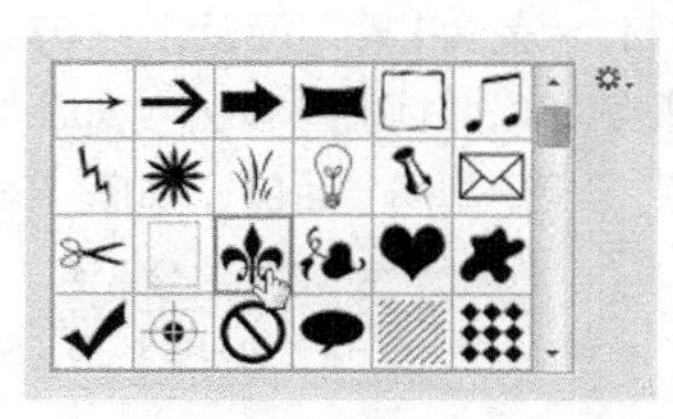
图13-90

图13-91

（21）新建图层并将其命名为“形状 2”。选择“自定形状”工具，单击属性栏中的“形状”选项，弹出“形状”面板，在“形状”面板中选中图形“装饰 1”，如图 13-92 所示，在图像窗口中拖曳鼠标绘制图形，效果如图 13-93 所示。

图13-92

图13-93

（22）将“形状 2”图层拖曳到“图层”控制面板下方的“创建新图层”按钮上进行复制，生成新的图层“形状 2 副本”。选择“移动”工具，按住 Shift 键的同时，在图像窗口中水平向右拖曳复制的图形到适当的位置，效果如图 13-94 所示。

（23）按住 Shift 键的同时，单击“形状 1”图层，将形状图层同时选取，如图 13-95 所示。将选中的图层拖曳到“图层”控制面板下方的“创建新图层”按钮上进行复制，生成新的图层。

（24）选择“移动”工具，按住 Shift 键的同时，在图像窗口中垂直向下拖曳复制的图形到适当的位置，效果如图 13-96 所示。按 Ctrl+T 组合键，图形周围出现变换框，在变换框中单击鼠标右键，在弹出的快捷菜单中选择“垂直翻转”命令，将图形垂直翻转，按 Enter 键确认操作，效果如图 13-97 所示。

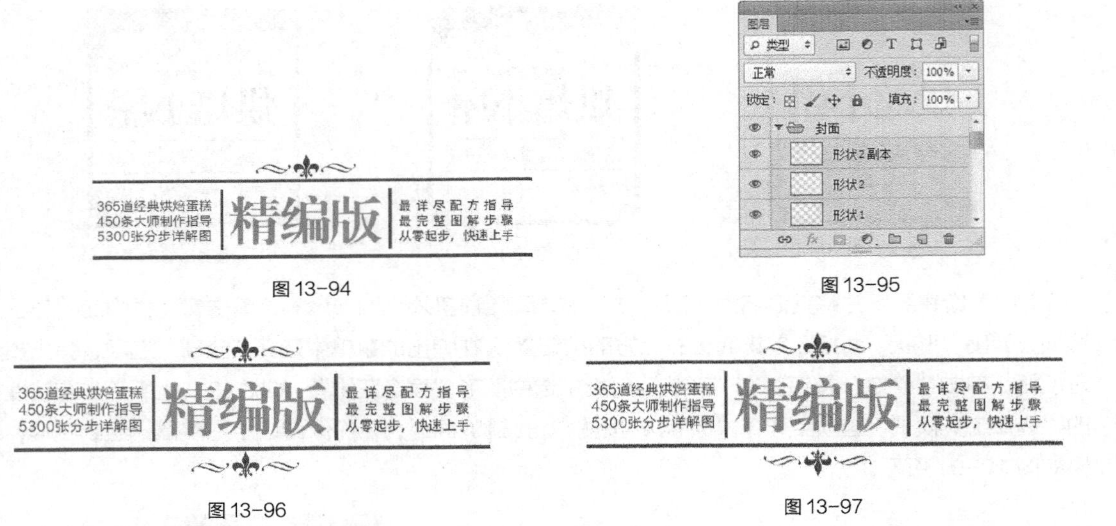

图 13-94

图 13-95

图 13-96

图 13-97

（25）按 Ctrl+O 组合键，打开云盘中的“Ch13 > 素材 > 美食书籍封面设计 > 03、04、05”文件，选择“移动”工具，分别将图片拖曳到图像窗口中的适当位置，并调整其大小，如图 13-98 所示，在“图层”控制面板中分别生成新的图层并将其命名为“草莓”“橙子”和“面包”，如图 13-99 所示。

图 13-98

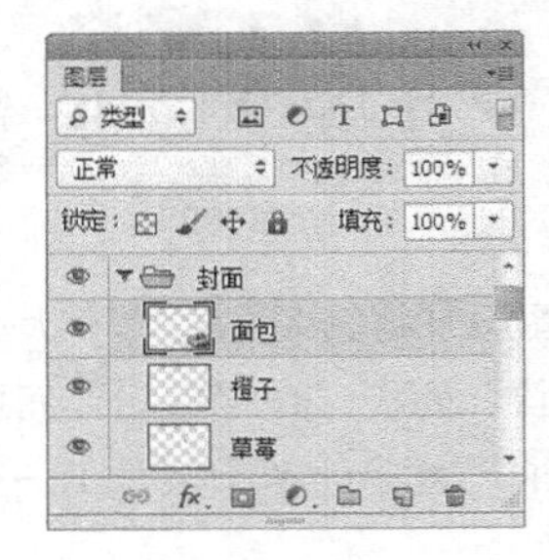

图 13-99

（26）单击“图层”控制面板下方的“添加图层样式”按钮，在弹出的菜单中选择“投影”命令，弹出对话框，选项的设置如图 13-100 所示，单击“确定”按钮，效果如图 13-101 所示。单击“封面”图层组左侧的三角形图标，将“封面”图层组中的图层隐藏。

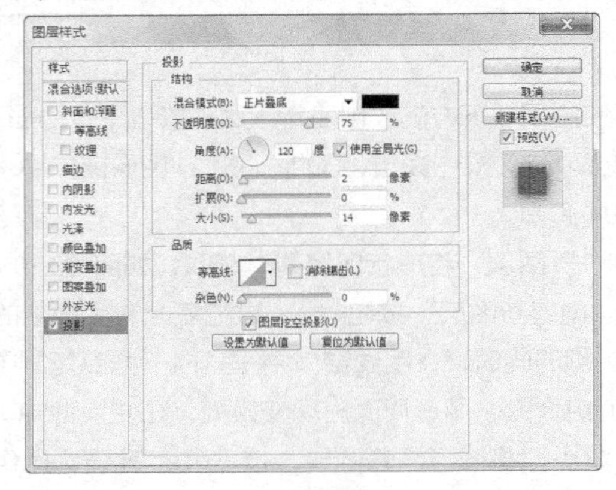

图 13-100

图 13-101

2. 制作封底效果

（1）单击“图层”控制面板下方的“创建新组”按钮，生成新的图层组并将其命名为“封底”。新建图层并将其命名为“矩形”。将前景色设为淡绿色（其R、G、B 的值分别为 136、150、5），选择“矩形”工具，在属性栏的“选择工具模式”选项中选择“像素”，在图像窗口中适当的位置绘制一个矩形，效果如图 13-102 所示。

扫码观看
本案例视频 2

（2）按 Ctrl+O 组合键，分别打开云盘中的“Ch13 > 素材 > 美食书籍封面设计 > 06、07、08”文件，选择“移动”工具，分别将图片拖曳到图像窗口中的适当位置，如图 13-103 所示，在“图层”控制面板中生成新的图层并将其命名为“图片 1”“图片 2”和“条形码”。单击“封底”图层组左侧的三角形图标，将“封底”图层组中的图层隐藏。

图 13-102

图 13-103

3. 制作书脊效果

（1）单击“图层”控制面板下方的“创建新组”按钮，生成新的图层组并将其命名为“书脊”。新建图层并将其命名为“矩形 1”。选择“矩形”工具，在书脊上适当的位置绘制一个矩形，效果如图 13-104 所示。

（2）在“封面”图层组中，选中“小面包”图层，按 Ctrl+J 组合键，复制“小面包”图层，生成新的图层“小面包 副本”。将“小面包 副本”拖曳到“书脊”图层组中的“矩形 1”图层的上方，如图 13-105 所示。选择“移动”工具，在图像窗口中拖曳复制出的面包图片到适当的位置并调整其大小，效果如图 13-106 所示。

图 13-104

图 13-105

图 13-106

（3）将前景色设为白色。选择“直排文字”工具，在书脊上适当的位置输入需要的文字，选取文字，在属性栏中选择合适的字体并设置文字大小，效果如图 13-107 所示，按 Alt+←组合键，适当调整文字间距，取消文字选取状态，效果如图 13-108 所示，在“图层”控制面板中生成新的文字图层。

（4）将前景色设为褐色（其 R、G、B 的值分别为 65、35、37）。选择“直排文字”工具IT，在书脊上适当的位置输入需要的文字，选取文字，在属性栏中选择合适的字体并设置文字大小，按 Alt+→组合键，适当调整文字间距，效果如图 13-109 所示，在“图层”控制面板中生成新的文字图层。选择“直排文字”工具IT，选取文字“精编版”，在属性栏中设置合适的文字大小，效果如图 13-110 所示。

（5）将前景色设为白色。选择“直排文字”工具IT，在书脊上适当的位置输入需要的文字，选取文字，在属性栏中选择合适的字体并设置文字大小，效果如图 13-111 所示，按 Alt+→组合键，适当调整文字间距，取消文字选取状态，效果如图 13-112 所示，在“图层”控制面板中生成新的文字图层。

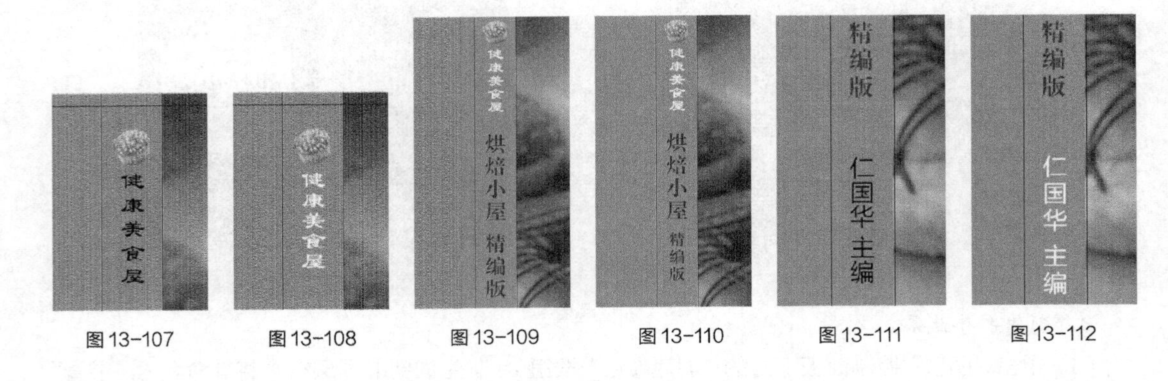

图 13-107　图 13-108　图 13-109　图 13-110　图 13-111　图 13-112

（6）新建图层并将其命名为“星星”。将前景色设为褐色（其 R、G、B 的值分别为 65、35、37）。选择“自定形状”工具，单击属性栏中的“形状”选项，弹出“形状”面板，在“形状”面板中选中图形“星形”，如图 13-113 所示，按住 Shift 键的同时，在图像窗口中拖曳鼠标绘制图形，效果如图 13-114 所示。

（7）选择“直排文字”工具IT，在书脊适当的位置输入需要的文字，选取文字，在属性栏中选择合适的字体并设置文字大小，按 Alt+→组合键，适当调整文字间距，效果如图 13-115 所示，在“图层”控制面板中生成新的文字图层。按 Ctrl+；组合键，隐藏参考线。美食书籍制作完成，效果如图 13-116 所示。

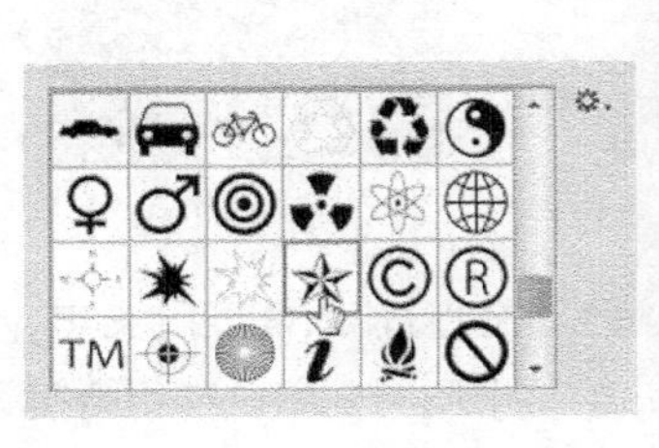

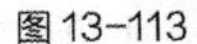
图 13-113

图 13-114

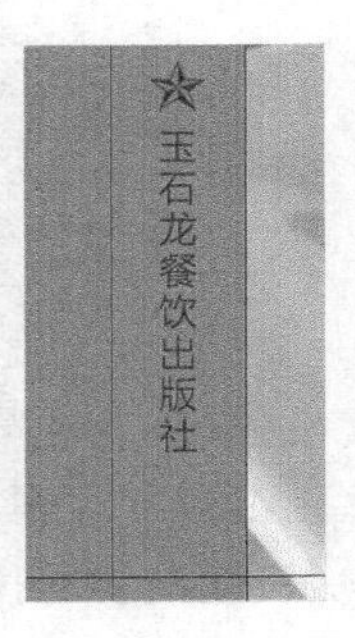

图 13-115

图 13-116

课堂练习 1——制作儿童教育书籍封面

练习知识要点

使用“新建参考线”命令，添加参考线；使用“钢笔”工具、“描边”命令，制作背景底图；使用“横排文字”工具和“添加图层样式”按钮，制作文字效果；使用“移动”工具，添加素材图片；使用“自定形状”工具，绘制装饰图形。效果如图 13-117 所示。

图 13-117

效果所在位置

云盘/Ch13/效果/制作儿童教育书籍封面.psd。

课堂练习 2——制作青少年读物封面

练习知识要点

使用“新建参考线”命令，添加参考线；使用“横排文字”工具和绘图工具，制作封面；使用“矩形”工具、“横排文字”工具，制作腰封。效果如图 13-118 所示。

图 13-118

效果所在位置

云盘/Ch13/效果/制作青少年读物封面.psd。

课后习题 1——制作少儿读物封面

习题知识要点

使用“图案填充”命令、图层混合模式，制作背景效果；使用“钢笔”工具、“横排文字”工具、“添加图层样式”按钮，制作文字效果；使用“圆角矩形”工具、“自定形状”工具，绘制装饰图形；使用“钢笔”工具、“横排文字”工具，制作区域文字。效果如图 13-119 所示。

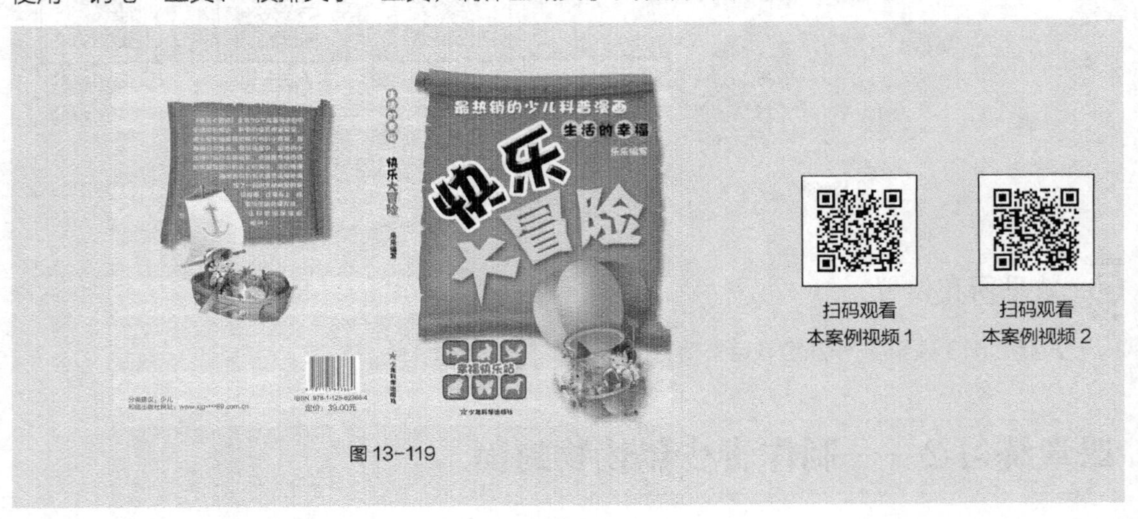

图 13-119

效果所在位置

云盘/Ch13/效果/制作少儿读物封面.psd。

课后习题 2——制作旅游杂志封面

习题知识要点

使用“新建参考线”命令，添加参考线；使用“图层蒙版”命令和“渐变”工具，制作图像渐隐效果；使用“亮度/对比度”命令，调整图像颜色；使用“横排文字”工具、“直线”工具、“多边形”工具，制作文字效果。效果如图 13-120 所示。

图 13-120

扫码观看
本案例视频 1

扫码观看
本案例视频 2

扫码观看
本案例视频 3

效果所在位置

云盘/Ch13/效果/制作旅游杂志封面.psd。

14 第14章 包装设计

包装代表着一个商品的品牌形象。好的包装可以让商品在同类商品中“脱颖而出”，吸引消费者的注意力并引发其购买行为。包装可以起到美化商品及传达商品信息的作用。包装还可以极大地提高商品的价值。本章以多个类别的包装为例，讲解包装的设计方法和制作技巧。

课堂学习目标

- 了解包装的概念
- 了解包装的分类
- 理解包装的设计定位
- 掌握包装的设计思路
- 掌握包装的设计方法和制作技巧

14.1 包装设计概述

包装最主要的功能是保护商品，其次是美化商品和传达信息。好的包装设计除了解决消费者的基本需求外，还要满足消费者的心理需求，只有这样商品才能在同类商品中“脱颖而出”，如图 14-1 所示。

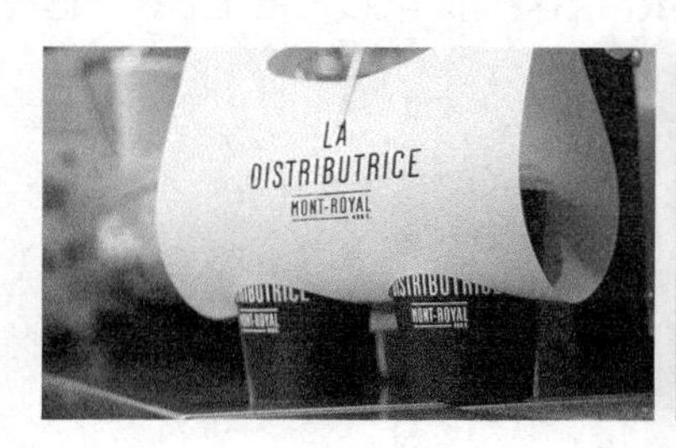

图 14-1

14.1.1 包装的分类

（1）按包装在流通中的作用：分为运输包装和销售包装。

（2）按包装材料：一般可分为纸板、木材、金属、塑料、玻璃和陶瓷、纤维织品、复合材料等包装。

（3）按销售市场：分为内销商品包装和出口商品包装。

（4）按商品种类：分为建材商品包装、农牧水产品商品包装、食品和饮料商品包装、轻工日用品商品包装、纺织品和服装商品包装、化工商品包装、医药商品包装、机电商品包装、电子商品包装、兵器包装等。

14.1.2 包装的设计定位

商品包装应遵循“科学、经济、牢固、美观、适销”的原则。包装设计的定位要和包装设计的构思紧紧关联。构思是设计的灵魂，构思的核心是考虑包装设计表现什么和如何表现两个问题。在整理的各种要素的基础上选准重点，突出主题，是设计构思的重要原则。

（1）以产品定位：以商品自身的图像为主体形象，也就是商品再现，将商品的图像直接运用在包装设计上，可以直接传达商品信息，让消费者更容易理解与接受。

（2）以品牌定位：一般主要应用于品牌知名度较高的商品包装设计，在设计处理上以商品标志形象与品牌定性分析为重心。

（3）以消费者定位：着力于特定消费对象的定位表现，主要应用具有特定消费者的商品包装设计。

（4）以差别化定位：着力于针对竞争对手而加以较大的差别化的定位角度，以求自我独特个性化的设计表现。

（5）以传统定位：着力于某种民族性传统感的追求，用于富有浓郁地方传统特色的商品包装的处理上，对某些传统图形加以改造。

（6）以文案定位：着力于商品有关信息的介绍，在处理上应注意文案编排的风格特征，同时往往配以插图。

（7）以礼品性定位：着力于华贵或典雅的装饰效果，一般应用于高品位商品，设计处理有较大的灵活性。

（8）以纪念性定位：在包装上着力于对某种庆典活动、旅游活动、文化体育活动等特定纪念性活动或节日的设计。

（9）以商品档次定位：要防止过分包装，必须做到包装材料与商品价值相称，要既保证商品的品位又尽可能降低生产成本。

（10）以商品特殊属性定位：以商品特有的底纹处理、纹样或商品特有的色彩为主体形象。这类包装要根据产品本身的性质而进行设计。

14.2 制作茶叶包装

14.2.1 案例分析

茶是最古老的饮品之一，种类丰富，有着丰富的保健作用和营养价值。本例是为某茶叶公司制作茶叶包装，在包装设计上要能够表现出茶叶的健康与其具备的浓厚的文化性。

在设计思路上，浅棕色的牛皮纸包装在体现出质感的同时，也展示出茶叶较高的品质。绿色的山水表现了茶叶所处的自然的生态环境，文字的排列和谐有序，阅读方便。下面的茶杯起到点缀包装的作用，并再次点明主题，将茶叶的特色充分地表现出来。

本例将使用“添加图层样式”按钮、“横排文字”工具、“直线”工具、“钢笔”工具等，制作平面展示图；使用 Ctrl+T 组合键和“图层”控制面板等，制作包装立体效果。

14.2.2 案例设计

本案例设计流程如图 14-2 所示。

制作茶叶包装平面展开图

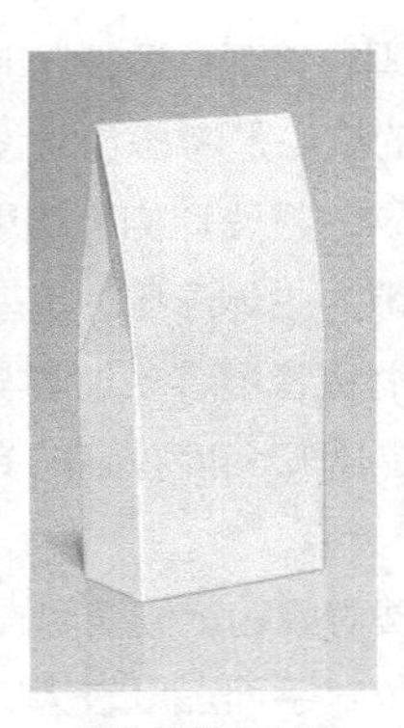
打开包装立体图

最终效果

图 14-2

14.2.3 案例制作

1. 制作茶叶包装平面展开图

（1）按 Ctrl+N 组合键，弹出“新建”对话框，将“宽度”选项设为“9 厘米”，“高度”选项设为“15 厘米”，“分辨率”设为“300 像素/英寸”，“颜色模式”设为“RGB”，“背景内容”设为“白色”，单击“确定”按钮，新建一个文件。将前景色设为淡黄色（其 R、G、B 的值分别为 212、204、152），按 Alt+Delete 组合键，用前景色填充“背景”图层，效果如图 14-3 所示。

（2）按 Ctrl+O 组合键，打开云盘中的“Ch14 > 素材 > 制作茶叶包装 > 01”文件，选择“移动”工具，将图片拖曳到图像窗口中适当的位置，效果如图 14-4 所示，在“图层”控制面板中生成新图层并将其命名为“图片 1”。

图 14-3

图 14-4

（3）单击“图层”控制面板下方的“添加图层样式”按钮，在弹出的菜单中选择“颜色叠加”命令，弹出对话框，将“叠加颜色”设为绿色（其 R、G、B 的值分别为 17、151、17），其他选项的设置如图 14-5 所示，单击“确定”按钮，效果如图 14-6 所示。

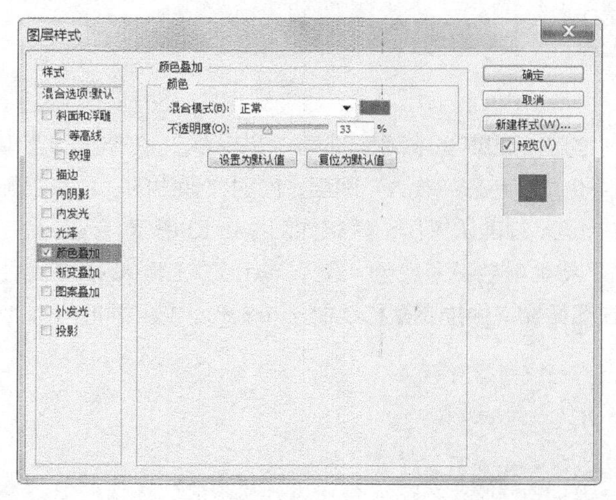

图 14-5

图 14-6

（4）单击“图层”控制面板下方的“添加图层样式”按钮，在弹出的菜单中选择“渐变叠加”命令，弹出对话框，单击“点按可编辑渐变”按钮，弹出“渐变编辑器”对话框，将渐变颜色设为从深绿色（其 R、G、B 的值分别为 31、95、9）到青色（其 R、G、B 的值分别为 33、193、176），其他选项的设置如图 14-7 所示，单击“确定”按钮，返回到“图层样式”对话框，其他选项的设置如图 14-8 所示，单击“确定”按钮，效果如图 14-9 所示。

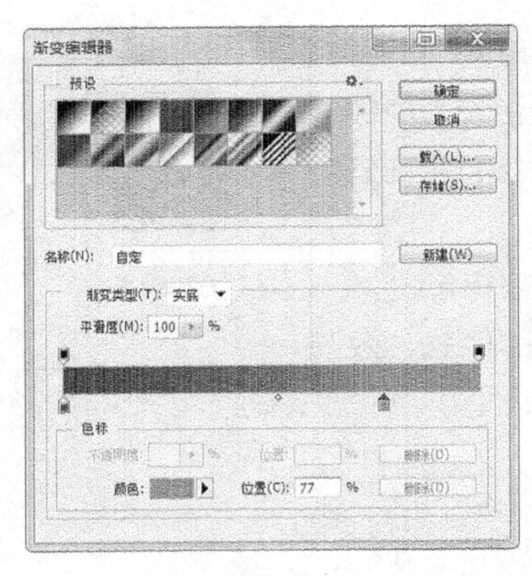
图14-7

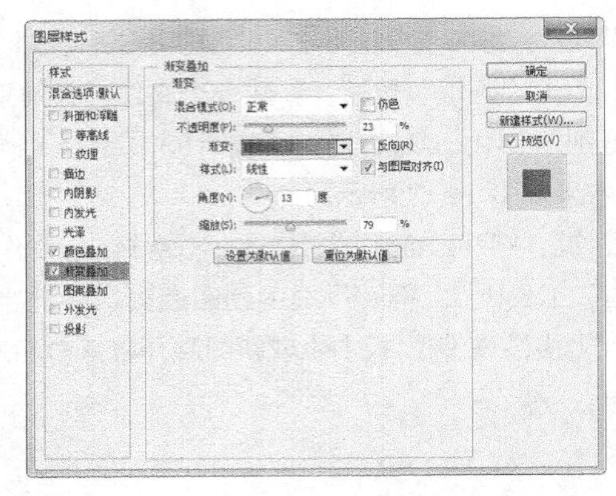
图14-8

图14-9

（5）在“图层”控制面板上方，将“图片1”图层的混合模式选项设为“正片叠底”，如图14-10所示，效果如图14-11所示。

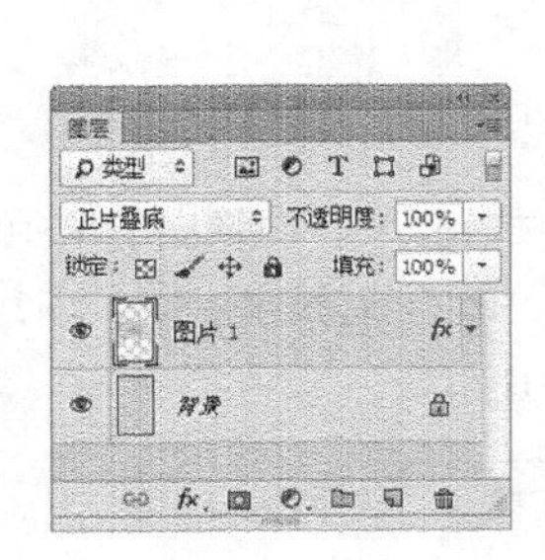
图14-10

图14-11

（6）单击“图层”控制面板下方的“创建新的填充或调整图层”按钮，在弹出的菜单中选择“色彩平衡”命令，在“图层”控制面板中生成“色彩平衡1”图层，同时在弹出的“色彩平衡”面板中进行设置，设置如图14-12所示，按Enter键确认操作，效果如图14-13所示。

（7）新建图层并将其命名为“矩形”。将前景色设为黑色。选择“矩形”工具，在属性栏中的“选择工具模式”选项中选择“像素”，在图像窗口中拖曳鼠标绘制一个矩形，效果如图14-14所示。

图14-12

图14-13

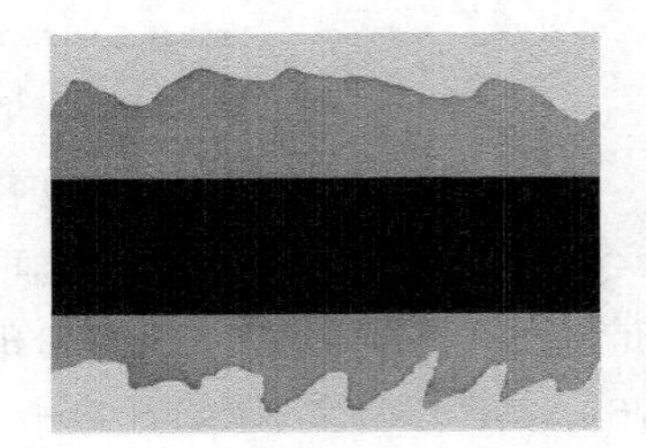
图14-14

（8）新建图层并将其命名为“圆形”。将前景色设为淡黄色（其 R、G、B 的值分别为 212、204、152）。选择“椭圆”工具 ，在属性栏中的“选择工具模式”选项中选择“像素”，按住 Shift 键的同时，在图像窗口中拖曳鼠标绘制一个圆形，效果如图 14-15 所示。

（9）按住 Ctrl 键的同时，单击“圆形”图层的缩览图，图像周围生成选区，如图 14-16 所示。选择“选择 > 变换选区”命令，选区周围出现控制手柄，按住 Shift 键的同时，拖曳右上角的控制手柄到适当的位置，调整选区的大小，按 Enter 键确认操作，如图 14-17 所示。

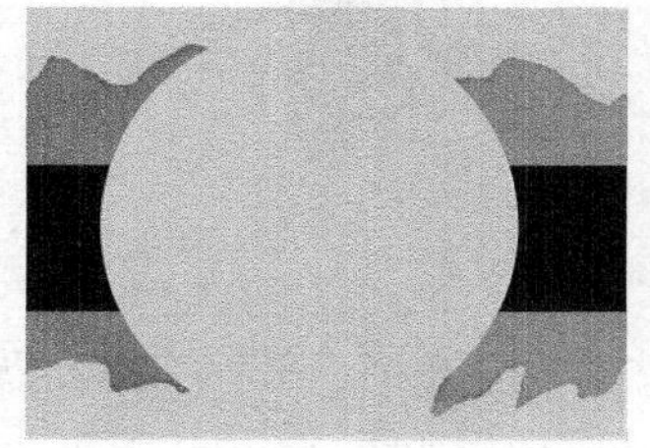

图 14-15

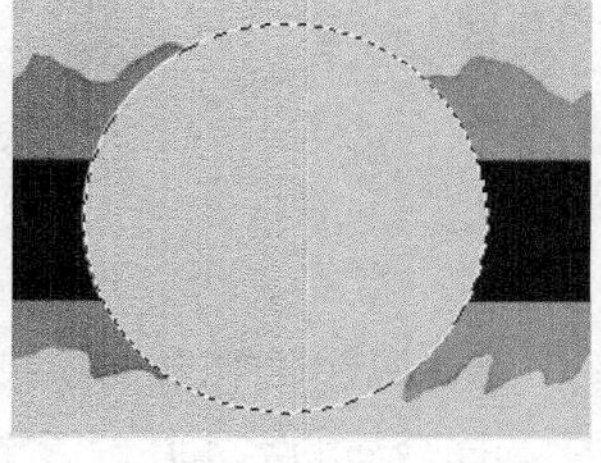

图 14-16

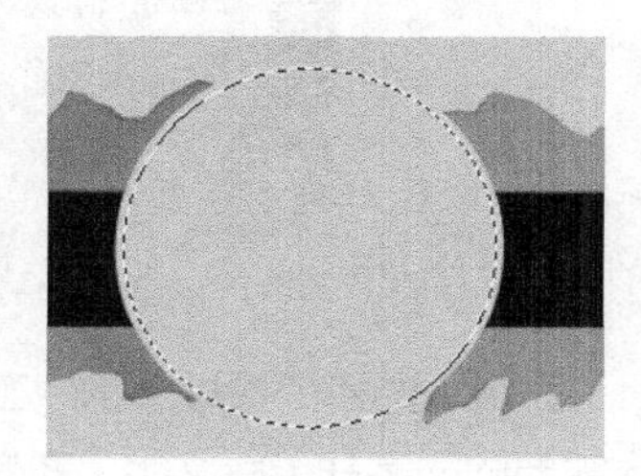

图 14-17

（10）将前景色设为青绿色（其 R、G、B 的值分别为 45、168、135）。选择“编辑 > 描边”命令，弹出“描边”对话框，选项的设置如图 14-18 所示，单击“确定”按钮，按 Ctrl+D 组合键，取消选区，效果如图 14-19 所示。

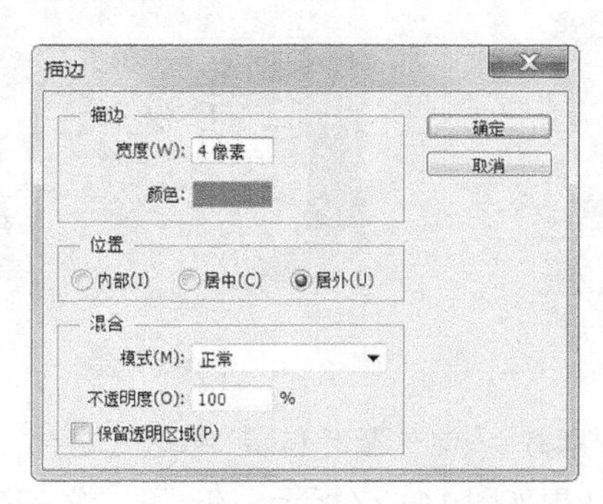

图 14-18

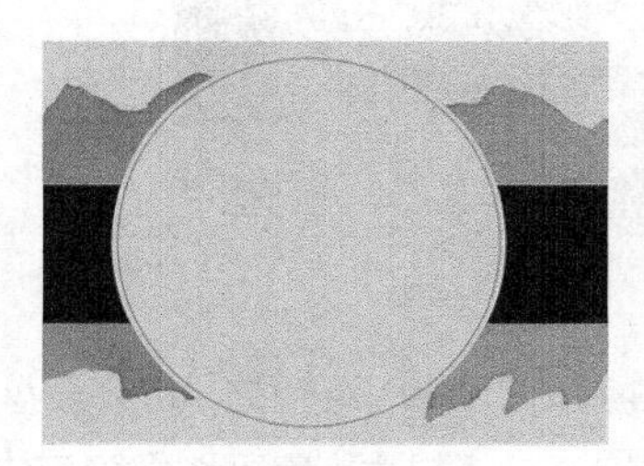

图 14-19

（11）将前景色设为黑色。选择“横排文字”工具 T ，在适当的位置分别输入需要的文字并选取文字，在属性栏中分别选择合适的字体并设置大小，效果如图 14-20 所示，在“图层”控制面板中分别生成新的文字图层。

（12）新建图层并将其命名为“直线”。选择“直线”工具 ，将“粗细”选项设为 4 像素，按住 Shift 键的同时，在图像窗口中绘制一条水平直线，效果如图 14-21 所示。

图 14-20

图 14-21

（13）选择“移动”工具[移动工具图标]，按住Shift键的同时，拖曳直线到适当的位置，复制直线，效果如图14-22所示。选择“横排文字”工具[T]，在适当的位置输入需要的文字并选取文字，在属性栏中选择合适的字体并设置文字大小，效果如图14-23所示，在“图层”控制面板中生成新的文字图层。

图14-22

图14-23

（14）选择“横排文字”工具[T]，选中属性栏中的“居中对齐文本”按钮[居中对齐图标]，在适当的位置输入需要的文字并选取文字，在属性栏中选择合适的字体并设置文字大小，效果如图14-24所示，在“图层”控制面板中生成新的文字图层。

（15）按Ctrl+T组合键，弹出“字符”控制面板，将“设置行距”[行距图标]选项设置为“7.5点”，其他选项的设置如图14-25所示，按Enter键确认操作，效果如图14-26所示。

图14-24

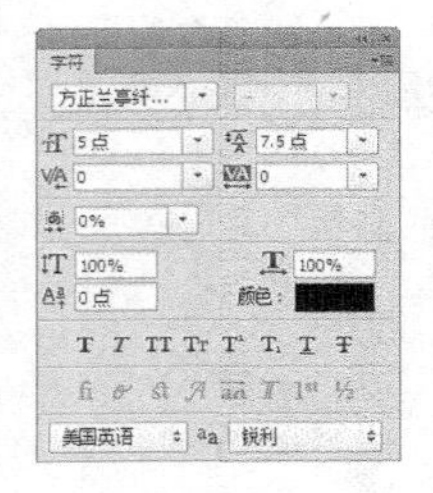

图14-25

图14-26

（16）按Ctrl+O组合键，打开云盘中的“Ch14 > 素材 > 制作茶叶包装 > 02”文件，选择“移动”工具[移动工具图标]，将图片拖曳到图像窗口中适当的位置，效果如图14-27所示，在“图层”控制面板中生成新图层并将其命名为“LOGO”。

（17）在“图层”控制面板上方，将“LOGO”图层的混合模式选项设为“正片叠底”，如图14-28所示，效果如图14-29所示。

图14-27

图14-28

图14-29

（18）选择“横排文字”工具[T]，选中属性栏中的“左对齐文本”按钮[左对齐图标]，在适当的位置分别输入需要的文字并选取文字，在属性栏中分别选择合适的字体并设置文字大小，效果如图14-30所示，在“图层”控制面板中生成新的文字图层。选取文字“清香型”，如图 14-31 所示，填充文字为深青绿色（其 R、G、B 的值分别为 31、127、101），取消文字选取状态，效果如图 14-32 所示。

图 14-30

图 14-31

图 14-32

（19）新建图层并将其命名为“形状”。将前景色设为黑色。选择“多边形套索”工具，在图像窗口中绘制选区，如图 14-33 所示。按 Alt+Delete 组合键，用前景色填充选区，按 Ctrl+D 组合键，取消选区，效果如图 14-34 所示。

（20）新建图层并将其命名为“茶杯”。将前景色设为淡黄色（其 R、G、B 的值分别为 212、204、152）。选择“钢笔”工具，在属性栏中的“选择工具模式”选项中选择“路径”，在图像窗口中拖曳鼠标绘制路径，按 Ctrl+Enter 组合键，将路径转换为选区，如图 14-35 所示。按 Alt+Delete 组合键，用前景色填充选区，按 Ctrl+D 组合键，取消选区，效果如图 14-36 所示。

图 14-33

图 14-34

图 14-35

图 14-36

（21）茶叶包装平面展开图制作完成。按 Shift+Ctrl+E 组合键，合并可见图层。按 Ctrl+S 组合键，弹出“存储为”对话框，将其命名为“茶叶包装平面展开图”，保存为 JPEG 格式，单击“保存”按钮，弹出“JPEG 选项”对话框，单击“确定”按钮，将图像保存。

2．制作包装立体展示效果

（1）按 Ctrl+O 组合键，打开云盘中的“Ch14 > 素材 > 制作茶叶包装 > 03”文件，如图 14-37 所示。

（2）按 Ctrl+O 组合键，打开云盘中的“Ch14 > 素材 > 制作茶叶包装 > 茶叶包装平面展开图”文件，选择“移动”工具，将图片拖曳到图像窗口中适当的位置，效果如图 14-38 所示，在“图层”控制面板中生成新图层并将其命名为“茶叶包装平面展开图”。

扫码观看
本案例视频 2

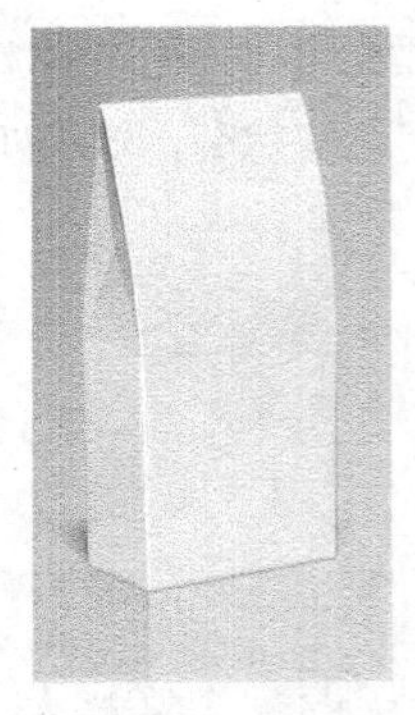
图 14-37

图 14-38

（3）按 Ctrl+T 组合键，图像周围出现变换框，按住 Shift 键的同时，拖曳右上角的控制手柄等比例放大图像，效果如图 14-39 所示。按住 Ctrl 键的同时，拖曳左上角的控制手柄到适当的位置，如图 14-40 所示。使用相同的方法分别拖曳其他控制手柄到适当的位置，效果如图 14-41 所示。

图 14-39

图 14-40

图 14-41

（4）单击属性栏中的“在自由变换和变形模式之间切换”按钮，切换到变形模式，如图 14-42 所示，在属性栏中的“变形模式”选项中选择“拱形”，单击“更改变形方向”按钮，将“弯曲”选项设置为“-13”，如图 14-43 所示，按 Enter 键确认操作，效果如图 14-44 所示。

图 14-42

图 14-43

图 14-44

（5）在属性栏中的“变形模式”选项中选择“自定”，出现变形控制手柄，如图 14-45 所示，拖曳右下方的控制手柄到适当的位置，调整其弧度，效果如图 14-46 所示。使用相同的方法分别调整其他控制手柄，效果如图 14-47 所示，按 Enter 键确认变形操作，效果如图 14-48 所示。

（6）新建图层并将其命名为“侧面 1”。将前景色设为浅棕色（其 R、G、B 的值分别为 196、163、112）。选择“钢笔”工具，在图像窗口中拖曳鼠标绘制路径，按 Ctrl+Enter 组合键，将路径转换为选区，如图 14-49 所示。按 Alt+Delete 组合键，用前景色填充选区，按 Ctrl+D 组合键，取消选区，效果如图 14-50 所示。

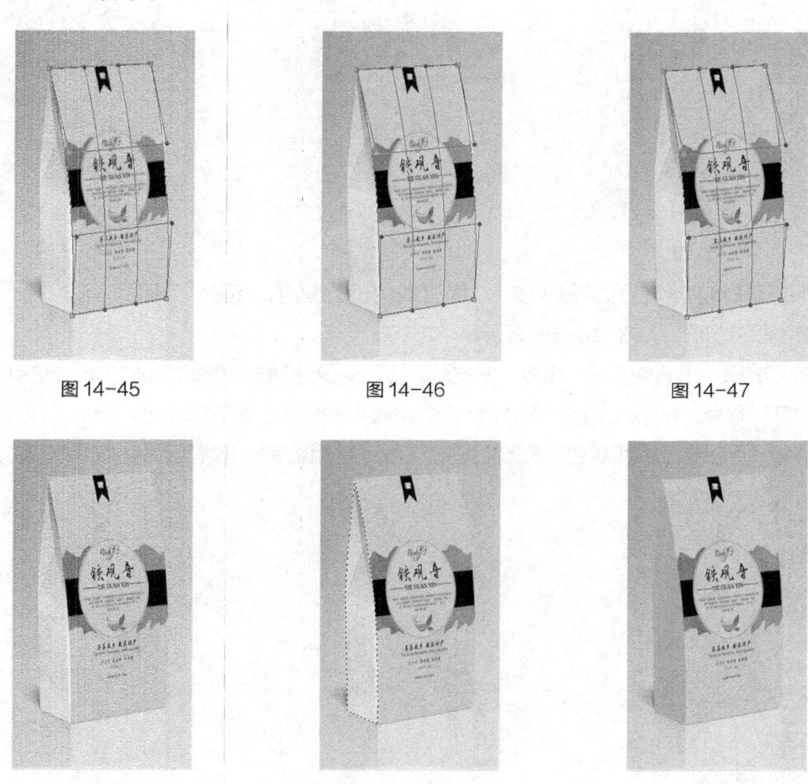

图 14-45　图 14-46　图 14-47

图 14-48　图 14-49　图 14-50

（7）新建图层并将其命名为“高光 1”。将前景色设为浅黄色（其 R、G、B 的值分别为 221、197、135）。选择“多边形套索”工具，在图像窗口中绘制选区，如图 14-51 所示。按 Alt+Delete 组合键，用前景色填充选区，按 Ctrl+D 组合键，取消选区，效果如图 14-52 所示。

图 14-51

图 14-52

（8）在“图层”控制面板上方，将“高光 1”图层的“不透明度”选项设为“70%”，如图 14-53 所示，效果如图 14-54 所示。使用上述相同的方法制作“高光 2”，效果如图 14-55 所示。

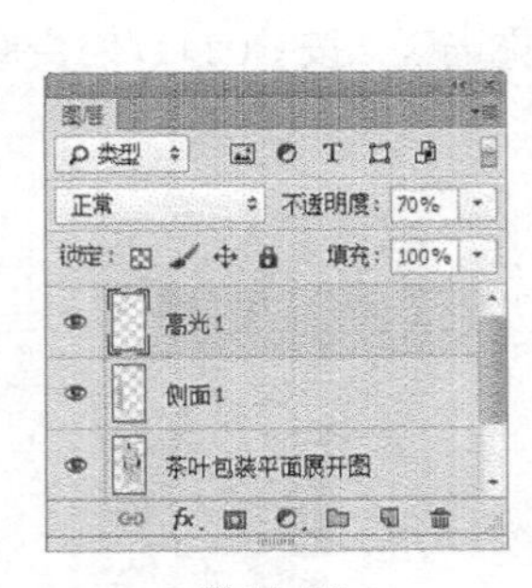

图 14-53

图 14-54

图 14-55

（9）新建图层并将其命名为“侧面 2”。将前景色设为黑色。选择“矩形选框”工具，在图像窗口中绘制出需要的选区，如图 14-56 所示。

（10）选择“选择 > 变换选区”命令，在选区周围出现变换框，在变换框中单击鼠标右键，在弹出的菜单中选择“斜切”命令，拖曳左边中间的控制手柄到适当的位置，如图 14-57 所示，按 Enter 键确定操作。按 Alt+Delete 组合键，用前景色填充选区，按 Ctrl+D 组合键，取消选区，效果如图 14-58 所示。

图 14-56

图 14-57

图 14-58

（11）在“图层”控制面板上方，将“侧面 2”图层的“不透明度”选项设为“85%”，如图 14-59 所示，效果如图 14-60 所示。按住 Ctrl 键的同时，将“侧面 2”图层和“高光 1”图层之间的所有图层同时选取，如图 14-61 所示。按 Alt+Ctrl+G 组合键，为选中的图层创建剪贴蒙版，效果如图 14-62 所示。

图 14-59

图 14-60

图 14-61

图 14-62

图 14-63

（12）按 Ctrl+O 组合键，打开云盘中的“Ch14 > 素材 > 制作茶叶包装 > 04”文件，选择“移动”工具，将图片拖曳到图像窗口中适当的位置，效果如图 14-63 所示，在“图层”控制面板中生成新图层并将其命名为“条形码”。

（13）按 Ctrl+T 组合键，图像周围出现变换框，如图 14-64 所示，在变换框中单击鼠标右键，在弹出的菜单中选择“斜切”命令，拖曳左边中间的控制手柄到适当的位置，如图 14-65 所示，按 Enter 键确认操作，效果如图 14-66 所示。

（14）选中“背景”图层。新建图层并将其命名为“阴影 1”。选择“多边形套索”工具，在图像窗口中绘制选区，如图 14-67 所示。选择“渐变”工具，单击属性栏中的“点按可编辑渐变”按钮，弹出“渐变编辑器”对话框，将渐变颜色设为从棕色（其 R、G、B 的值分别为 173、144、66）到灰色（其 R、G、B 的值分别为 223、223、223），如图 14-68 所示，单击“确定”按钮。按住 Shift 键的同时，在图像窗口中由上至下拖曳指针填充渐变色，按 Ctrl+D 组合键，取消选区，效果如图 14-69 所示。

图 14-64

图 14-65

图 14-66

图 14-67

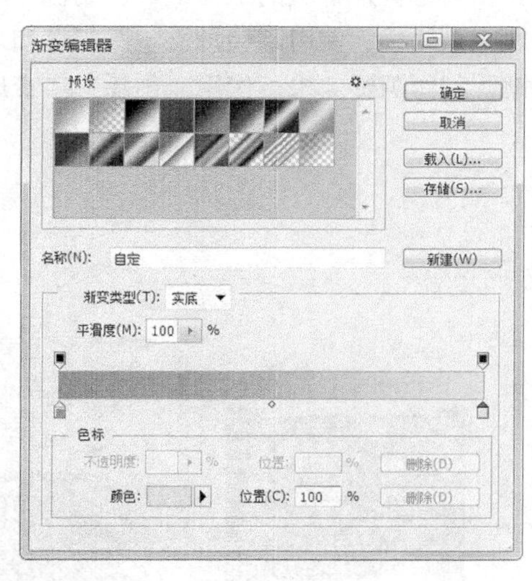

图 14-68

图 14-69

（15）在“图层”控制面板上方，将“阴影 1”图层的“不透明度”选项设为“60%”，如图 14-70 所示，图像效果如图 14-71 所示。使用上述相同的方法制作“阴影 2”，效果如图 14-72 所示。茶叶包装制作完成。

图 14-70

图 14-71

图 14-72

14.3 制作方便面包装

14.3.1 案例分析

方便面因其食用方便、口味多样成为大众非常喜爱的速食产品之一。本例是为食品公司制作方便面包装，要求设计能表现出食品的口感和特色。

在设计思路上，使用红色的底图，暖色调容易调动食欲。包装右下方是一碗放大的方便面，充分地表现出产品的内容，醒目的标题展示出产品的口味，包装简洁美观，能表现出方便面的口感；整个包装主题突出，让人印象深刻。

本例将使用“移动”工具和创建剪贴蒙版的组合键等，制作背景效果；使用“变换选区”命令和“渐变”工具等，添加亮光效果；使用“横排文字”工具和“描边”命令，添加宣传文字；使用选框和羽化的组合键，制作阴影效果；使用“创建文字变形”按钮，制作文字变形效果；等等。

14.3.2 案例设计

本案例设计流程如图 14-73 所示。

新建并打开文件

添加装饰图形和文字

打开效果图

最终效果

图 14-73

14.3.3 案例制作

1. 添加包装文字

扫码查看
本案例步骤

扫码观看
本案例视频 1

2. 制作包装高光

扫码查看
本案例步骤

扫码观看
本案例视频 2

课堂练习 1——制作充电宝包装

练习知识要点

使用“新建参考线”命令，添加参考线；使用“渐变”工具，添加包装主体色；使用“横排文字”工具，添加宣传文字；使用“图层蒙版”命令，制作文字特殊效果。效果如图 14-74 所示。

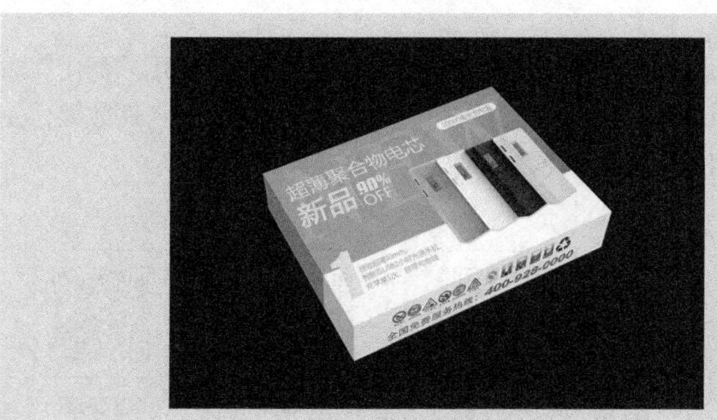

图 14-74

扫码观看
本案例视频 1

扫码观看
本案例视频 2

效果所在位置

云盘/Ch14/效果/制作充电宝包装.psd。

课堂练习 2——制作零食包装

练习知识要点

使用“渐变”工具和“图层蒙版”命令，制作背景效果；使用“钢笔”工具，制作包装底图；使用“钢笔”工具、“渐变”工具和图层混合模式，制作包装袋高光和阴影；使用“路径”面板和图层样式，制作包装封口线；使用“横排文字”工具，添加相关信息。效果如图 14-75 所示。

扫码观看
本案例视频

图 14-75

效果所在位置

云盘/Ch14/效果/制作零食包装.psd。

课后习题 1——制作五谷杂粮包装

习题知识要点

使用“新建参考线”命令，添加参考线；使用“钢笔”工具，绘制包装平面图；使用“羽化”命令和“图层混合模式”选项，制作高光效果；使用“添加图层样式”按钮，为文字添加特殊效果；使用“矩形选框”工具、“自由变换”命令，制作包装立体效果。效果如图 14-76 所示。

扫码观看
本案例视频 1

扫码观看
本案例视频 2

扫码观看
本案例视频 3

图 14-76

效果所在位置

云盘/Ch14/效果/制作五谷杂粮包装.psd。

课后习题 2——制作面包包装

习题知识要点

使用“钢笔”工具，绘制包装外形；使用“创建新的填充或调整图层”按钮，调整图像颜色；使用混合模式，制作包装的暗影效果；使用“裁剪”工具，裁剪图像；使用“画笔”工具和“图层蒙版”命令，制作图片的融合效果；使用“横排文字”工具，添加文字信息。效果如图 14-77 所示。

图 14-77

效果所在位置

云盘/Ch14/效果/制作面包包装.psd。

15

第 15 章 网页设计

一个优质的网站，必定有着独具特色的网页设计。漂亮的网页页面更能吸引浏览者的目光。网页的设计要根据网络的特殊性，对页面进行精心地设计和编排。本章以多个类型的网页为例，讲解网页的设计方法和制作技巧。

课堂学习目标

- 了解网页的概念
- 了解网页的构成元素
- 了解网页的分类
- 掌握网页的设计思路
- 掌握网页的设计方法
- 掌握网页的制作技巧

15.1 网页设计概述

网页是构成网站的基本元素，是承载各种网站应用的平台。它实际上是一个文件，存放在某一台计算机中，而这台计算机必须是联网的。网页通过网址（URL）来对信息进行识别与存取，当用户在浏览器输入网址后，系统运行一段复杂而又快速的程序，网页文件会被传送到用户计算机，通过浏览器解释网页的内容后展示到用户眼前。

15.1.1 网页的构成元素

文字与图像是构成网页的两个最基本的元素。文字，就是网页的内容；图像，就是网页的外观。除此之外，网页的元素还包括动画、音乐、程序等。

15.1.2 网页的分类

网页有多种分类，笼统意义上的分类分为动态网页和静态的网页，如图 15-1 所示。

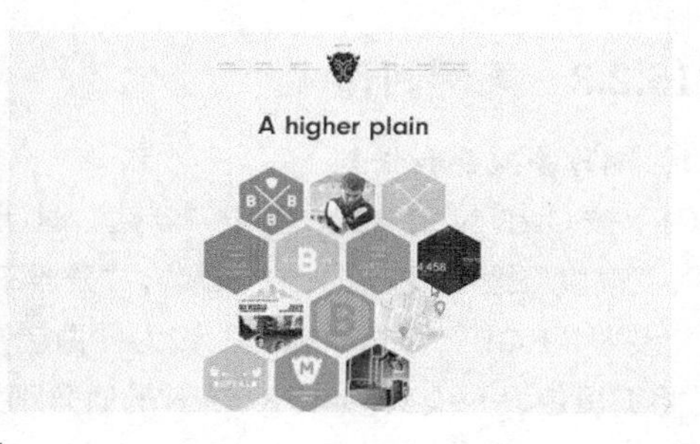

图 15-1

静态网页多通过网站设计软件来进行设计和更改，相对比较滞后。现在也有一些网站管理系统可以生成静态网页，这种静态俗称伪静态。

动态网页是通过网页脚本与语言进行自动处理、自动更新的页面，如贴吧（通过网站服务器运行程序，自动处理信息，按照流程更新网页）。

15.2 制作数码产品网页

15.2.1 案例分析

数码产品已经成为人们日常生活中的一部分。本例是为某数码产品公司设计制作网页，网页的首页设计要能表现出公司的产品范围，展现出产品的优异品质与特色功能。

在设计思路上，网页整体以展示产品为重点，素材的搭配大气和谐，具有清新自然的感觉。导航栏使用白色，清爽干净。整体设计简洁明快，布局合理清晰。

本例将使用“渐变”工具和“矩形”工具，制作背景效果；使用“添加图层样式”按钮、“横排文字”工具、“椭圆”工具和“动感模糊”滤镜命令等，制作导航条和标志；使用“横排文字”工具和“字符”面板等，制作信息文字；等等。

15.2.2 案例设计

本案例设计流程如图 15-2 所示。

新建并制作导航条

添加内容

最终效果

图 15-2

15.2.3 案例制作

1. 制作导航条和标志

（1）按 Ctrl+N 组合键，弹出“新建”对话框，将“宽度”选项设为“1100 像素”，“高度”选项设为“830 像素”，“分辨率”设为“72 像素/英寸”，“颜色模式”设为“RGB”，“背景内容”设为“白色”，单击“确定”按钮，新建一个文件。将前景色设为浅灰色（其 R、G、B 的值分别为 233、233、233）。按 Alt+Delete 组合键，用前景色填充图层，效果如图 15-3 所示。

扫码观看
本案例视频

（2）新建图层并将其命名为“导航条”。将前景色设为白色。选择“圆角矩形”工具，在属性栏的“选择工具模式”选项中选择“像素”，将“半径”选项设为“80 像素”，在图像窗口中绘制圆角矩形，如图 15-4 所示。

图 15-3

图 15-4

（3）单击“图层”控制面板下方的“添加图层样式”按钮 fx，在弹出的菜单中选择“斜面和浮雕”命令，在弹出的对话框中进行设置，如图 15-5 所示。选择“投影”选项，切换到相应的选项卡，设置如图 15-6 所示。单击“确定”按钮，效果如图 15-7 所示。

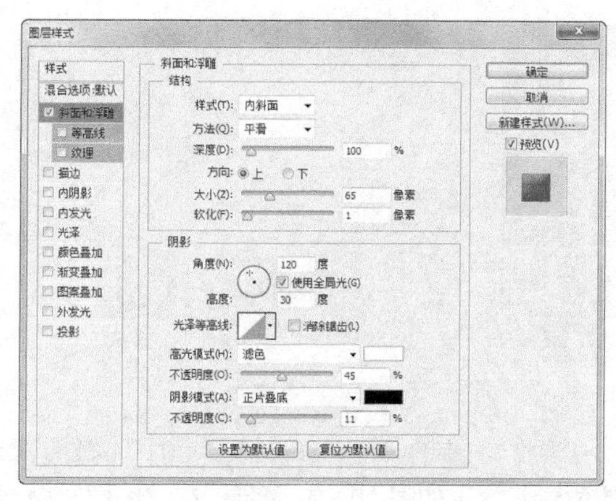

图 15-5

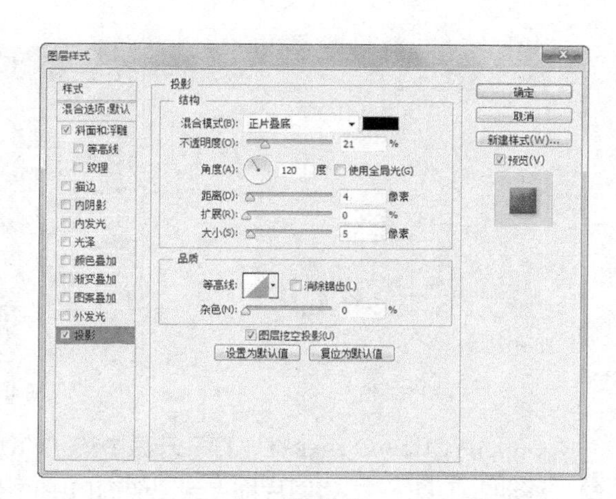

图 15-6

图 15-7

（4）将前景色设为深灰色（其 R、G、B 的值分别为 68、68、68）。选择“横排文字”工具T，在适当的位置输入需要的文字并选取文字，在属性栏中选择合适的字体并设置文字大小，按 Alt+ ← 组合键，调整文字间距，效果如图 15-8 所示，在“图层”控制面板中生成新的文字图层。选取文字“首页”，填充文字为蓝色（其 R、G、B 的值分别为 92、144、223），效果如图 15-9 所示。

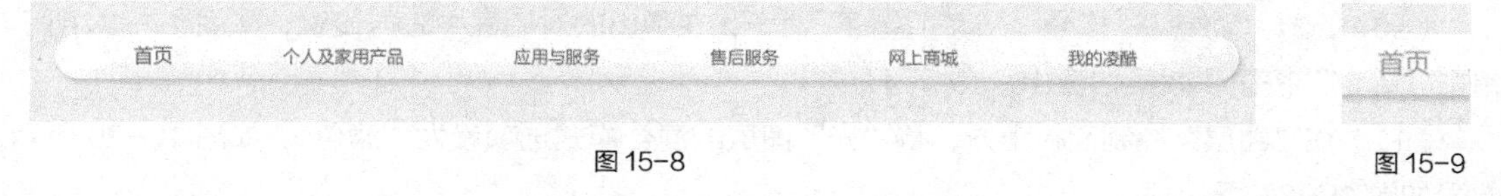

图 15-8　　图 15-9

（5）将前景色设为黑色。选择“横排文字”工具T，在适当的位置输入需要的文字并选取文字，在属性栏中选择合适的字体并设置文字大小，按 Alt+ ←组合键，调整文字间距，效果如图 15-10 所示，在“图层”控制面板中生成新的文字图层。选取文字“LING”，填充文字为蓝色（其 R、G、B 的值分别为 92、144、223），效果如图 15-11 所示。

图 15-10　　图 15-11

（6）将前景色设为灰色（其 R、G、B 的值分别为 117、117、117）。选择“横排文字”工具T，在适当的位置输入需要的文字并选取文字，在属性栏中选择合适的字体并设置文字大小，按 Alt+ → 组合键，调整文字间距，效果如图 15-12 所示，在“图层”控制面板中生成新的文字图层。

（7）选取所有文字，按 Ctrl+T 组合键，弹出“字符”面板，单击“全部大写字母”按钮TT，将文字全部改为大写，其他选项的设置如图 15-13 所示，按 Enter 键确认操作，效果如图 15-14 所示。

图 15-12

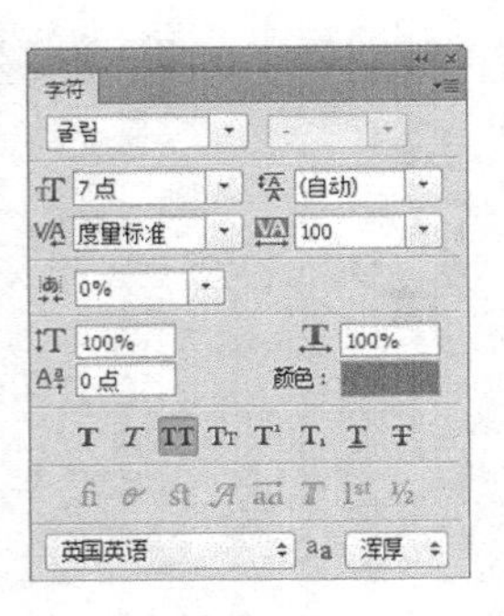

图 15-13

图 15-14

（8）按 Ctrl + O 组合键，打开云盘中的“Ch15 > 素材 > 制作数码产品网页 > 01”文件。选择“移动”工具，将图片拖曳到图像窗口中适当的位置，效果如图 15-15 所示，在“图层”控制面板中生成新的图层并将其命名为“灯”。

（9）新建图层并将其命名为“光”。将前景色设为蓝色（其 R、G、B 的值分别为 27、97、204）。选择“椭圆选框”工具，在图像窗口中绘制椭圆选区，如图 15-16 所示。按 Alt+Delete 组合键，用前景色填充选区。按 Ctrl+D 组合键，取消选区，效果如图 15-17 所示。

图 15-15

图 15-16

图 15-17

（10）选择“滤镜 > 模糊 > 动感模糊”命令，在弹出的对话框中进行设置，如图 15-18 所示。单击“确定”按钮，效果如图 15-19 所示。

（11）在“图层”控制面板上方，将“光”图层的混合模式选项设为“滤色”，如图 15-20 所示，效果如图 15-21 所示。

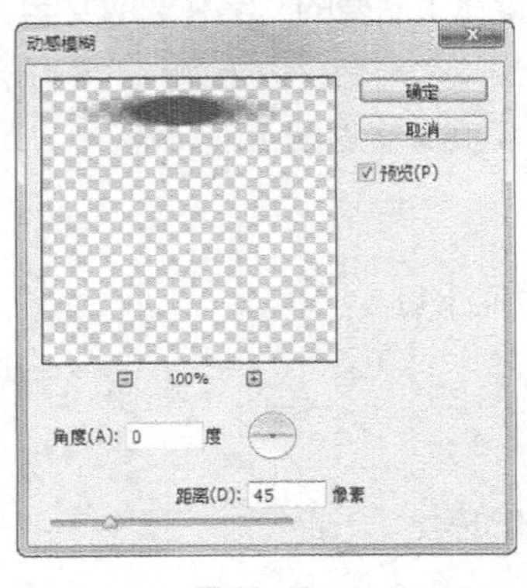

图 15-18

图 15-19

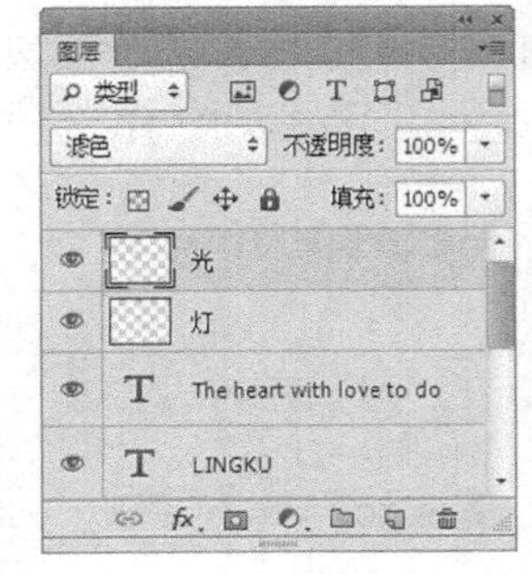

图 15-20

图 15-21

2. 添加内容并制作页脚

（1）按 Ctrl+J 组合键，复制“光”图层，如图 15-22 所示。按 Ctrl + O 组合键，打开云盘中的“Ch15 > 素材 > 制作数码产品网页 > 02”文件。选择“移动”工具，将图片拖曳到图像窗口中适当的位置，效果如图 15-23 所示，在“图层”控制面板中生成新的图层并将其命名为“蓝天”。

图 15-22

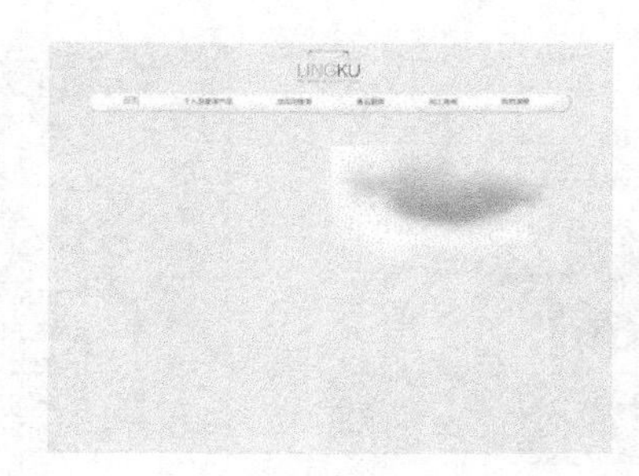

图 15-23

（2）在“图层”控制面板上方，将“蓝天”图层的混合模式选项设为“变暗”，“填充”选项设为“75%”，如图 15-24 所示，按 Enter 键确认操作，图像效果如图 15-25 所示。

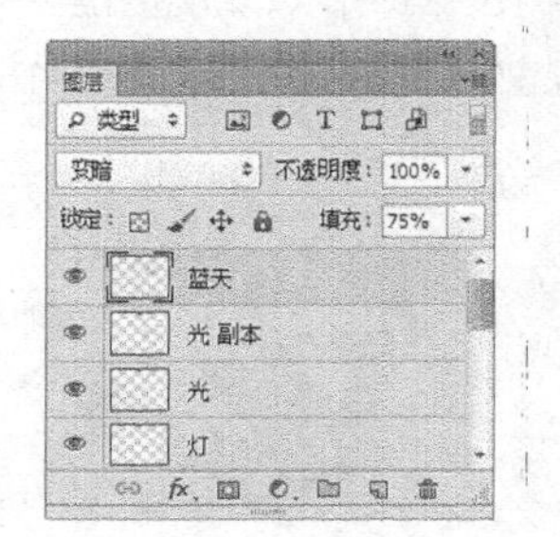

图 15-24

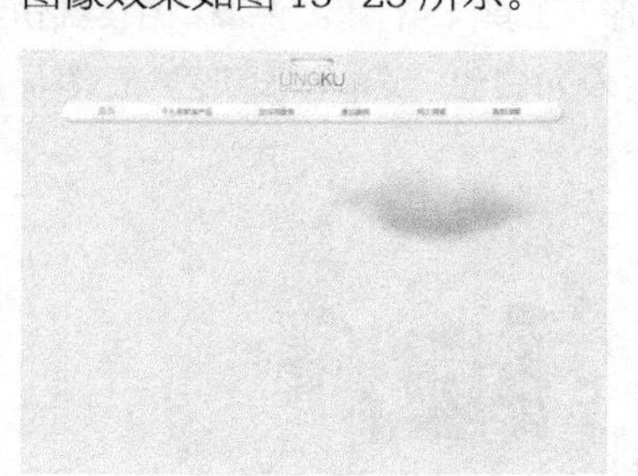

图 15-25

（3）按 Ctrl + O 组合键，打开云盘中的“Ch15 > 素材 > 制作数码产品网页 > 03”“Ch15 > 素材 > 制作数码产品网页 > 04”文件。选择“移动”工具，将图片分别拖曳到图像窗口中适当的位置，效果如图 15-26 所示，在“图层”控制面板中分别生成新的图层，并将其分别命名为“云”和“图片”。

（4）将前景色设为淡黑色（其 R、G、B 的值分别为 12、11、11）。选择“横排文字”工具T，在适当的位置输入需要的文字并选取文字，在属性栏中选择合适的字体并设置文字大小，按 Alt+ ← 组合键，调整文字间距，效果如图 15-27 所示，在“图层”控制面板中生成新的文字图层。

图 15-26

图 15-27

（5）新建图层并将其命名为“矩形 1”。将前景色设为灰色（其 R、G、B 的值分别为 150、150、150）。选择“矩形”工具，在属性栏的“选择工具模式”选项中选择“像素”，在图像窗口中绘制矩形，如图 15-28 所示。单击“图层”控制面板下方的“添加图层蒙版”按钮，为该图层添加蒙版，如图 15-29 所示。

（6）选择“渐变”工具，将渐变色设为从黑色到白色，在图像窗口中由上向下拖曳渐变色，图像效果如图 15-30 所示。

图 15-28

图 15-29

图 15-30

（7）新建图层并将其命名为“矩形 2”。将前景色设为浅灰色（其 R、G、B 的值分别为 228、228、228）。选择“矩形”工具，在图像窗口中绘制矩形，如图 15-31 所示。新建图层并将其命名为“矩形 3”。将前景色设为白色。选择“矩形”工具，在图像窗口中绘制矩形，如图 15-32 所示。

图 15-31

图 15-32

（8）将前景色设为灰色（其 R、G、B 的值分别为 144、143、143）。选择“横排文字”工具，在适当的位置输入需要的文字并选取文字，在属性栏中选择合适的字体并设置文字大小，按 Alt+ → 组合键，调整文字间距，效果如图 15-33 所示，在“图层”控制面板中生成新的文字图层。数码产品网页制作完成，效果如图 15-34 所示。

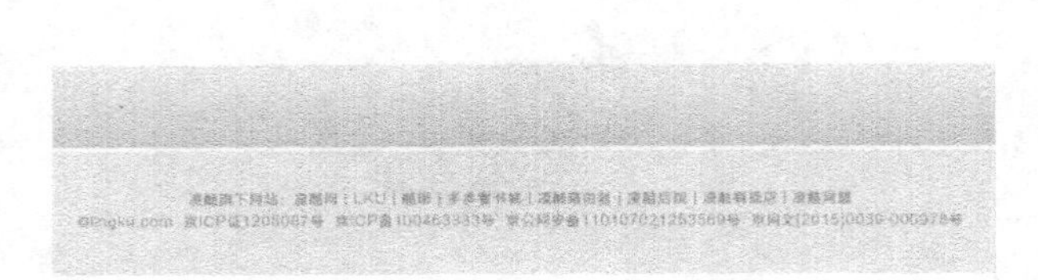

图 15-33

图 15-34

15.3 制作咖啡网页

15.3.1 案例分析

随着人们生活水平的不断提高，咖啡已成为许多人喜爱的饮品。本案例是为某食品公司制作的销售网页。要求该网页除了体现出咖啡的口味特色外，还要达到推销产品和刺激消费者购买的目的。

在设计制作过程中，使用暗沉的咖啡色作为主色调体现出低调的奢华感，营造出雅致宁静的氛围。咖啡杯和咖啡在突出宣传主体的同时，能引起人们品尝的欲望。页面上方的导航栏设计得简洁大方，有利于浏览。页面下方对公司的业务信息和活动内容进行编排，展示出宣传的主题。

本例将使用“矩形”工具、“横排文字”工具和“外发光”命令，制作导航栏；使用“矩形”工具、Alt+Ctrl+G 组合键等，制作图片剪贴效果；使用“自定形状”工具等，添加装饰图形；等等。

15.3.2 案例设计

本案例设计流程如图 15-35 所示。

打开文件并摆放位置

制作导航栏

制作网页主体区域

最终效果

图 15-35

15.3.3 案例制作

1. 制作导航栏

扫码查看
本案例步骤 1

扫码观看
本案例视频 1

2. 制作网页主体

3. 制作网页信息

课堂练习 1——制作绿色粮仓网页

练习知识要点

使用“横排文字”工具和“矩形”工具，制作导航栏；使用“钢笔”工具、“椭圆”工具和“创建剪贴蒙版”命令，制作广告区域和小图标；使用“圆角矩形”工具和“横排文字”工具，制作广告信息区域。效果如图 15-36 所示。

图 15-36

效果所在位置

云盘/Ch15/效果/制作绿色粮仓网页.psd。

课堂练习 2——制作教育网页

练习知识要点

使用“直线”工具和“创建剪贴蒙版”命令，制作导航条；使用“横排文字”工具，添加文字；使用“添加图层样式”按钮，添加图像效果；使用“移动”工具，添加栏目内容。效果如图 15-37 所示。

扫码观看
本案例视频

图 15-37

效果所在位置

云盘/Ch15/效果/制作教育网页.psd。

课后习题 1——制作旅游网页

习题知识要点

使用“高斯模糊”滤镜命令，添加模糊效果；使用“创建新的填充或调整图层”按钮，调整图像颜色；使用“椭圆选框”工具和“羽化”命令，制作高光效果；使用“矩形”工具、“描边”命令和“自定形状”工具，制作搜索栏。效果如图 15-38 所示。

图 15-38

效果所在位置

云盘/Ch15/效果/制作旅游网页.psd。

课后习题 2——制作婚纱摄影网页

习题知识要点

使用“自定形状”工具和“描边”命令，制作标志图形；使用“移动”工具，添加素材图片；使用“横排文字”工具，添加导航栏及其他相关信息；使用图层样式，为文字制作叠加效果；使用“旋转”命令，旋转文字和图片；使用“矩形”工具和“创建剪贴蒙版”命令，制作图片融合效果；使用“去色”命令和“不透明度”选项，调整图像色调。效果如图 15-39 所示。

图 15-39

效果所在位置

云盘/Ch15/效果/制作婚纱摄影网页.psd。